JN087946

# 高圧・特別高圧電気取扱特別教育テキスト

## 第5版

### ──講習用テキスト──

一般社団法人 日本電気協会
THE JAPAN ELECTRIC ASSOCIATION

# ま え が き

　電気の利用は、産業・経済の発展に伴い年々増加しており、基幹エネルギーとしてその重要性をますます高めております。

　また、近年では、自然エネルギーを利用した太陽光発電設備や風力発電設備等の小出力発電設備の導入が増えてきております。

　このような状況のなか、工場や事業所における労働災害のうち、電気による事故は毎年あとを絶たない状況で、特に感電による死亡災害のうちの約半数は高圧電気によるものであります。

　感電事故を防止するためには、電気設備の整備、保守、適正な作業管理の遂行などを図るとともに、電気取扱業務の従事者はその作業を安全に行うための知識及び技能を有することが重要です。

　このため、『労働安全衛生法第59条』では電気取扱業務などの危険業務の従事者に対し、労働安全衛生特別教育を行うことを事業者に義務づけております。

　本書は、労働安全衛生法に基づいた特別教育の対象業務のうち高圧又は特別高圧の電気取扱い者に対する特別教育のための講習用テキストとして安全衛生特別教育規程に基づきこの度第5版を発行いたしました。

　当該作業者が身につけなければならない安全上の知識を簡潔にイラストや写真などをふんだんに使用してわかりやすく解説してあります。

　本書が労働災害の防止のために高圧又は特別高圧の電気取扱作業従事者をはじめ、関係者に幅広くご利用いただければ幸いです。

　令和6年3月

一般社団法人　日本電気協会

# 目　次

# はじめに

## 1　労働安全衛生特別教育とは

　労働安全衛生法（以下「安衛法」と略す。）第59条では「事業者が、労働者を新たに雇用した時や作業内容を変更した時には、労働者が従事する業務に関する安全又は衛生のための必要な事項について教育を行わなければならない。また、危険又は有害な業務[※1]につかせようとするときには安全又は衛生のための特別教育を実施しなければならない。」と定めています。

## 2　高圧・特別高圧電気取扱特別教育のカリキュラム

　高圧又は特別高圧電気取扱特別教育の学科教育のカリキュラムは、安全衛生特別教育規程[※2]第5条に規定されています。また、実技教育については、同規程同条に高圧又は特別高圧の活線作業及び活線近接作業の方法について、15時間以上（充電電路の操作の業務のみを行う者については、1時間以上）行うものと規定されています。

---

※1　危険又は有害な業務：労働安全衛生規則第36条で特別教育を必要とする業務を規定しています。電気に関しては、第1項第四号で低圧、高圧、特別高圧の「充電電路や充電電路の支持物の敷設、点検、修理若しくは操作等の業務」（電気取扱業務）に従事させる時は、安全衛生特別教育を行わなければならないと定めています。
※2　第6編　第1章　4　安全衛生特別教育規程（抄）（P. 347）参照

1

# 第1編

高圧又は特別高圧の
電気に関する基礎知識

# ・第 1 章・

# 電気の危険性

> **講習のねらいとポイント**
>
> この章では法律に基づく電圧の種別を理解し、電気による感電災害と感電による人体への生理的な反応について学習します。

## 1 電圧の種別

電圧の種別は、電気事業法に基づく電気設備に関する技術基準を定める省令(以下、電技省令と略す。)第2条及び労働安全衛生規則(以下「安衛則」と略す。)第36条に規定され、**表1-1-1**のようになります。

**表1-1-1** 電圧の種別

| | 直流 | 交流 |
|---|---|---|
| 低 圧 | 750V 以下 | 600V 以下 |
| 高 圧 | 750V を超え 7,000V 以下 | 600V を超え 7,000V 以下 |
| 特別高圧 | 7,000V を超えるもの | |

・電気は 2種類 (直流と交流)

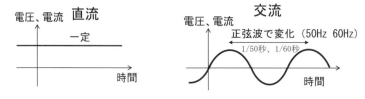

電圧の種別は、危険の程度と実用上の必要性の両面から考慮して定められたもので必ずしも理論的に導かれた数値ではありません。

低圧の限度は、直流は市街電車の電圧を、交流は家庭や商店、小規模工場など一般需要家に供給する電圧を対象に定められました。

　高圧は、主に電気事業者の配電線、専用敷地内の電気鉄道、大工場等の電動機用の屋内配線等に使用される電圧です。直流については、特に問題がないことから交流と同じ電圧（7,000V）に定められました。

　特別高圧は、主に電気事業者の発電所や変電所、送電線路等で、産業用では大規模工場等で使用される電圧です。

　これら高圧及び特別高圧の電気は、配電線や送電線の電圧であり、電気学会電気規格調査会標準規格 JEC-0222において「電線路の公称電圧」が定められております。

　電線路の公称電圧とは、「その電線路を代表する線間電圧」をいい、電線路の最高電圧とは「その電線路に通常発生する最高の線間電圧」をいいます。

　公称電圧が1,000V を超える電線路の公称電圧及び最高電圧は**表1-1-2**の値を標準としております。ただし、発電機電圧による発電所間連絡電線路の公称電圧及び最高電圧は、やむを得ない場合においては、これによらなくてもよいこととなっております。

**表1-1-2**　公称電圧が 1,000V を超える電線路の公称電圧及び最高電圧

| 公称電圧 V | 最高電圧 V | 備　考 |
|---|---|---|
| 3,300 | 3,450 | |
| 6,600 | 6,900 | |
| 11,000 | 11,500 | |
| 22,000 | 23,000 | |
| 33,000 | 34,500 | |
| 66,000 | 69,000 | 一地域においては、いずれかの電圧のみを採用する。 |
| 77,000 | 80,500 | |
| 110,000 | 115,000 | |
| 154,000 | 161,000 | 一地域においては、いずれかの電圧のみを採用する。 |
| 187,000 | 195,500 | |
| 220,000 | 230,000 | 一地域においては、いずれかの電圧のみを採用する。 |
| 275,000 | 287,500 | |
| 500,000 | 525,000, 550,000 または600,000 | 最高電圧は、各電線路ごとに3種類のうちいずれか1種類を採用する。 |
| 1,000,000 | 1,100,000 | |

出典：電気設備の技術基準の解釈の解説（第1条）

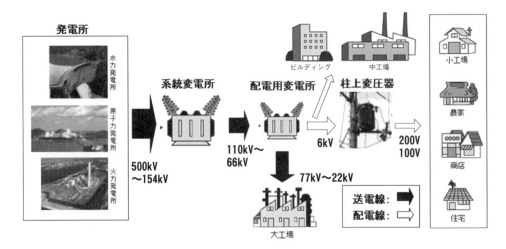

**図1-1-1** 送電線・配電線の電圧例

電力設備での各電圧は、鉄塔などで発電所から送電線で送られてくる7,000Vを超える特別高圧（22kV～1,000kV）があり、配電用変電所から街中の電柱で送られる高圧（6kV）配電線、高圧を柱上変圧器で電圧を降下し低圧の200V、100Vにして、各家庭に供給する低圧配電線に分けられて送られています。（**図1-1-1、図1-1-2**）

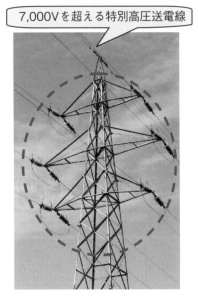

（a）鉄塔（送電線）

（b）電柱（配電線）

**図1-1-2** 電力設備における電圧例

## 2　感電死亡災害の状況

　図1-1-3は、過去20年間の感電死亡災害の統計データです。感電死亡災害件数の約半数は低圧による事故であり、高圧による事故より高い割合を示す年もあります。

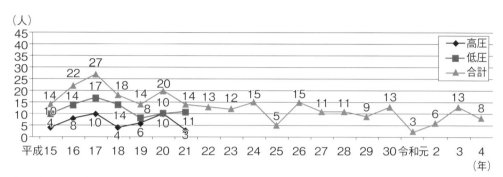

（注1）厚生労働省労働基準局の公表データを基に作成
（注2）平成22年以降は、電圧別データは公表されていない。

**図1-1-3**　感電による労働災害死亡者数の推移

　**図1-1-4**では感電による死亡災害の業種別人数（令和4年）を表しています。

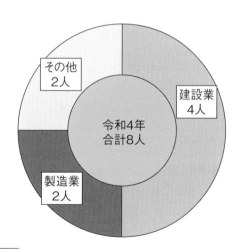

**図1-1-4**　感電による死亡災害の業種別人数（令和 4 年）

## 3 感電と人体の反応

感電は電撃といわれ、人体に電流が流れることによって発生します。電撃を受けたとき、人体に流れた電流の大きさにより、次のような反応が現れます。

① 電流を感知する程度のもの

② 苦痛を伴うショック

③ 筋肉の硬直

④ 心室細動※による死亡 等

感電のケースとして、**図1-1-5**に示すように電気が非接地側電線から人体を経て大地へ流れるケースと非接地側電線から人体を通過して接地側電線に流れるケースが想定できます。

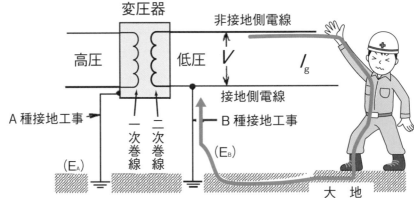

a) 非接地側電線から人体を経て大地へ流れるケース

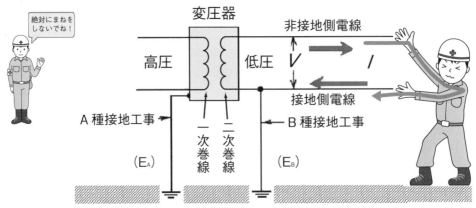

b) 非接地側電線から人体を通過して接地側電線に流れるケース

**図1-1-5** 感電のケース

---

※心室細動とは、心筋が正常な収縮・拡張を行わず各部分がばらばらに活動する症状。発症後、数秒で意識がなくなり、治療しないと5分程度で脳障害が発生し、まもなく死亡します。（応急処置はP.178〜P.211参照）

感電した場合の危険性は次のような因子で決まります。

① 通電電流の大きさ　　➡　大きいほど危険
　（人体に流れた電流の大きさ）

② 通電時間　　　　　　➡　長いほど危険
　（電流が人体に流れた時間）

③ 通電経路　　　　　　➡　心臓を通ると危険度大
　（電流が人体のどこを流れたか）

④ 電源の種類電流　　　➡　電　流：交流は直流よりも生
　（直流・交流、周波数など）　　　　理学的影響が大きい
　　　　　　　　　　　　　　周波数：交流40〜150Hz が最
　　　　　　　　　　　　　　　　　も危険性が高い

　人体が電撃を受けると、通電した電流の大きさや経路、通電時間、電源の種類に応じて、人体に次のような生理学的影響が現れます。

① 感知（知覚）　　→身体に電流が流れていることを感じる
② 手の固着　　　　→充電部をつかんだ手がけいれんして動かなくなる
③ けいれん　　　　→筋肉のけいれんで身体の自由が失われる
④ 呼吸困難・窒息　→呼吸筋のけいれんで呼吸運動が困難になる
⑤ 心拍停止　　　　→心室細動による心停止
　　　　　　　　　　（電撃による死亡の主要因）
⑥ 呼吸停止　　　　→電撃後に回復しにくい
　　　　　　　　　　頭からの通電時に発生しやすい
⑦ 意識の喪失　　　→強い電撃による失神
⑧ 器質的障害　　　→生体の器官・組織の構造的な損傷
　　　　　　　　　　熱による障害

感電、スパーク・アーク放電などによる電気的障害による組織損傷を一般に「電撃傷」と呼び、次の2種類に分類することができます。

> (1) 皮膚の火傷：アーク放電やスパークなど数千度の高熱による火傷
> ・金属が溶融・ガス化し皮膚へ付着・浸透
> ・熱傷面が青錆色に変化
> (2) 内部組織の火傷：人体に電流が流れるときのジュール熱による火傷
> ・タンパク質の凝固
> ・内部組織の壊死

> 熱湯等による熱傷と異なり治療に時間がかかる。

また、電撃を受けると、反射動作ができなくなったり、手足がけいれんによって自由に動かせなくなることによる、転倒・墜落などの二次災害が発生するおそれがあります。

## 4　国際電気標準会議（IEC）における規定内容

国際電気標準会議（IEC）では感電時における人体への影響として人体反応曲線図が公開されています。（IEC60479-1）

**図1-1-6**と**図1-1-7**は交流電流と直流電流が人体を通過した時の反応を示したものです。人体を通過する電流値により段階的に変化します。いずれも「左手から両足」への電流経路での心室細動のいき値を表す曲線です。

両方の図で心室細動が発生する電流を比べてみると、交流の方が小さい電流値で発生する確率が高く、交流電流の方が直流電流よりも危険度が高いことがわかります。

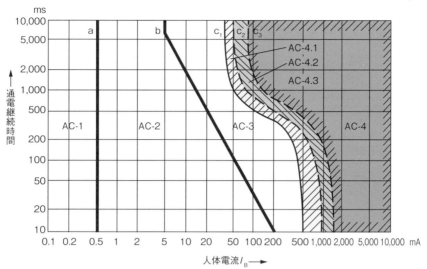

図1-1-6　交流電流（15～100Hz）による感電時の通電時間－電流領域

表1-1-3　交流電流による感電に対する人体反応

| 領域の呼称 | 領域の範囲（実効値） | 生理学的影響 |
|---|---|---|
| AC-1 | 0.5mA（線a）まで | ・通常では、人体の反応なし。 |
| AC-2 | 0.5mAから線bまで※ | ・通常では、人体に有害な生理学的影響はなし。 |
| AC-3 | 線bから曲線$c_1$まで | ・通常では、想定される器官傷害はなし。電流が2秒より長く持続する場合、けいれん性の筋収縮や呼吸困難の可能性がある。電流値と時間の増加に伴い、心房細動や一時的心臓停止を含む心臓のインパルスの生成と伝導の回復可能な乱れが心室細動なしに起こる。 |
| AC-4 | 曲線$c_1$から上（右） | ・電流値と時間の増加に伴い心臓停止、呼吸停止及び重度のやけどなど危険な病態生理学的影響が領域3の影響に加えて起こる可能性がある。 |
| AC-4.1 | $c_1$-$c_2$ | ・心室細動の確率が約5％までに増大。 |
| AC-4.2 | $c_2$-$c_3$ | ・心室細動の確率が約50％以下。 |
| AC-4.3 | 曲線$c_3$超過 | ・心室細動の確率が約50％超過。 |

※　通電継続時間が10ms未満の場合、線bの人体通過電流の限度値は、200mAで一定のままである。

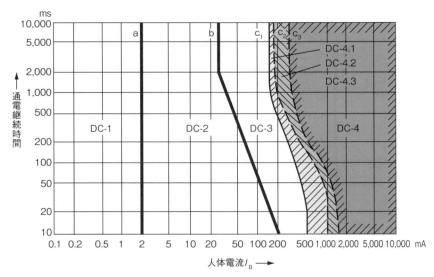

図1-1-7 直流電流による感電時の通電時間−電流領域

表1-1-4 直流電流による感電に対する人体反応

| 領域の呼称 | 領域の範囲（実効値） | 生理学的影響 |
|---|---|---|
| DC-1 | 2 mA（線a）まで | ・通常では、人体の反応なし。スイッチを入切する場合にわずかな刺すような痛み。 |
| DC-2 | 2 mAから線bまで※ | ・通常では、人体に有害な生理学的影響はなし。 |
| DC-3 | 線bから曲線$c_1$まで | ・通常では、想定される器官傷害はなし。電流値と時間の増加に伴い、心臓のインパルスの生成と伝導の回復可能な乱れが起こることがある。 |
| DC-4 | 曲線$c_1$から上（右） | ・電流値と時間の増加に伴い、例えば、重度のやけどなど危険な病態生理学的影響が領域3の影響に加えて起こることが予想される。 |
| DC-4.1 | $c_1$–$c_2$ | ・心室細動の確率が約5％までに増大。 |
| DC-4.2 | $c_2$–$c_3$ | ・心室細動の確率が約50％以下。 |
| DC-4.3 | 曲線$c_3$超過 | ・心室細動の確率が約50％超過。 |

※ 通電継続時間が10ms未満の場合、線bの人体通過電流の限度値は、200mAで一定のままである。

　国際電気標準会議（IEC）で公表された人体反応曲線図を基に交流における人体の電撃反応に対する発生限界をまとめると**表1-1-5**のようになります。

**表1-1-5**　交流における人間の電撃反応に対する発生限界

| | 説　明 | 電　流　値 |
|---|---|---|
| 感知電流 | 感覚により直接感知できる最小の電流 | 0.5mA |
| 離脱電流 | 誤って充電部をつかんでも自分の意志で離すことができる最大の電流 | 10mA |
| 心室細動電流 | 心室細動が発生する限界電流 | 500mA　（t=10ms）<br>400mA　（t=100ms）<br>50mA　（t= 1 s）<br>40mA　（t=10s） |

## 5　人体抵抗

　感電時、人体にどれぐらいの電流が流れるかを想定するために人体の電気抵抗（人体抵抗）を理解することは大切なことです。

　人体に流れる電流の大きさは、オームの法則により印加電圧と人体抵抗で決まります。人体抵抗とは、「人体内部抵抗」と「皮膚の接触抵抗」の合計です。

　人体内部抵抗は、電流の経路によって変わります。**図1-1-8**中の数値は、手から手、手から足の人体内部抵抗値500Ωを100%としたときの各経路の人体内部の抵抗を示しています。

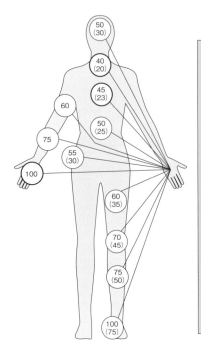

例）
・手と手の間は100%となるので500Ω
・手と胸の間は45%となるので500Ωの45%で225Ω
・手と首の間は40%で200Ω

人体に加わる電圧が同じであれば、抵抗が小さいほど、大きな感電電流が流れる。

また、心臓を通る経路は危険性が高くなります。

（注）数字は、その経路の人体抵抗を手から手、手から足の値に対する百分率で示す。
　　　カッコ内の数字は、両手とその人体部分との間の電流経路に対するもの。
出典：絵とき災害防止のための安全知識（上）（電気と工事1998年8月号付録　株式会社オーム社）

図1-1-8　電流経路に対する人体内部抵抗

　また皮膚の接触抵抗は、状況によって変わります。皮膚が乾いている時よりも、汗をかいている時の方が皮膚の接触抵抗が小さくなり、水で濡れている時は、さらに皮膚の接触抵抗が小さくなります。抵抗値が小さいほど電流が大きくなり、人体への影響が重大です。

　すでに述べたように、電撃の危険性は人体に流れた電流の大きさで決まります。人体に加わった電圧が同じであれば、人体抵抗が小さいほど大きな電流が流れることになり、人体への影響も大きくなります。

# ・第2章・

# 高圧又は特別高圧に対する
# 接近限界

> ### 講習のねらいとポイント
>
> この章では高圧以上の電気の特徴を理解し、電気による感電災害防止のために確保する接近限界距離や離隔距離について学習します。

## 1　高圧以上の電気の接近と閃絡

高圧以上の電圧では、充電部に直接接触しなくても、充電部のある限界以内に人体が近づくと閃絡（せんらく）が起き、感電してしまいます。

> メカニズム：空気絶縁が破壊され、閃絡（フラッシュオーバー）が発生し通電

閃絡距離とは「閃絡が発生する距離」であり、電圧により異なります。

> 電圧が高いほど、閃絡距離は長くなる！

そのため、活線作業・活線近接作業時の「充電部からの接近限界」は、作業範囲に電圧に応じた 閃絡距離 を考慮する必要があります。

## 2　接近限界距離

安衛則第341条では、高圧充電電路の作業で感電の危険がある場所における作業時には、絶縁用保護具の着用や絶縁用防具の装着などについて定められております。

また、安衛則第344条では、特別高圧の充電部における作業で感電の危険がある場合には、「活線作業用器具又は活線作業用装置を使用」し、**表1-2-1**の「接近限界距離※」を保たせなければならないことが定められております。

※「接近限界距離」とは、労働者の身体または工具や材料などの導電体と充電電路との最短直線距離をいう。

**表1-2-1** 充電電路に対する接近限界距離

| 充電電路の使用電圧<br>(kV) | 充電電路に対する接近限界距離<br>(cm) |
|---|---|
| 22以下 | 20 |
| 22を超え33以下 | 30 |
| 33を超え66以下 | 50 |
| 66を超え77以下 | 60 |
| 77を超え110以下 | 90 |
| 110を超え154以下 | 120 |
| 154を超え187以下 | 140 |
| 187を超え220以下 | 160 |
| 220を超える場合 | 200 |

出典：労働安全衛生規則（第344条）

## 3　離隔距離

　送配電線の近くでクレーン等を使用する時は、安全のためクレーンのブームやワイヤロープと送配電線との間に電圧に応じた「離隔距離」をとらなければなりません。

　このことは、労働基準局長通達（昭和50年12月17日付け基発第759号）として出されております。

　その他充電部に近接して作業を行う場合の離隔距離等については、「第4編 第4章安全な距離の確保」を参照下さい。

表1-2-2　通達による離隔距離

| 電路の電圧 | 離隔距離 |
|---|---|
| 特別高圧 | 2m、ただし、60,000V以上は10,000V又はその端数を増すごとに20cm増し。 |
| 高圧 | 1.2m |
| 低圧 | 1m |

労働基準局長通達（昭和50年12月17日基発第759号）

表1-2-3　離隔距離

| 公称電圧 | 離隔距離（m） |
|---|---|
| 100/200/240/415 (V) | 1.0 |
| 3.3/6.6(kV) | 1.2 |
| 11(kV) | 2.0 |
| 22 | 2.0 |
| 33 | 2.0 |
| 66 | 2.2 |
| 77 | 2.4 |
| 110 | 3.0 |
| 154 | 4.0 |
| 187 | 4.6 |
| 220 | 5.2 |
| 275 | 6.4 |
| 500 | 10.8 |

（注1）60,000V以上は、10,000V又はその端数を増すごとに20cm増し
（注2）「表1-2-2 通達による離隔距離」に基づき、公称電圧による離隔距離を作成

# ·第3章·

# 短絡および地絡

**講習のねらいとポイント**

　この章では短絡および地絡の現象を理解し、短絡および地絡による災害と対策について学習します。

## 1　短　絡

　短絡とは、**図1-3-1**のように、「電気回路の導体間が何らかの原因によって、低抵抗、低インピーダンスで結合された状態」をいいます。

　電路の線間が、抵抗が低い状態で接触した現象であるので、短絡電流はバックパワーの大きさにより<u>数千アンペアから数万アンペア</u>に達す場合があります。

　短絡事故が起きると機器に定格以上の<u>大電流が流れる</u>ため、機器の損傷（絶縁電線の被覆や変圧器の焼損、遮断器の爆発等）が大きくなります。

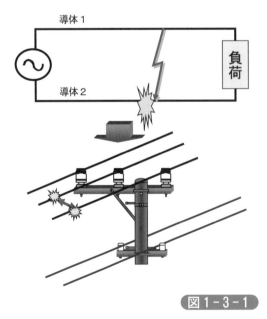

オームの法則により、
電流＝電圧÷抵抗
となります。

　短絡した場合、抵抗が非常に小さいため短絡電流は非常に大きな値となります。

図1-3-1

## 2　短絡事故による災害

　短絡が起きると非常に大きな電流によってジュール熱やアーク放電が発生し、電線の溶断・焼損や機器の破損など設備災害や、取扱者の電気火傷など人身災害が起こり危険です。

(1)　**設備災害と人身災害**
　　・ジュール熱による電線溶断や絶縁被覆の焼損
　　・発電機や変圧器の焼損や遮断器の爆発
　　・アークによる電気火傷

(2)　**短絡の発生原因**
　　・電力設備の製作不良や施工ミス
　　・絶縁物の自然劣化
　　・断路器の操作ミス

(3)　**短絡事故防止対策**
　　・遮断容量の大きい遮断器による短絡保護

## 3　地　絡

　感電は、一般に人体を介して<u>大地に電流が流れること</u>（地絡）により発生します。

　地絡とは、「電気回路のいずれかの導体1線と大地間がインピーダンスで結合される現象」です。

　漏電電流が最大のときは完全地絡と言います。逆に、微地絡というのは漏電電流が微量なときを言います。電路と大地との絶縁が異常に低下して、その間がアークまたは導体によってつながれた現象です。

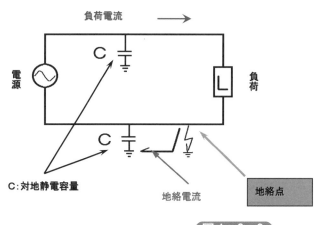

　6.6kV の配電系統は、非接地回路なので、地絡電流は数百〔mA〕～数十〔A〕程度となります。

負荷電流

電源　　　負荷

C：対地静電容量
地絡電流
地絡点

図1-3-2

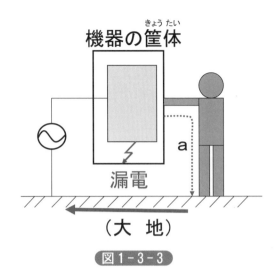

機器の筐体（きょうたい）

a

漏電

（大　地）

図1-3-3

　この時、電路又は機器の外部に危険な電圧が発生し、電流（地絡電流又は漏れ電流）が大地に流れます。この現象を一般に「漏電」といいます。

(1)　地絡による感電災害と対策

○感電災害の発生例

・　電力設備の絶縁劣化・損傷で地絡が発生

↓

・　金属製ケースが充電され、ケースに電圧が発生

↓

・　人がケースに触れると感電（地絡電流が人体を介して流れる。）

○対策

・　漏電遮断器の設置（低圧電路）

・　機器外箱の接地

(2)　送配電線路の地絡の影響と対策

○送配電線路の地絡の影響

・　間欠的アークや異常電圧の発生に伴う電線溶断、がいし破損

→　相間短絡の危険

・　電磁誘導により、近接する弱電流電線路に誘導電圧が発生

→　電話の雑音、通信障害

→　弱電流電線路作業者の感電

○対策

・地絡継電器の設置　（地絡の早期除去）

# ・第4章・

# 接　地

**講習のねらいとポイント**

　この章では接地の目的を理解し、接地の種類、接地抵抗値、接地工事の方法について学習します。

## 1　接地の目的

　接地（アース）とは、電気機器の外箱や架台などを大地と同電位に保つために、地中に埋設した導体に接続することで、大地と電気的に接続された状態をいいます。

　例えば、電気機器の金属製外箱などは通常時、充電されていませんが、電気機器の故障や絶縁劣化などが原因で漏電すると、外箱が充電されることがあります。接地はその充電された外箱に人が触れても感電の影響を少なくするようにするために必要なことです。

　保安上、変圧器二次側の中性線を接地します。これは変圧器の故障によって二次側に一次側の高い電圧がかからないようにするものです。また、変圧器二次側中性線の接地は、一次側や二次側の地絡検出が確実に行えるようになる機能も含まれます。

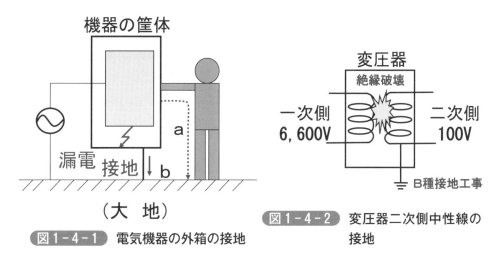

図1-4-1　電気機器の外箱の接地

図1-4-2　変圧器二次側中性線の接地

その他、接地は様々な目的で用いられております。

**表1-4-1** 接地の目的

| 名称 | 内容 |
|---|---|
| 電気設備の保安用接地 | 電路や非充電金属部分を接地し、感電や火災などを防止する |
| 雷害防止用接地 | 避雷針や避雷器の接地で、雷放電電流を安全に大地へ逃す |
| 雑音対策用接地 | 通信設備などにおいて、雑音エネルギーを大地に放電する |
| 機能用接地 | 電子計算機などにおいて、電位の安定な基準を得る |
| 静電気障害防止用接地 | 静電気を安全に放電するため |
| 回路用接地 | 電気防食のように大地を回路の一部として組み入れるため |

## 2　接地工事の種類と接地抵抗値

接地工事の種類と接地抵抗値などは電技解釈第17条、24条、29条に規定されています。A種、B種、C種、D種接地工事があり、接地抵抗値や接地線の種類は**表1-4-2**に示すとおり定められています。

A種接地工事は、特別高圧計器用変成器の二次側電路、高圧又は特別高圧用機器の架台、高電圧の侵入のおそれがあり危険度の高いものなどに要求され、接地抵抗値は10Ω以下です。

B種接地工事は、高圧又は特別高圧から低圧に下げる変圧器の中性点に要求され、接地抵抗値は変圧器の高圧側又は特別高圧側の電路の一線地絡電流のアンペア数で150を除した値に等しい抵抗値以下です。

C種接地工事は、300Vを超えて使用する低圧機器の架台などに要求され、接地抵抗値は10Ω以下です。

D種接地工事は、300V以下で使用する低圧機器や架台や高圧計器用変成器の二次側電路などに要求され、接地抵抗値は100Ω以下です。

なお、接地抵抗値は接地極を埋設する土壌によって大きく左右されますので施工時に注意が必要です。

また、これらの接地工事は、機器接地と系統接地に分けられます。機器接地は電気機器本体、架台、外箱など個別の機器類に施す接地で、感電による人体への影響を最小限にするための安全処置を目的としています。一

表1-4-2 接地工事の種類等

| 接地工事の種類 | 接地抵抗値 | 接地線の種類 | 接地箇所 | 接地方式 |
|---|---|---|---|---|
| A 種 | 10Ω 以下 | 直径2.6mm 以上の軟銅線 | 高圧用又は特別高圧用の機器の外箱又は鉄台 | 機器接地 |
| B 種 | 150／$I$Ω 以下 | 直径4mm 以上の軟銅線 | 高圧用又は特別高圧と低圧を結合する変圧器低圧側の中性点（又は一端子） | 系統接地 |
| C 種 | 10Ω 以下 | 直径1.6mm 以上の軟銅線 | 300V を超える低圧用機器の外箱又は鉄台 | 機器接地 |
| D 種 | 100Ω 以下 | 直径1.6mm 以上の軟銅線 | 300V 以下の低圧用機器の外箱又は鉄台 | 機器接地 |

（注） 1．$I$ は電路の一線地絡電流（A）を示す。
　　　 2．B 種の接地抵抗値は、当該電路に設置される地絡遮断器の遮断時間によって緩和することができる。
　　　　 （1秒以内に遮断される場合は600／$I$Ω 以下、2秒以内に遮断される場合は300／$I$Ω 以下）
　　　 3．C 種および D 種の接地抵抗値は、当該電路に地絡が生じたとき、0.5秒以内に遮断する装置を施設する場合は、500Ω まで緩和することができる。

方、系統接地は変圧器の二次側の接地など、電路全体を大地と接続するものです。B 種接地工事は、高低圧混触時に低圧側の電位上昇を抑える目的で施されますが、低圧側での漏電検知を行う際、漏電した電流を変圧器に還流させる重要な役割も担っています。（**図1-4-3**）

・機器接地……電気機器のケースや金属管に施す接地
・系統接地……変圧器の二次巻線の一端に施す接地

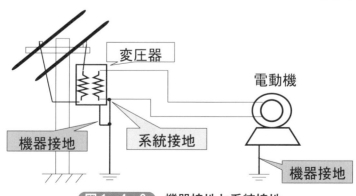

図1-4-3 機器接地と系統接地

表1-4-3は移動して使用する電気機器の金属製外箱等に接地工事を施す場合の可とう性を必要とする部分の接地線の最低の太さについてまとめたものです。A種接地工事及びB種接地工事の接地線を人が触れるおそれがある場所を考慮して、太さ8mm²以上のキャブタイヤケーブルを使用することとなります。

表1-4-3 移動して使用する電気機械器具の接地線

| 接地工事の種類 | 接地線の種類 | 接地線の断面積 |
|---|---|---|
| A種 B種 | 3種クロロプレンキャブタイヤケーブル 3種クロロスルホン化ポリエチレンキャブタイヤケーブル 3種耐燃性エチレンゴムキャブタイヤケーブル 4種クロロプレンキャブタイヤケーブル若しくは4種クロロスルホン化ポリエチレンキャブタイヤケーブルの1心又は多心キャブタイヤケーブルの遮へいその他の金属体 | 8mm²以上 |
| C種 D種 | 多心コード又は多心キャブタイヤケーブルの1心 | 0.75mm²以上 |
|  | 多心コード又は多心キャブタイヤケーブルの1心以外の可とう性を有する軟銅より線 | 1.25mm²以上 |

出典：「電気設備の技術基準の解釈」（第17条）を参考に作成

## 3 接地工事の施設方法

接地線の種類、接地極の施設方法は、電技解釈第17条に規定されています。

接地を施す場合、接地線は電流が安全かつ確実に大地に通ずることが要求されます。

したがって、接地線の太さ、引っ張り強さ、接地極の施設方法が電気設備の技術基準で規定されています。具体的には接地線の太さは、故障の際に流れる電流を安全に通ずることができるよう**表1-4-2**の接地線の種類の欄に示す太さ以上のものを使用します。ただし、移動して使用する電気機器では、接地線を別に設けることは不便であるため、多心コードや多心キャブタイヤケーブルの1心を使用する場合は0.75mm²以上のものの使用が認められています。

故障時に接地線へ電流が流れると、接地極の接地抵抗によって大地との間に電位差を生じ、接地線を中心として地表面に電位傾度があらわれるので、人が触れるおそれがある場所にA種、B種接地工事の接地線を施設する場合には、接地極を地下75cm以上の深さに埋設し、かつ、地下75cmから地表上2mまでの接地線を、合成樹脂管等の絶縁効力のあるもので覆うことが規定されています。（**図1-4-4**）

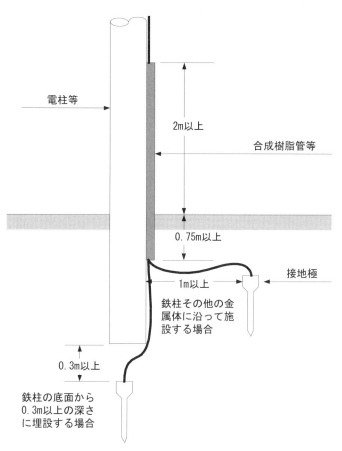

電柱等

2m以上

合成樹脂管等

0.75m以上

接地極

1m以上

鉄柱その他の金属体に沿って施設する場合

0.3m以上

鉄柱の底面から0.3m以上の深さに埋設する場合

**図1-4-4** A種又はB種接地工事の施設例図

# ・第5章・

# 誘導現象

講習のねらいとポイント

この章では誘導現象を理解し、誘導現象による災害防止の方法について学習します。

## 1 静電誘導

電界中に大地と絶縁された導体があると、その導体に電荷が誘導され、導体と大地との間に電圧が発生する現象を『静電誘導』といいます。

送電線や変電所母線の周辺には高電界が発生しており、この高電界の中に絶縁性を確保した作業者がさらされると、静電誘導によって作業者の体に電荷が誘導されることで、作業者と大地との間に電圧が生じます。

電荷を誘導した人体の一部が、接地された構造物（鉄骨や機器の外箱など）に接触すると、人体に誘導された電荷が一気に大地に放電されることで作業者は電撃をうけ、災害の原因となります。

### (1) 静電誘導による電撃の発生

○ 帯電した人が金属に触れる場合

絶縁性の履物を履いた作業者が高電界にさらされると帯電する。この時、人体の一部が鉄塔や機器の外箱に触れると、人体に蓄積された誘導電荷が大地に放電され電撃を受ける。

○ 帯電した物体に人が触れる場合

絶縁された物体が高電界にさらされると静電誘導により帯電する。大地に立つ人が物体に触れると、物体に蓄積された誘導電荷が人を介して大地に放電され電撃を受ける。

### (2) 静電誘導の影響と対策

○ 静電誘導の影響

静電誘導による電撃は、一般に軽く、直接人体に重大な災害を与えることはほとんど無い。

ショックによって高所からの墜落や転倒災害などの2次災害の原因に

なることがある。
○　静電誘導への対策
　　導電性の履物を着用→人体への帯電を抑制
　　周囲の物体には作業用接地などを行う。

## 2　電磁誘導

　変化する磁界の中に導体があると、その導体には起電力が誘導されます。この現象を『電磁誘導』といいます。

　変化する磁界の発生源を起誘導体と呼び、送電線が起誘導体となって周辺の導体には電磁誘導により誘導電圧が生じ、災害の原因となっています。

　送電線に平行する電線、架空地線、ワイヤなどに誘導電圧が生じ、特に接近しているものほど誘導電圧の発生度やその大きさに影響があります。

　例えば、送電線の1回線を停止し、他の回線は送電した状態で電気工事を行う場合、送電している電線からの電磁誘導により、停電回線には大きな電流が流れます。この時、停電回線に接触したり、停電回線を開放・接続することは危険です。

　工事中の電磁誘導による災害を防止するには、架空地線・停電回線の接地、機械・工具の接地、工事用電話線の接地などを確実に行うことが必要です。

> 変化する磁界中に導体がおかれると、その導体に起電力が誘導される。

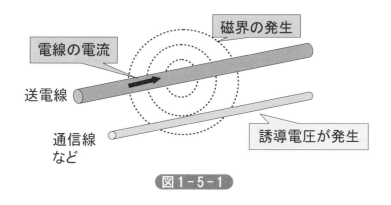

図1-5-1

○　電磁誘導現象の例
　　送電中の電線が起誘導体となり、近接並行する架空地線、電線、工事用ワイヤ、工事用電話線などの被誘導体に誘導電圧が発生する。

○　電磁誘導現象の防止対策

　　工事中の電磁誘導による災害の防止対策 → 「接地」を確実に行う
（架空地線、停電回線、機械・器具、工事用電話線など）

## 3　ラジオ電波による誘導

　ラジオ電波を発生する送信所から約20km 以内で工事をするときは、放送電波によりクレーンブームなどに異常電圧を発生することがある。
対策：① クレーンの吊り上げ用フックの接地
　　　② 作業者の高圧電気用ゴム手袋の着用など

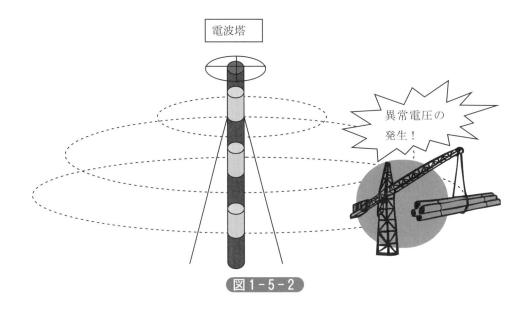

図 1 - 5 - 2

# ・第**6**章・

# 電気絶縁

**講習のねらいとポイント**

この章では電気をよく通す、通さない物質の電気的性質を理解し、絶縁物の劣化要因と耐熱区分、絶縁劣化を定期的に検査する絶縁レベルについて学習します。

## 1　導体と絶縁体

導体とは自由電子になりやすい電子が多い物質で、絶縁体とはある電子が他の電子を押しのけにくい、いいかえれば原子核と電子の結びつきが強力な物質（自由電子になりにくい物質）を指します。

**表1-6-1** 物質の電気的分類

| | 電　気　的　性　質 | 物　　質 |
|---|---|---|
| 導体 | 電気をよく通す | 銅、アルミニウム、鉄など |
| 絶縁体 | 電気をほとんど通さない | 空気、磁器、ゴム、ビニルなど |
| 半導体 | 導体と絶縁体の中間 | ゲルマニウム、シリコン、セレンなど |

## 2  電気絶縁

絶縁物が破壊したり、絶縁抵抗が低下すると短絡や地絡事故を生じ、感電などの災害が発生します。

したがって、保守を十分に行い、絶縁抵抗の低下をきたさないようにする必要があります。

電気が流れる電線や使用する機器の絶縁を高めておくことが最も重要です。

送電線や電気機器では、電気の流れる金属導体を線間、大地間などと絶縁しています。

絶縁物における電気を通すまいとする程度を絶縁抵抗と呼び、その単位はMΩ（メガオーム又はメグオームと呼ぶ。$10^6\Omega$）で表されます。

活線作業や活線近接作業では感電しないように絶縁物でできた保護具で作業者の手足や肩などを、また防具で充電部を絶縁します。

## 3  絶縁物の劣化と耐熱区分

### (1) 絶縁物の劣化

どんなに優れた絶縁物でも使用条件や環境条件などによって必ず劣化を起こします。したがって、電気機器などの絶縁を良好に保つには劣化の要因をできる限り排除することが重要です。

＜絶縁劣化の主な原因＞
- 電気的要因（非常に高い電圧の印加など）
- 機械的要因（振動、衝撃など）
- 熱的要因（温度上昇など）
- 自然環境的要因（紫外線など）

### (2) 絶縁物の耐熱区分（JIS C 4003による）

絶縁物の絶縁劣化を防止するため、絶縁物の最高許容温度がJIS C 4003で規定されています。電気機器の巻線その他導電部分に施される絶縁をその熱的特性によって**表1-6-2**のように絶縁体を耐熱温度別に分類されています。

**表1-6-2** 耐熱クラスと絶縁材料

| 耐　熱<br>クラス<br>[℃] | 指定文字※ | 主　要　材　料 |
|---|---|---|
| 90 | Y | 変圧器油・木綿・紙・ポリエチレン・ポリ塩化ビニル・天然ゴム |
| 105 | A | |
| 120 | E | ポリエステル・エポキシ樹脂・メラミン樹脂・フェノール樹脂・ポリウレタン等の合成樹脂 |
| 130 | B | マイカ・ガラス繊維などの無機材料 |
| 155 | F | |
| 180 | H | |
| 200 | N | 生マイカ・磁器・ガラスなど |
| 220 | R | |
| 250 | ― | |

※　必要がある場合、指定文字は、例えば、クラス180（H）のように括弧を付けて表示することができる。スペースが狭い銘板のような場合、個別製品規格には、指定文字だけを用いてもよい。

・絶縁物として使用されているゴム、プラスチックなどの<u>絶縁物は、絶縁物の種類に応じて使用できる最高温度</u>が定められている。
・同じ電線を使っても電路の施設条件により、許容電流が異なる場合もある。
・電線類の許容電流は、ジュール熱により発生する温度により、素線や絶縁物が劣化しない範囲で決められている。

## 4 保守点検

　絶縁物の破壊や絶縁抵抗の低下は短絡事故や地絡事故の発生につながります。絶縁物は経年で絶縁が劣化しますので、定期的な保守点検により、その状態を把握し、状態によって機器の改善や交換をすることが大切です。

　絶縁物の劣化判定の方法には、

　・外観検査

　・絶縁抵抗試験（メガテスト）

　・耐電圧試験

　などがあります。

### ⑴ 低圧電路の絶縁性能

　表1-6-3は電技省令第58条に規定されている絶縁抵抗の値です。この値は電気設備・機器を安全に使用する最低限度の値であるため、実際に使用する場合は十分余裕のある値にして下さい。

表1-6-3　低圧電路の絶縁抵抗値

| 電 圧 区 分 | | 絶縁抵抗値 | 主な回路 |
|---|---|---|---|
| 300V 以下 | 対地電圧が150V 以下 | 0.1MΩ | 単相100V |
| | 対地電圧が150V 超過 | 0.2MΩ | 三相200V |
| 300V 超過 | | 0.4MΩ | 三相400V |

出典：「電気設備に関する技術基準を定める省令」（第58条）を参考に作成

　また、絶縁抵抗測定が困難な場合は、電技解釈により、当該電路に使用電圧が加わった状態における漏えい電流が1mA以下であればよいとされています。

　表1-6-3の絶縁抵抗値は、漏えい電流1mAを基本に定められたものです。

### ⑵ 高圧又は特別高圧の電路の絶縁性能

　表1-6-4は、電技解釈第15条に規定されている高圧又は特別高圧の電路の絶縁性能の値です。表に示す試験電圧を電路と大地との間に連続して10分間加えたとき、これに耐える性能を有することが規定されています。

**表1-6-4**　高圧又は特別高圧の電路の絶縁性能

| 電路の種類 | | | | 試験電圧 |
|---|---|---|---|---|
| 最大使用電圧が7,000V以下の電路 | 交流の電路 | | | 最大使用電圧の1.5倍の交流電圧 |
| | 直流の電路 | | | 最大使用電圧の1.5倍の直流電圧又は1倍の交流電圧 |
| 最大使用電圧が7,000Vを超え、60,000V以下の電路 | 最大使用電圧が15,000V以下の中性点接地式電路（中性線を有するものであって、その中性線に多重接地するものに限る。） | | | 最大使用電圧の0.92倍の電圧 |
| | 上記以外 | | | 最大使用電圧の1.25倍の電圧（10,500V未満となる場合は、10,500V） |
| 最大使用電圧が60,000Vを超える電路 | 整流器に接続する以外のもの | 中性点非接地式電路 | | 最大使用電圧の1.25倍の電圧 |
| | | 中性点接地式電路 | 最大使用電圧が170,000Vを超えるもの | 中性点が直接接地されている発電所又は変電所若しくはこれに準ずる場所に施設するもの | 最大使用電圧の0.64倍の電圧 |
| | | | | 上記以外の中性点直接接地式電路 | 最大使用電圧の0.72倍の電圧 |
| | | 上記以外 | | 最大使用電圧の1.1倍の電圧（75,000V未満となる場合は、75,000V） |
| | 整流器に接続するもの | 交流側及び直流高電圧側電路 | | 交流側の最大使用電圧の1.1倍の交流電圧又は直流側の最大使用電圧の1.1倍の直流電圧 |
| | | 直流側の中性線又は帰線（電技解釈第201条第六号に規定するものをいう。）となる電路（周波数変換装置（FC）又は非同期連系装置（BTB）の直流部分等の短小な直流電路において、異常電圧の発生のおそれのない場合は、絶縁耐力試験を行わないことができる。） | | 次の式により求めた値の交流電圧 $V \times (1/\sqrt{2}) \times 0.51 \times 1.2$ $V$ は、逆変換器転流失敗時に中性線又は帰線となる電路に現れる交流性の異常電圧の波高値（単位：V） |

# 第2編

---

## 高圧又は特別高圧の
## 電気設備に関する基礎知識

# ·第 1 章·

# 発電設備

講習のねらいとポイント

この章では、発電設備構成などの一般的な事項について学習します。

　令和4年3月末におけるわが国の発電所の出力を事業者別にみると、電気事業用発電所の出力は、2億6,871万kW、自家用の発電所の出力は、2,849万kWとなっており、合計2億9,720万kWとなっております。

　また、令和4年3月末におけるわが国の発電所出力の構成比は、水力発電が16.8%、火力発電が63.3%、原子力発電が11.1%、新エネルギー（風力、太陽光、地熱など）が8.7%となっています。

## ⑴　水力発電設備

　水力発電所は1,839カ所で、その出力の合計は5,001万kWです。

　水力発電では近年揚水式発電が増えてきましたが、これは火力・原子力発電所の効率的運転とあいまってピーク負荷対策用に活用されるもので現在42カ所、その出力合計は2,748万kWであり、電気事業用水力発電所合計出力の半分以上を占めています。

## ⑵　火力発電設備

　火力発電所は2,423カ所で、その出力の合計は1億8,826万kWです。

　この中には内燃力発電所、ガスタービン発電所が含まれています。

## ⑶　原子力発電設備

　原子力発電所は13カ所で、その出力の合計は3,308万kWです。

## ⑷　新エネルギー発電設備

　風力発電所は493カ所で、その出力の合計は426万kW。太陽光発電所は7,135カ所で、その出力の合計は2,104万kW。地熱発電所は19カ所で、その出力の合計は49万kWです。

　最近では、発電所数、出力とも太陽光発電所の伸びが顕著となっており、中でもメガソーラーと呼ばれる1,000kW クラスの太陽光発電所が建設されています。

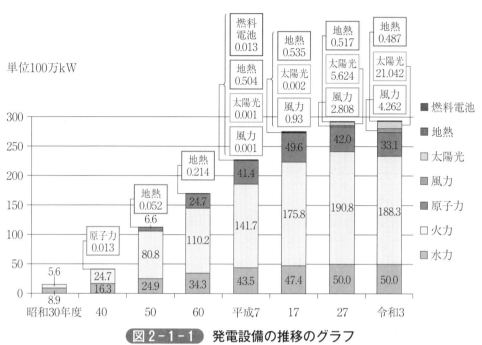

図 2－1－1　発電設備の推移のグラフ

# ・第2章・

# 送電設備

**講習のねらいとポイント**

　この章では、送電設備の種類や特徴、送電線路を構成する主な設備の特徴などについて学習します。

　発電所と需要場所とは離れているため、発電した電力は、送電線路によって送られます。

　送電の目的は、発電所で発電した電力を、確実に安全に効率よく、しかも経済的に所定の変電所に送ることです。

　発電所と需要場所は、距離が遠いので損失が大きくなります。そこで、送電線路の電力損失を押さえるため、水力・火力・原子力発電所などで発電された数千ボルト〜2万ボルトの電力を、発電所内の設備で数万〜数十万ボルトの特別高圧にし、需要場所付近の変電所まで送る線路が、送電線路です。

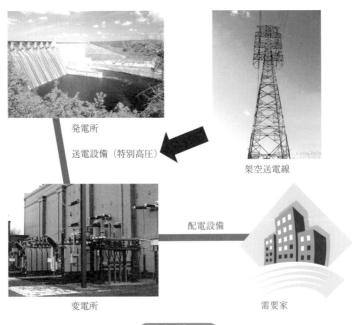

発電所

送電設備（特別高圧）

架空送電線

配電設備

変電所

需要家

図2-2-1

## 1　送電設備一般

### (1)　送電線路の種類

送電線路の種類は、鉄塔などの支持物に取り付けたがいしにより電線を支持して施設する架空送電線路と、ケーブルを地中に埋設して施設する地中送電線路に分けられます。

| 架空電線路（架空送電線） | | |
|---|---|---|
| 電線 | がいし | 支持物など |

| 地中電線路　（地中送電線） | |
|---|---|
| ケーブル | 地中埋設施設 |

**図2-2-2** 送電線路による分類

### (2)　送電線路の電圧

発電所と遠く離れた需要箇所を結ぶ送電線路は、大電力を小さな電力損失で送るために高い電圧となっています。

| 送電線路の主な使用電圧 |
|---|
| 500kV |
| 275kV・220kV |
| 187kV・154kV |
| 110kV |
| 77kV・66kV |
| 33kV・22kV |

### (3)　電気方式

電力を送るには、いろいろな電気方式があり、大きくは、直流方式と交流方式に分けられます。

一般的に現在の送電線は、交流方式が広く採用されています。その理由としては、交流方式では変圧器により電圧の変換が容易であり、しかも効率よく変換できるからです。一方、直流方式は、長距離大電力送電に効果的なことから一部の海峡横断などの箇所に採用されています。

| 交流送電 | 電圧の変換が容易なため一般的に採用 |
|---|---|
| 直流送電 | 長距離大電力送電に効果的<br>（北海道・本州間連系設備、阿南紀北直流幹線に採用） |

## 2　架空送電設備

### (1)　電線

　特別高圧の架空電線路の電線は、一般的に裸線が使用され、可とう性を持たせるためにより線となっております。

　現在多く採用されているのは、鋼心アルミより線（ACSR）、鋼心耐熱アルミ合金より線（TACSR）、硬銅より線などです。

　鋼心アルミより線は、鋼線または鋼より線を中心とし、その外側に硬アルミ線を同心円上によりあわせたものであり、硬アルミ線だけでは機械的強度がないことから、鋼線で機械的強度を補ったものです。

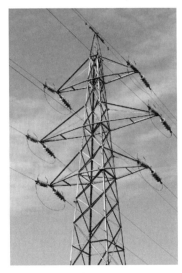

図2-2-3　架空送電線

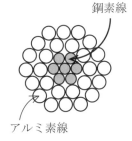

鋼素線

アルミ素線

図2-2-4　代表的鋼心アルミより線

　架空送電線の1相あたりの電線本数を2本以上に分けたものを多導体方式といいます。

　この方式は、275kV以上の超高圧、あるいは400〜750kVという超々高圧送電線に用いられています。

　電圧を高くして送電するデメリットとして、コロナ損失が発生しやすいことがあげられます。多導体方式を採用することにより、コロナ損失を防ぐことができます。

　我が国では、主として275kVに2および4導体が、500kVに4導体と6導体が採用されています。

　一方、1相あたり1本のものを単導体方式といい、154kV以下の送電線に用いられております。

　多導体方式は、単導体方式に比べて、

　① 　電流容量が大きくとれる

②　コロナによる障害が少なくなる

③　安定度増進に役立つ

などの特徴があります。

⑵　がいし

電線を支持物から絶縁するのに用いられるものが、がいしです。

がいしは、自然の悪条件にも必要な絶縁性能を保つと共に、機械的にも十分堅固であることが必要です。がいしの性能の良否は、送電線の機能に重大な影響を及ぼします。

①　がいしの種類と特徴

送電線用がいしは、その構造、用途によって分類されております。

<table>
<tr><th colspan="3">がいしの種類と特徴</th></tr>
<tr><th>懸垂がいし</th><th>長幹がいし</th><th>ラインポストがいし</th></tr>
<tr>
<td>絶縁体として磁器を用い、これを挟んで一方にキャップ、他方にピンをそれぞれ良質のセメントで接着してある。
使用電圧により必要個数が連結できるようになっている。</td>
<td>円柱型懸垂がいしの一種である。
雨洗浄効果がよく、フラッシュオーバーしても破損しにくいので、海岸付近、ばい煙、じんあいの多い地域などで用いられる。</td>
<td>長幹がいしにキャップをつけないで磁器頂部に導線みぞとバインドみぞを設けてピンがいしに代用できるようにしたもの。</td>
</tr>
<tr>
<td>
250mm懸垂がいし連結個数例
<table>
<tr><th>電圧階級〔kV〕</th><th>一般の場合（個）</th></tr>
<tr><td>22～33</td><td>2～4</td></tr>
<tr><td>66～77</td><td>4～7</td></tr>
<tr><td>154</td><td>9～14</td></tr>
<tr><td>220</td><td>13～20</td></tr>
<tr><td>275</td><td>16～25</td></tr>
</table>
</td>
<td></td>
<td></td>
</tr>
</table>

② がいしの個数

　がいしの個数は、線路に発生する開閉サージや1線地絡時の持続性異常電圧などの内部異常電圧に対して十分耐えるものとして、それに保守性を考慮した1個を加えて決められます。

③ がいし装置

　がいし装置には、耐張がいし装置、懸垂がいし装置、支持がいし装置があります。

　また、雷などの異常電圧が加わった場合、がいし連がせん絡し、アークによるがいしの磁器などが損傷することを防止するため、アークホーンが組み込まれています。

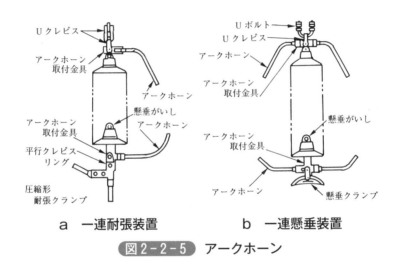

a　一連耐張装置　　　　b　一連懸垂装置

図2-2-5　アークホーン

(3) 支持物

　電線およびがいしを支持して、送電線路を形成する支持物には、鉄塔、鉄柱、鉄筋コンクリート柱、木柱などがあります。支持物は、暴風雨、地震、雪、雷などの自然の障害に対して、常に電線を安全に保持していかなければなりません。

　我が国では、66kV以上の重要な送電線には鉄塔を使用し、送電容量の小さい送電線には鉄塔、鉄柱、鉄筋コンクリート柱を使用しています。

　鉄塔には、電圧、回線数、電線の太さ、地形、気象状況などにより種々のものが使用されています。

① 四角鉄塔

　一般に用いられるもの。

　四面形で構成されており、電線路方向の強度と垂直方向の強度が等しいように設計されている。

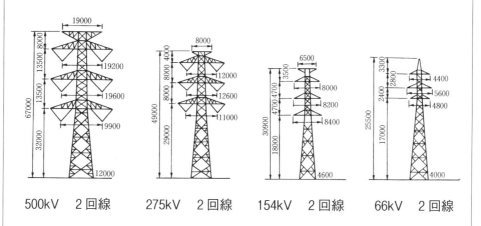

500kV　2回線　　　275kV　2回線　　　154kV　2回線　　　66kV　2回線

② 矩形鉄塔

　主部の断面が長方形となっているもの。

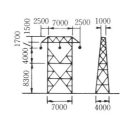

154kV　1回線
（雪害の多い地方）

③ えぼし型鉄塔

　鉄塔の中腹部が狭くなっているもので、1回線水平配列の場合に採用されることが多い。

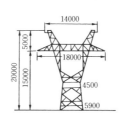

275kV　1回線

④ 門型鉄塔

　鉄道や道路などの上をまたぐ場合に採用されることが多い。

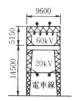

66kV 22kV
各2回線門型鉄塔

## 3  地中送電線設備

### (1)  地中送電設備の敷設方法

　地中送電線設備の敷設方法には、大きく分けて直接埋設式、管路式、暗きょ式がある。

| 敷設方式 | | 特徴 |
|---|---|---|
| 直接埋設式 | 長所 | ①敷設工事費が少ない<br>②多少の屈曲部は敷設に支障なし<br>③ケーブルの熱放散が良好<br>④工事期間が短い |
| | 短所 | ①増設、撤去に不利<br>②外傷を受ける機会が多い<br>③保守点検、漏油検出に不便 |
| 管路式 | 長所 | ①増設、撤去に有利<br>②外傷を受ける機会が比較的少ない<br>③保守点検、漏油検出をしやすい |
| | 短所 | ①管路工事費が大<br>②条数が多いと送電容量が制限される<br>③伸縮、震動によるケーブルの金属シースの疲労<br>④管路の湾曲が制限される<br>⑤急傾斜でケーブルが移動することがある |
| 暗きょ式 | 長所 | ①増設、撤去に有利<br>②ケーブルの熱放散が良好<br>③多条数の敷設に有利<br>④自由度が大<br>⑤保守点検、漏油検出をしやすい |
| | 短所 | ①工事費が非常に大きい<br>②工期が長い |

直接埋設式の図: 舗装、土冠、埋戻土、川砂、トラフ、ケーブル

管路式の図: 管路、接続箱、ケーブル、マンホール

暗きょ式の図: 立金物、ケーブル、受金物

## (2)　ケーブルの種類および構造

　地中送電線には、電線にケーブルが用いられています。

　我が国では、OF ケーブル（Oil-filled cable）やCV ケーブル（架橋ポリエチレン絶縁ビニルシースケーブル）が多く用いられています。

### ①　OF ケーブル

　このケーブルは、シース内部に油通路を設け、低粘度の絶縁油を充填して、外部に設置した油槽によって常時大気圧以上の圧力を加え、絶縁紙を常に完全浸油状態に保持させています。

　絶縁厚は薄く、仕上り外径も小さく、電流容量も大きくとれます。

油通路
スパイラル
導体
カーボン紙
絶縁紙
カーボン紙
しゃへい層
アルミシース
防食層

500kV OF ケーブル

### ②　CV ケーブル

　このケーブルは、架橋ポリエチレンを絶縁体として、ポリエチレンの欠点である熱軟化性を改善したものです。

　現在では、66 〜 500kV 級の電圧で OF ケーブルに代わり広く採用されています。

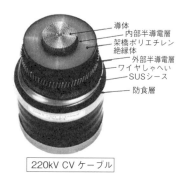

導体
内部半導電層
架橋ポリエチレン絶縁体
外部半導電層
ワイヤしゃへい
SUSシース
防食層

220kV CV ケーブル

## (3)　ケーブルの接地

　ケーブルのシース（銅テープ）接地は、一般にケーブルの終端接続箱や中間接続箱で行われます。

　仮に、接地（高圧ケーブルの遮へい層による高圧用の機械器具の鉄台および外箱の連接接地は A 種、人が触れるおそれがない場合は D 種接地工事）が施工されていない場合や、接地線が断線した場合は、静電誘導作用により、シースに高電圧が誘起され、断線した接地線に触れると人体に危険を及ぼします。

　また、ケーブルの絶縁破壊にも繋がります。

　低圧の制御用ケーブル等、シース付きの場合も同様な現象が生じるため、接地を施します。

# ·第3章·

# 配電設備

> **講習のねらいとポイント**
>
> 　この章では、配電設備の種類や特徴、配電線路を構成する主な設備の特徴などについて学習します。

　数万～数十万ボルトの特別高圧の送電線で送られた電力を需要場所付近の配電用変電所で低い電圧に下げて、需要家まで電力を配分する線路が、配電線路です。一般の需要家に対しては、22kV の特別高圧配電線、6.6kV の高圧配電線、100V または200V の低圧配電線を通して供給されます。

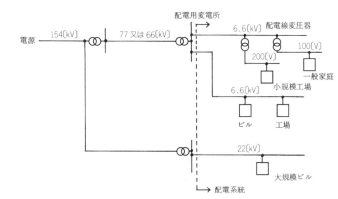

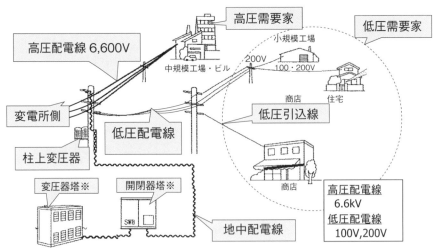

※電気事業者によって名称や設置場所が異なります。

**図2-3-1** 配電設備のイメージ図

# 1　配電方式

## (1)　高圧架空配電方式

我が国の高圧配電線路は、一般的に樹枝状方式がとられています。この方式では、1回線を各区間の負荷容量が同一程度になるように高圧負荷開閉器（区分開閉器）により数区分し、おのおのの区間に相異なる系統と連系し、事故時などに切替対応を可能としている場合が多いです。

高圧負荷開閉器は手動の物が多いですが、最近は自動開閉器を使用して、配電線路の事故区間を自動的に判定するため、時限順送方式を採用したり、遠方から監視制御する区分開閉器の自動化システムを適用したりしています。

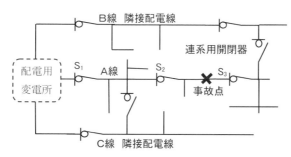

図2-3-2　高圧架空配電方式（樹枝状方式）

上図において×印の点で事故が起こったとき、以下の手順で健全区間に送電されます。

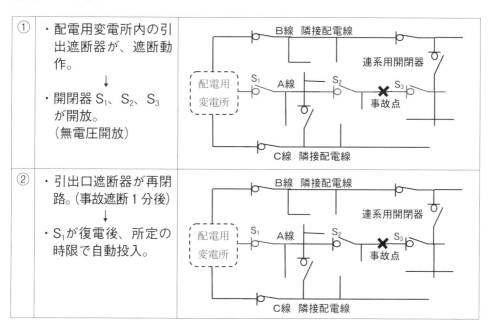

| ① | ・配電用変電所内の引出遮断器が、遮断動作。<br>↓<br>・開閉器 $S_1$、$S_2$、$S_3$ が開放。<br>（無電圧開放） | |
|---|---|---|
| ② | ・引出口遮断器が再閉路。（事故遮断1分後）<br>↓<br>・$S_1$ が復電後、所定の時限で自動投入。 | |

| | | |
|---|---|---|
| ③ | ・S₂が復電後、所定の時限で自動投入。（数秒程度後）<br>↓<br>・事故点に送電され、再び配電用変電所の引き出し遮断器が遮断。 | |
| ④ | ・再び、開閉器S₁、S₂、S₃が開放。（無電圧開放）<br>↓<br>・事故区間の開閉器S₂は、ロックされる。 | |
| ⑤ | ・配電用変電所の引き出し遮断器が再々閉路。（再度の事故遮断後3〜4分後）<br>↓<br>・S₁が所定の時限で自動投入。<br>・S₂は開放でロックされ、投入されない。<br>・事故点より電源側の健全区間に送電。 | |

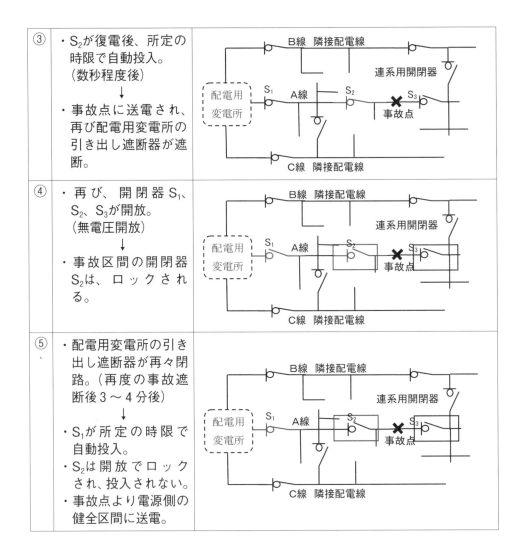

## (2) 高圧地中配電方式

　過密地域のように電力需要密度が高く、またビルの高層化等により供給力的にも施設環境的にも架空配電線系統では対応しきれない場合、地中配電方式が適用されています。

　これは、変電所からの配電線が、数台の高圧負荷開閉器で組み合わされた高圧多回路開閉器と呼ばれる路上等に施設された箱内に立ち上げられ、数分割され高圧自家用需要家をπループ状に連系し、他電源等に常時開路の高圧負荷開閉器を介して接続する構成となっています。

　このような系統構成により、配電線の事故は他電源から逆送でき、πループ内の事故は事故区間を切り離し送電を可能としています。

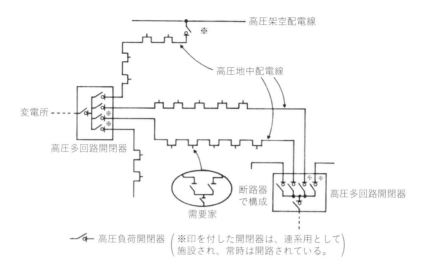

図 2-3-3　高圧地中配電方式

## (3) 低圧配電方式

　低圧配電系統の電気方式は、電灯需要に対しては単相2線式100Vまたは単相3線式100/200V、電動機等の三相需要に対しては、三相3線式200Vが採用されています。

　また、単相需要と三相需要の両方に供給できる方式として、異容量V結線三相4線式が採用されています。

　その他、一部の超過密地域の配電線や大規模ビルの屋内配線に、三相4線式400V（230/400V、240/415V等）が採用されています。三相回路から400V電動機に供給し、蛍光灯などの大部分の負荷を240Vで供給する方式です。

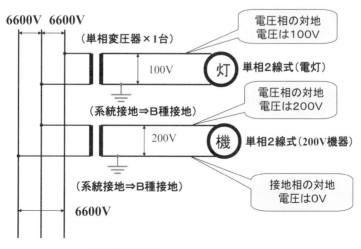

図 2-3-4　単相 2 線式電路

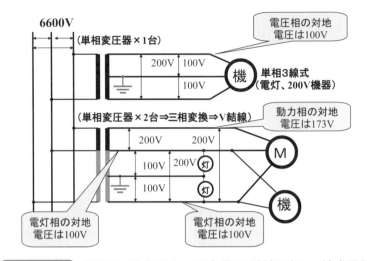

図2-3-5 単相 3 線式電路・異容量 V 結線三相 4 線式電路

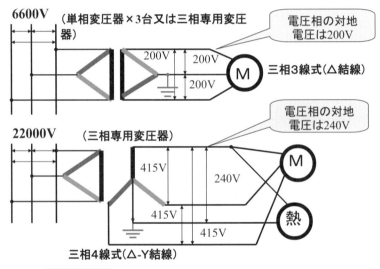

図2-3-6 三相 3 線式電路・三相 4 線式電路

⑷ ネットワーク方式

　我が国の低圧配電線路は、ほとんどが配電用変圧器ごとに分離した系統となっていますが、特に高信頼度が要求される負荷にはネットワーク配電方式が採用されています。

① レギュラーネットワーク方式

　この方式は大都会の繁華街などの高負荷密度地域といった特別地域の一般需要家を対象とした、非常に高い信頼度で供給する方式です。

　**図2-3-7**に示すように、2 ～ 3回線の高圧配線から供給される複数台の低圧幹線を格子状に構成し、変圧器を常時並列接続で運用する方式です。

② スポットネットワーク方式

　この方式は、大都市中心部の契約電力500kW 〜 10,000kW 程度の大規模ビルなど、非常に高い信頼度で供給する方式です。

　**図2-3-8**に示すように、22（33）kV、2 〜 3回線の特別高圧配電線路により、複数回線の電源ルートで構成されています。二次側の低圧母線は、閉鎖型の単一母線で構成されております。

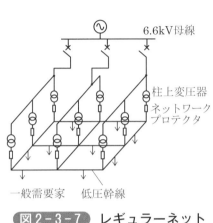

**図 2-3-7** レギュラーネットワーク方式

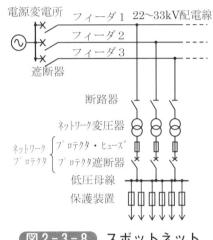

**図 2-3-8** スポットネットワーク方式

## 2　架空配電設備

　架空配電設備は、①電柱、②がいし、③電線、④変圧器、⑤開閉器、⑥保護装置、⑦避雷器（アレスタ）、⑧引込線などで構成されています。

**主要な配電設備**

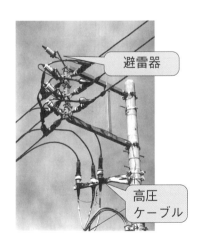

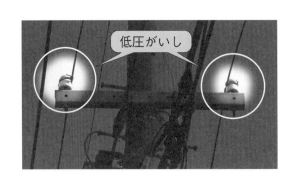

低圧がいし

高圧開閉器

## (1) 配電線用支持物

　配電線用の支持物は、大きく電柱と支線に分けられます。電柱は、材料面からコンクリート柱、木柱、鉄柱の三種類に分けられます。

### ① コンクリート柱

・工場製品のものと現場打式のものと2種類ある。

・工場製品は、型枠に鉄筋をセットしコンクリートを注入し、型枠ごと回転させ遠心形成により中空構造で作られている。

・鉄筋の数や太さ、コンクリートの厚さを変えることにより、必要とする強度が得られる。

### ② 木柱

・材料として、杉やひのき、米松が用いられる。

・寿命や耐用年数が短い（杉：5〜12年、ひのき：10〜14年程度）

・寿命を長くするために、防腐剤を注入している。（クレオソート注入柱、マニレット注入柱など）

### ③ 鉄柱

・鋼管柱、鋼板組立柱がある。

・鋼板組立柱は、材料の組立方により、様々な形、強度、長さのものを作ることができるが、経済的な面や工事費などの点から、特殊な場所に用いられる。

## (2) がいし

　配電線に用いられるがいしは、高圧用と低圧用に分けられ、それぞれ形状や寸法が異なります。

　高圧用としては、高圧ピンがいし、懸垂がいし（一般に耐張がいしという。）、低圧用としては、低圧ピンがいし、低圧引留がいし等があり、硬質

の磁器製です。

　高圧がいしには、帯状の赤色のうわぐすりが施してあります。

**表2-3-1　がいしの種類・区分と用途**

| 区分 | 種類 | 用途 |
|---|---|---|
| 高圧がいし | 高圧ピンがいし<br>高圧中実がいし | 高圧絶縁電線の引通し電線の支持、変圧器に至るリード線の支持 |
| | 高圧耐張がいし | 高圧絶縁電線の引留箇所の支持 |
| 低圧がいし | 低圧ピンがいし | 低圧絶縁電線の引通し電線の支持 |
| | 低圧引留がいし | 低圧絶縁電線引留箇所の支持 |
| | がいしレスラック | 低圧絶縁電線引留箇所の支持 |
| | 低圧多溝がいし | DV引込線の支持（14mm²以上） |
| | DVがいし | DV引込線の支持（3.2mm以下） |

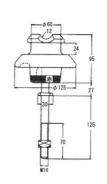
（a）高圧ピンがいし

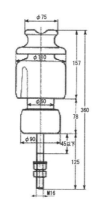
（b）高圧中実がいし

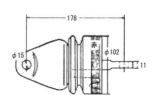
（c）高圧耐張がいし

**図2-3-9　高圧がいしの例**

## ⑶　電線

　架空配電線に使用される電線は、電技省令第21条により、「高圧及び低圧の架空電線には、感電のおそれがないよう、使用電圧に応じた絶縁性能を有する絶縁電線又はケーブルを使用しなければならない。ただし通常予見される使用形態を考慮し、感電のおそれがない場合はこの限りでない。」ことが規定されており、原則として裸電線の使用が禁止されています。

**表2-3-2** 架空配電線に用いられる絶縁電線の種類と特徴

| 種　　類 | | 用　　途 |
|---|---|---|
| 高圧絶縁電線 | ・ポリエチレン絶縁電線（OE） | 高圧配電線に広く用いられている。 |
| | ・架橋ポリエチレン絶縁電線（OC） | OE よりも耐熱性、耐候性がよい。 |
| | ・引下げ用高圧絶縁電線（PDC、PDE、PDP） | 高圧線から柱上変圧器に至る引下げ線として用いられる。 |
| 低圧絶縁電線 | ・屋外用ビニル絶縁電線（OW） | 低圧配電線に広く用いられている。 |
| | ・引込用ビニル絶縁電線（DV） | 低圧配電線から一般家屋に引込むのに用いられている。 |

## (4) 変圧器

　配電用6kV油入変圧器は柱上に施設されることから、一般的に柱上変圧器（ポールトランス）と呼ばれます。

　柱上変圧器は今では、ほとんど単相変圧器が使用されており、最近では高圧の6kVを低圧の単相3線式200／100Vに変圧しています。

　また、三相用の動力設備に供給するため、単相変圧器2台によるV結線や3台によるデルタ結線にして用いられています。

　柱上変圧器の定格容量は、100kVA以下がほとんどであり、5、10、20、30、50、75、100kVAの区分となっています。

## (5) 開閉器

　高圧配電線の主な分岐点、地中線からの立上がり箇所、高圧需要家への引込みなどの他、配電線路の適当な箇所に設けて、線路の保守や事故捜査などの場合にできるだけ停電

地域を少なくするようにしています。

　また、配電線の負荷変動に対応するための配電系統変更時などに活用されています。

　配電線に用いる開閉器は、電技省令第36条により「絶縁油を使用する開閉器、断路器及び遮断器は、架空電線路の支持物に施設してはならない。」と規定されており、油入開閉器の施設は禁止されています。そのため、一般的には、高圧真空開閉器や高圧気中開閉器が用いられています。

　その他に、$SF_6$ガス（6フッ化硫黄ガス）を主絶縁としたガス開閉器が採用されています。

## (6)　保護装置

　高圧配電線には、高圧カットアウトが施設されており、変圧器の一次側に使用して開閉操作を行います。

　また、高圧カットアウトに取り付けた高圧カットアウト用ヒューズにより、変圧器に過電流が流れた場合、ヒューズを溶断させて電路から切り離し、変圧器が損傷するのを防止しています。

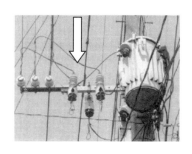

## (7)　避雷器（アレスタ）

　配電線及びこれらに接続される機器を雷電圧から保護する目的で設置されます。
　電技解釈第37条では、避雷器の取付箇所について規定されています。

　＜避雷器の取付場所＞
　①発電所や変電所の架空電線の引込口と引出口
　②架空電線路に接続する配電用変圧器の高圧側及び 特別高圧側
　③高圧の架空電線路で供給を受ける500kW 以上の需要場所の引込口
　④特別高圧架空電線路から供給を受ける需要場所の引込口

## (8)　引込線

　需要場所へ電気を供給するため、配電線から分岐して需要場所に引き込

む電線を引込線といいます。

　高圧配電線から直接需要場所に引込む高圧引込線と、柱上変圧器で低圧に変圧して直接または低圧配電線を経由して引込む低圧引込線があります。

## (9)　装柱

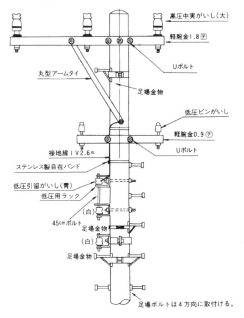

図2-3-10　引き通し標準装柱例

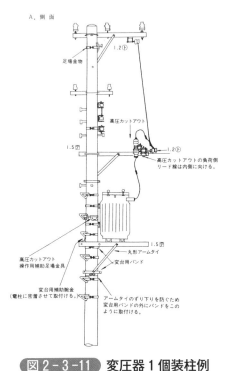

図2-3-11　変圧器1個装柱例

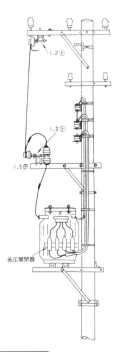

図2-3-12　低圧開閉器取付例

## 3　地中配電設備

地中配電線は、架空配電線に比べて災害に対する安全性、信頼性が高く、また美観上優れている反面、建設費が高く線路の敷設、事故等の復旧等が容易ではありません。

### (1)　ケーブル

地中配電線路は、電線にケーブルを用いて施設されます。

地中配電線用のケーブルは、架橋ポリエチレン絶縁ビニルシースケーブル（CVケーブル）が用いられています。

ケーブル構造は、3心を一括シースしたCVケーブルと、単心のものを3本よりあわせたトリプレックスのCVTケーブルが用いられています。

このCVケーブルは、信頼性が高く保守も容易ですが、何らかの原因でケーブル内部に水分が浸入した状態で長期間使用すると、絶縁体中に水トリーが発生して絶縁性能が著しく低下することがあります。

最近では、製造時の水分の浸入による水トリーの発生を防ぐために、架橋技術や絶縁層の押出方法等の改良が進められています。

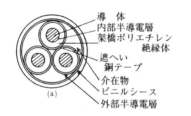 

（a）一括シース形（CV　3心）　　（b）トリプレックス型（CVT）

図2-3-13　CVケーブル

### (2)　ケーブルの敷設方法

ケーブルの敷設方法は、地中送電線路と同様に管路式、暗きょ式、直接埋設式にて行われます。

表2-3-3　地中電線路の種類

| 方式 | 概要 |
| --- | --- |
| 管路式 | 車両その他の重量物の圧力に耐える管を使用し、これにケーブルを収める方式をいい、必要に応じて管路の途中や末端に地中箱（マンホールなど）を設けるものをいう。 |

| | | |
|---|---|---|
| | （注）埋設深さは、JIS C 3653<br>（電力用ケーブルの地中埋設の<br>施工方法）による場合の例示 | |
| 暗きょ式 | 車両その他の重量物の圧力から受ける荷重に耐え、かつ、ケーブルを敷設できる空間を有する構造物にケーブルを収める方式をいう。 | 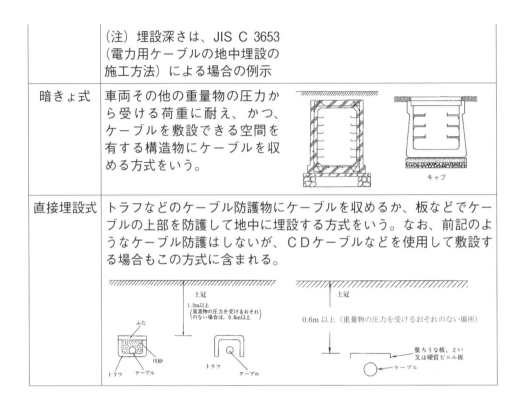 |
| 直接埋設式 | トラフなどのケーブル防護物にケーブルを収めるか、板などでケーブルの上部を防護して地中に埋設する方式をいう。なお、前記のようなケーブル防護はしないが、ＣＤケーブルなどを使用して敷設する場合もこの方式に含まれる。 | |

## ⑶ 地中配電線路の地上設備

## ① 多回路開閉器

　地中化区域には、多回路開閉器（金属製の箱内に負荷開閉が可能なモールド開閉器を 4 ～ 6 回路装備したもの）が施設され、一般的に歩道上などに設置されています。

図 2 - 3 -14　多回路開閉器（内部）

## ②　供給用配電箱（高圧キャビネット）

　供給用配電箱は、地中電線路で供給を受ける高圧需要家の構内で、電力会社の配電線路に近い場所に設置されます。

　受電点の供給用配電箱内には、地絡継電装置付き高圧交流負荷開閉器（「UGS」や「UAS」などと呼ばれている）が収められています。

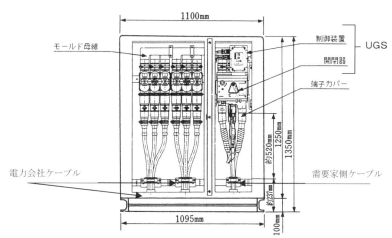

**図 2 - 3 -15**　供給配電箱（内部）

③　地上変圧器

　地中電線路から低圧需要家に供給するため、歩道上などに変圧器が施設されます。

　この地上変圧器は、歩道に設けたハンドホール上のキャビネット内に収められています。

図 2 - 3 -16　地上変圧器の外観

# ・第4章・

# 変電設備

【講習のねらいとポイント】

　この章では、事業用変電所の役割や構成する主な設備の特徴などについて学習します。

　変電所は電力系統の拠点に設置され、電源からの電気を送り出し電圧の大きさに変換して各需要地に向けて送り出す役割を担っています。

　変電所では、発電所で発電した電気を送電電圧に昇圧したり、送電電圧から配電電圧に降圧するなど、電圧の変換や系統の連系、電力の配分等を行っています。

　また、電力の流れの調整や電圧の適正維持のために、開閉装置や調相設備等が配置されるとともに、故障波及を小地域に限定することや機器保護のための保護継電器等の保護制御装置が備えられています。

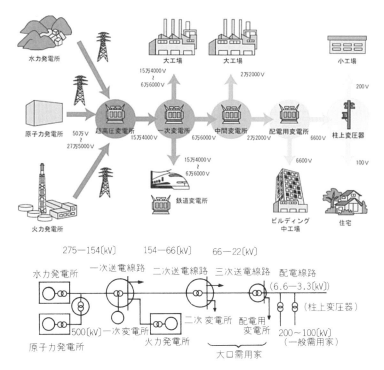

図2-4-1　電力系統イメージ図

## 1　変圧器

### (1)　変圧器の種類

　変圧器は、電圧の変成を行うもので、単相変圧器および三相変圧器があります。昨今は、製作技術の進歩により、信頼度が高く経済的な三相変圧器が広く用いられています。

　変電所の主要変圧器は、二巻線や三巻線の変圧器が使用されますが、500kVの変圧器は、輸送上の制約もあり単巻変圧器が用いられています。

表2－4－1　事業用変電所の変圧器

| 種類 | 結線 | 特徴 |
|---|---|---|
| 単巻線変圧器 | | 一次巻線の一部を二次巻線に供用するもの。500kV変圧器に採用されている。 |
| 二巻線変圧器 | | 配電用変電所などで広く用いられており、Y－△、△－Y、△－△結線等を行うことができ、効率的で安全な負荷供給を行っている。 |
| 三巻線変圧器 | | 一次、二次巻線をY－Y結線にした場合、第3高調波を流す回路がないので三次巻線を△結線としている。 |

### (2)　変圧器の結線方法

　事業用変電所の変圧器の三相結線には、Y－△結線、Y－Y－△結線、△－△結線、V－V結線などが用いられています。

　△－△結線は、第3高調波が取り除かれ、一次二次の位相差がなく、1相が故障してもV結線で運転できるなどの利点がありますが、中性点が接地できないので故障時に異常電圧が発生しやすいです。

　また、V－V結線とした場合、変圧器の利用率が低下することから、変電所では用いられることは少ないです。

### (3) 負荷時タップ切り換え

変圧器には、負荷による電圧変動を調整するためにタップが設けられています。負荷時タップ切換変圧器は、負荷電流が流れている状態でタップを切り換えられ、タップ数は10〜20程度です。

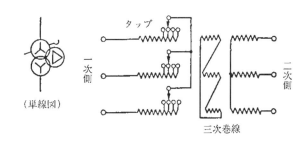

図2-4-2 負荷時タップ切換変圧器の結線の例

## 2 母線結線方式と開閉装置

### (1) 母線結線方式

送配電線よりの電力を集中、分配するために設けるもので、母線結線方式は「単一母線」、「二重母線」、「環状母線」に分類されます。電力系統のかなめとして、系統信頼度、運用の融通性、運転保守、経済性などを総合的に検討して選定されます。

母線は、導体・がいし・架線金具からなっており、母線の種類としては、より線を使用したものや銅帯をがいしで支持し、母線全体を金属外被で遮へいしたダクト方式があります。

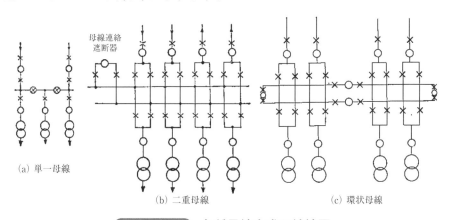

図2-4-3 各種母線方式の結線図

## (2) 遮断器

変電所には、短絡・地絡故障時に電路を遮断するため遮断器が施設されています。遮断器は、電路の開閉操作にも用いられ、消弧原理より、次の種類があります。

### ① ガス遮断器（GCB）

消弧媒質に絶縁特性の優れた $SF_6$ ガスを使用し、開放時、可動電極が動くことにより $SF_6$ ガスをアークに吹き付け消弧します。

遮断性能がよく、接触子の損耗が少なく、火災のおそれもなく、開閉時の騒音や据付面積が小さいなどの特徴をもっています。密閉する $SF_6$ ガスは、絶縁性が高く、電流ゼロ点近傍で特に強い消弧力を示し電流さい断をおこし

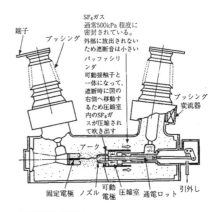

図2-4-4　ガス遮断器の構造

にくく、かつ絶縁回復が極めて早いという特徴があります。

現在、6.6〔kV〕～500〔kV〕まで広く用いられています。

### ② 油遮断器（OCB）

油中に消弧室をもっており、小電流領域においては、そのピストン力により油流を吹き付けて消弧します。また、大電流領域においては、発生したアークエネルギーにより油を分解し、消弧室内に生じた高い圧力をアークに吹き付けて消弧するものです。

対地絶縁にも絶縁油を共用したタンク形（3.3〔kV〕–275〔kV〕に使用）と、対地絶縁に支持がいしを使用したがいし形（6.6〔kV〕–154〔kV〕）とがあります。現在は使用されることが少ないです。

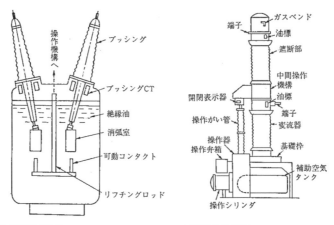

図2-4-5　タンク形遮断器　　図2-4-6　がいし形遮断器

### ③ 空気遮断器（ABB）

0.5〜6〔MPa〕程度の圧縮空気を遮断部に吹き付けて消弧する他力形の遮断器で、一定の消弧能力を有しています。

高電圧のものは、主遮断部の1極に2個以上の遮断点をもつ多重切り遮断としています。

また、抵抗遮断部を設け、再起電圧を抑制して遮断性能の向上を図っており、22〔kV〕〜500〔kV〕まで用いられています。

空気遮断器は、火災の危険がなく保守点検が容易となりますが、操作時の開閉にともなう騒音が大きいため、対策が必要です。

### ④ 真空遮断器（VCB）

遮断部が高真空（10〜5〔Pa〕以下）封じ切りの容器内に収納され、高真空中の高い絶縁性とアークの遮断性を利用して消弧するものです。

また、可動電極の貫通部にはベローズが使われて真空を保つようにしています。遮断性能が優れ、小形軽量で火災の心配もなく、規定遮断回数までは点検不要であり、3.3〜154〔kV〕まで広く用いられています。

### ⑤ 磁気遮断器（MBB）

アークと直角方向に磁界を加え、アークシュート内にアークを押し込んで、それを引き伸ばして冷却して消弧するものです。

特に、小電流に対してはアークによる磁界が弱くなり、消弧能力が低下するので遮断機構に連動した空気吹き付けピストンを圧縮して吹付け消弧を助

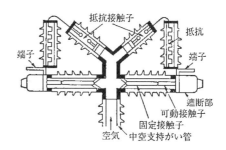

**図2-4-7** 空気遮断器

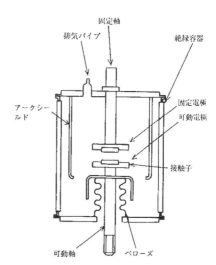

**図2-4-8** 真空遮断器

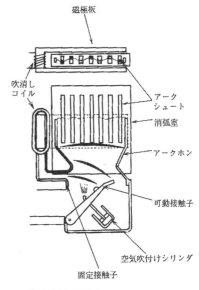

**図2-4-9** 磁気遮断器

けています。火災の心配もなく点検が容易で小形であり、3.3〔kV〕と6.6〔kV〕の高圧に主として用いられていました。

### ⑶ 断路器（DS）

　遮断器のような消弧の能力がないので無電流の状態で開閉することを原則とし、定期点検時の安全確保や回路の接続変更のために遮断器の両側に設け、これにより回路を切離すのに用いられています。開閉操作の条件として関連遮断器が開放されていることを必須としたインターロックを組んでいます。

## 3　縮小形開閉装置

### ⑴ ガス絶縁開閉装置（GIS）

　ガス絶縁開閉装置は、$SF_6$ガスの絶縁性能を高度に活用し、遮断器、断路器、接地装置及び母線などが一体に組み合わせ構成された縮小形開閉装置です。高電圧になるほど従来の電気絶縁方式に比しての小形のメリットが大きく、現在では500〔kV〕、12,000〔A〕のGISも使用されています。

　密閉構造であるため高信頼性及び高安全性が得られ、保守の省力化が図れるのみならず環境との調和性に優れています。

　また、母線、断路器、遮断器などの組合せを変えることによって種々の結線方式に対応したものができるなどの利点があるため、急速な発展をしたものです。

　特　徴
①大気絶縁を利用したものに比して著しく小形化される。
②充電部が完全にいんぺいされ安全である。
③外部環境に左右されないため信頼度が高く、保守面の省力化が図れる。
④現地据え付工事の工期が短くなる。

　用　途
　用地取得の困難な場所や都市中心部のビル地下を借用するなどの変電所に用いられる。

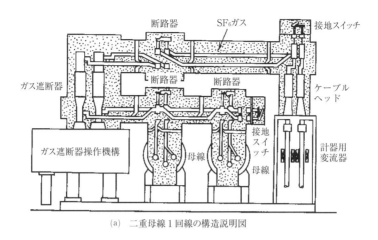

(a)　二重母線1回線の構造説明図

**図2-4-10** ガス絶縁開閉装置

## (2)　固体絶縁開閉装置（SIS）

　従来の閉鎖型配電盤（キュービクル）に代るものとして、主絶縁材料にエポキシ樹脂を用い母線、断路器、遮断器及びケーブル接続部が一体化されたもので、6〜22kV用が使用されています。

## 4　避雷装置

　電力系統は自然環境に直接さらされており、雷害、風水害などの自然現象の影響を受けやすいです。また、系統内部からの異常電圧や機器の不良により、変電所の諸設備にも電気事故を発生する原因となります。特に、雷撃による異常電圧によって機器の損傷を防止するために、次の避雷装置が設けられています。

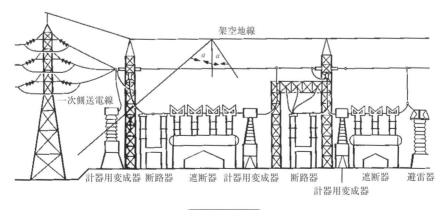

変電所のしくみ

**図2-4-11**

(1)　架空地線

　変電所鉄塔の最上部に施設する接地した導線で、直撃雷から機器を護るものです。

　一般に、**図2-4-11**に示す $a$ の角度が30-45°の範囲にある機器には雷は直撃しないとされています。

(2)　避雷器（LA）

　変電所に侵入した雷サージ（急しゅん波頭）を大地に放電し、機器の絶縁破壊事故を防ぐもので、一般に母線に接続されます。主変圧器との距離は50〔m〕以内に設けるようにします。

　避雷器に要求される性能は次のとおりです。

　①異常電圧を抑制して、機器を異常電圧から保護する。

　②異常電圧を放電した後の50〔Hz〕（60〔Hz〕）の電流（続流）を遮断し、もとの状態に復帰する。

　避雷器の基本的構成は、直列ギャップと特性要素及びこれを格納する密閉容器とからなっています。

　また、最近では保護特性の優れた特性要素をもつ酸化亜鉛形（ZnO）〔ギャップレス避雷器〕が全面的に採用されています。

## 5　中性点接地装置

　変圧器の中性点が接地されていないと、電力系統の地絡故障時に異常電圧が発生し、接続されている変圧器、電力用コンデンサなどの電力機器の絶縁を脅かすとともに、地絡故障を保護継電器で確実に検出するために必要な電圧、電流が得られないなど、種々の障害が発生します。このため、ほとんどの電力系統では変圧器の中性点を中性点接地装置で接地しています。

表2-4-2　中性点接地方式の種類

| | 接地方式 | | 特徴と用途 |
|---|---|---|---|
| 有効接地系 | 直接接地方式 | 1線地絡時に健全相の電圧が常時の1.3倍を超えない範囲に中性点のインピーダンスをおさえる接地方式。 | 地絡時の健全相の電圧や遮断器開閉時の異常電圧が大きくならず絶縁設計が容易となるが、地絡電流が増大し、通信線への電磁誘導障害について注意が必要となる。わが国では187〔kV〕以上の送電線路に用いられている。 |

| | | | |
|---|---|---|---|
| 非有効接地系 | 抵抗接地方式 | 100～1000〔Ω〕程度の抵抗に用いて中性点を接地する方式。 | 地絡電流を100～300〔A〕程度に抑制するもので、わが国では154kv 級以下の送電線路に用いられている。 |
| | 消弧リアクトル接地方式 | 変圧器の中性点を鉄心リアクトル（エアギャップ付）で接地する方式。 | 鉄心リアクトルで送電線の対地静電容量と共振させ、1 線地絡時のアークを自動的に消滅させるもので、施設費が大きく22～154kV 級の送電線路に用いられている。 |
| | 補償リアクトル接地方式 | 抵抗接地方式に適用した中性線接地抵抗器に並列に補償リアクトルを接続して接地する方式。 | 22～154〔kV〕ケーブル系統の静電容量を補償し、1 線地絡時の保護継電器の動作を確実にするために、変圧器を中性点の接地用として用いる方式である。 |

このほか非接地方式もありますが、6.6〔kV〕以下の配電系統に採用されています。また1線地絡電流が小さいです。

## 6　その他

### (1)　変成器

変成器は、高い電圧や大きな電流を測定しやすい電圧・電流に変成するために施設されるもので、計器用変圧器、変流器、計器用変圧変流器があります。

### ①　計器用変圧器（VT）

絶縁油の有無、構造などから次のように分類されます。

表2-4-3　計器用変圧器の分類と特徴

| 分類 | 特徴 |
|---|---|
| 巻線形計器用変圧器（VT） | ・一般の変成器の構造と全く同じである。<br>・一般に11〔kV〕未満の低電圧では、合成樹脂によりモールドされたものを使用している。<br>・11〔kV〕以上では油入式が多く使用され、絶縁油の劣化防止として窒素封入又は金属セル式が用いられている。<br>・最近は、22・33〔kV〕でもモールド型が多く使用されるようになってきている。 |

| コンデンサ形計器用変圧器（CVT） | ・巻線形 VT に比べ絶縁の信頼性が高い。<br>・66kV 以上の高電圧では安価となるが、変成特性は巻線形に比べて劣る。<br>・電力線搬送結合用コンデンサと兼用できるので、110kV 級以上の回路に全面的に採用されている。 |
| --- | --- |

## ② 変流器（CT）

絶縁油の有無、構造から次のように分類されます。

**表 2-4-4** 変流器の分類と特徴

| 分類 | 特徴 |
| --- | --- |
| 巻線形（乾式） | 巻線の絶縁に合成樹脂モールドなどを用いており、最も基本的な構造で33〔kV〕以下に使用されている。 |
| がいし形 | 22〔kV〕以上の高電圧では、絶縁を確保するために、磁器製の容器を用いた油入式とし、巻線の構造としては縦続形と交叉コイル形がある。 |
| 貫通形 | 一次導体を持たず絶縁された母線・単心ブッシング・ケーブルなどを高電圧回路との絶縁にそのまま利用するもので、円形鉄心に二次巻線を均一に分布して巻いたソレノイドの中心を、ブッシングなどの内部導体が貫通した構造となっている。 |

## ③ 零相変流器（ZCT）

円形鉄心に二次巻線を施したもので円形鉄心の中に電力ケーブルなどを貫通させて使用します。電力ケーブルを通過する故障時の零相電流を検出するために用いられます。

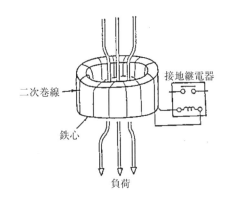

図 2-4-12 零相変流器

## (2) 調相設備

調相設備は、進相又は遅相電流の供給による電圧の調整、力率の改善による線路電力損失の軽減などの目的で設置されるもので、同期調相機と静止調相設備があります。静止調相設備は電力用コンデンサと分路リアクトルを組み合わせたものがあります。

しかし、近年電力系統が拡大して来たことによって、発電機も大容量化し、相当の無効電力を発生することが可能となって来たため、連続的な調整や試送電に、同期調相機を使用する必要がなくなり、同期調相機の代り

にもっぱら経済的に有利な静止形調相装置が使用されています。

# ・第5章・

# 自家用受変電設備

> 【講習のねらいとポイント】
> この章では、自家用の受変電設備を構成する主な設備の特徴などについて学習します。

## 1　受変電設備

　受変電設備とは、変電所および受電所を総称したものであり、一般にそれぞれ次のように区別されます。

○変電所

　　構外から送られてきた電力を変圧器などで変換して、さらに構外へ送り出すところ。

○受電所

　　変電所から送られてきた電力を工場やビルなど構内で使用するために電力を変圧器などで変換するところ。

　　ここでは、受電所（主に高圧で受電する受電設備）について記載することとし、特別高圧の受電設備については、第4章を参照して下さい。

## 2　高圧受電設備

　電気事業者から高圧で受電する自家用電気工作物（高圧受電設備）は、日本電気協会発行の「高圧受電設備規程（JEAC8011）」において、その施設方法等について定められています。

### (1)　高圧受電設備に関する用語

　高圧受電設備規程では、高圧受電設備に関する用語を次のように定めています。

**表2-5-1** 高圧受電設備に関する用語

| 用語 | 定義 |
|---|---|
| 高圧受電設備 | 高圧の電路で電気事業者の電気設備と直接接続されている設備であって、区分開閉器、遮断器、負荷開閉器、保護装置、変圧器、避雷器、進相コンデンサ等により構成される電気機器をいい、高調波抑制設備及び発電機連系設備を含む。 |
| 受電室 | 高圧受電設備を施設する屋内の場所をいう。<br>〔注1〕受電室は、電気室又は変電室と呼称されることもある。<br>〔注2〕特別高圧需要家における構内高圧設備及び高圧引出しによる第2受電設備が施設される屋内の場所も同様に受電室とみなす。 |
| 主遮断装置 | 受電設備の受電用遮断装置として用いられるもので、電路に過負荷、短絡事故などが生じたときに、自動的に電路を遮断する能力をもつものをいう。 |
| 受電設備容量 | 受電電圧で使用する変圧器、電動機などの機器容量（kVA）の合計をいう。ただし、高圧電動機は、定格出力（kW）をもって機器容量（kVA）と見なし、高圧進相コンデンサは、受電設備容量には含めない。 |

## (2) 引込線と区分開閉器の施設

　高圧受電設備へは、電力会社の高圧配電線路（架空配電線路・地中配電線路）から引込線（高圧ケーブル又は高圧絶縁電線）により引き込まれ、引込方法別の結線は、電力会社との協議を踏まえ選定されます。

### ①構内第1号柱を経て引き込む場合（例）

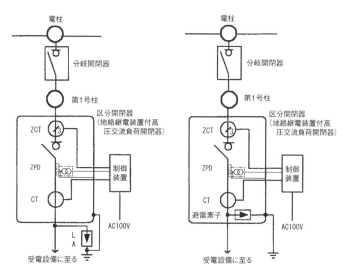

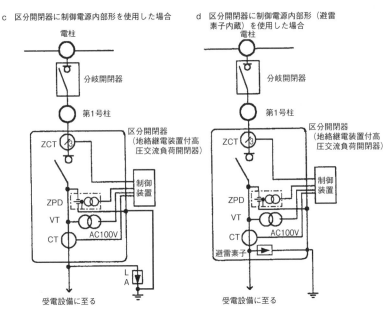

c 区分開閉器に制御電源内部形を使用した場合　　　d 区分開閉器に制御電源内部形（避雷素子内蔵）を使用した場合

〔備考１〕分岐開閉器が付かない場合もある。
〔備考２〕区分開閉器に避雷素子が内蔵されていない場合は，避雷器を施設すること。
出典：JEAC8011-2020「高圧受電設備規程」（1140-1図（その１））〔（一社）日本電気協会〕

**図2-5-1　引込別結線図例（架空引き込み）**

## ②地中配電線路から引き込む場合（例）

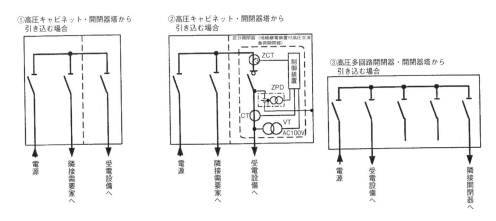

出典：JEAC8011-2020「高圧受電設備規程」（1140-1図（その２））〔（一社）日本電気協会〕

**図2-5-2　引込別結線図例（地中引き込み）**

## (3)　主遮断装置の種類

　　高圧受電設備の型式は、施設される主遮断装置の種類により、次の2種類に分けられています。

### 表2-5-2　高圧受電設備の型式

| 型式 | 主遮断装置の種類 |
|---|---|
| CB形 | 主遮断装置として、高圧交流遮断器（CB）を用いる形式をいう。 |
| PF・S形 | 主遮断装置として、高圧限流ヒューズ（PF）と高圧交流負荷開閉器（LBS）とを組み合わせて用いる形式をいう。ただし、屋外に施設するものについては、高圧非限流ヒューズを用いるものを含む。 |

①CB形（例）

a 受電点にGR付PAS等があるもの　　b 受電点にGR付PAS等がないもの

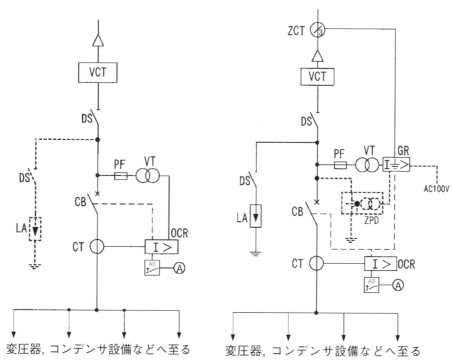

〔備考1〕点線のZPDは、DGRの場合に付加する。
〔備考2〕母線以降の結線は、**図2-5-5**を参照すること。
〔備考3〕点線のLAは、引き込みケーブルが比較的長い場合に付加する。
〔備考4〕点線のAC100Vは、変圧器二次側から電源をとる場合を示す。
出典：JEAC8011-2020「高圧受電設備規程」（1140-2図）〔(一社)日本電気協会〕

### 図2-5-3　CB形結線図

## ② PF・S形結線図

### a 受電点にGR付PAS等があるもの　　b 受電点にGR付PAS等がないもの

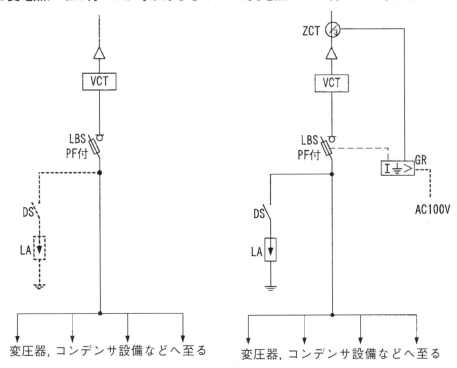

〔備考1〕母線以降の結線は、**図2-5-5**を参照すること。
〔備考2〕点線のLAは、引き込みケーブルが比較的長い場合に付加する。
〔備考3〕点線のAC100Vは、変圧器二次側から電源をとる場合を示す。
出典：JEAC8011-2020「高圧受電設備規程」（1140-3図）〔（一社）日本電気協会〕

**図2-5-4** PF・S形結線図

## ③母線以降の結線図（例）

### a 変圧器への結線　　　　　　　b コンデンサへの結線

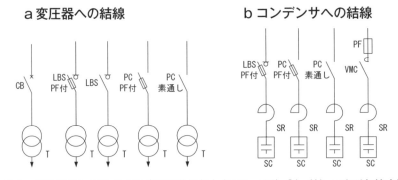

出典：JEAC8011-2020「高圧受電設備規程」（1140-4図）〔（一社）日本電気協会〕

**図2-5-5** 母線以降の結線（変圧器及びコンデンサへの結線）

## (4)　受電設備容量の制限

　高圧受電設備は、主遮断装置の形式及び受電設備方式により、受電設備容量の制限が設けられています。

**表2-5-3　主遮断装置の形式と受電設備方式並びに設備容量**

| 受電設備方式 | | 主遮断装置の形式 | CB形〔kVA〕 | PF・S形〔kVA〕 |
|---|---|---|---|---|
| 箱に収めないもの | 屋外式 | 屋上式 | | 150 |
| | | 柱上式 | — | 100 |
| | | 地上式 | | 150 |
| | 屋内式 | | | 300 |
| 箱に収めるもの | キュービクル（JIS C 4620 に適合するもの。） | | 4,000 | 300 |
| | 上記以外のもの（JIS C 4620 に準ずるもの又はJEM1425 に適合するもの） | | | 300 |

〔備考1〕表の空欄は、該当する方式については、容量の制限がないことを示す。
〔備考2〕表の欄に—印が記入されている方式は、使用しないことを示す。
〔備考3〕「箱に収めないもの」は、施設場所において組み立てられる受電設備を指し、一般的にパイプフレームに機器を固定するもの（屋上式、屋外式）や、H柱を用いた架台に機器を固定するもの（柱上式）がある。
〔備考4〕「箱に収めるもの」は、金属箱内に機器を固定するものであり、「JIS C 4620に適合するもの」及び「JIS C 4620に準ずるもの又はJEM1425に適合するもの」がある。
〔備考5〕JIS C 4620は、受電設備容量4,000kVA以下が適用範囲となっている。
出典：JEAC8011-2020「高圧受電設備規程」（1110-1表）〔(一社)日本電気協会〕を参考に作成

## (5)　受電設備方式の制限

　柱上式は、保守点検に不便であることから、地域の状況及び使用目的を考慮し、他の方式を使用することが困難な場合以外には、使用することができません。
　また、PF・S形は、負荷設備に高圧電動機を有しないものに限られます。

**図2-5-6　柱上式の例**

## (6)　受電室の機器の配置

　受電室内では、適正な機器の配置と保守点検のために必要な通路を設けます。

① 保守点検に必要な空間及び防火上有効な空間を保持するため、変圧器、配電盤など受電設備の主要部分の離隔距離を確保する。

**表2-5-4** 受電設備に使用する配電盤などの最小保有距離

| 部位別<br><br>機器別 | 前面又は操作面<br>〔m〕 | 背面又は点検面<br>〔m〕 | 列相互間<br>（点検を行う面）[※1]<br>〔m〕 | その他の面[※2]<br>〔m〕 |
|---|---|---|---|---|
| 高圧配電盤 | 1.0 | 0.6 | 1.2 | — |
| 低圧配電盤 | 1.0 | 0.6 | 1.2 | — |
| 変圧器など | 0.6 | 0.6 | 1.2 | 0.2 |

〔備考〕※1は、機器類を2列以上設ける場合をいう。
　　　　※2は、操作面・点検面を除いた面をいう。
出典：JEAC8011-2020「高圧受電設備規程」（1130-1表）〔（一社）日本電気協会〕

② 保守点検に必要な通路は、幅0.8m以上、高さ1.8m以上とすること。（安衛則第542、543条）

③ 受電室の広さ、高さ及び機器、配線などの離隔距離を確保する。

④ 通路面は、つまずき、すべりなどの危険のない状態に保持する。

⑤ 受電室の照明は、配電盤の計器面において300ルクス以上、その他の部分において70ルクス以上の照度を確保する。（安衛則第604条）

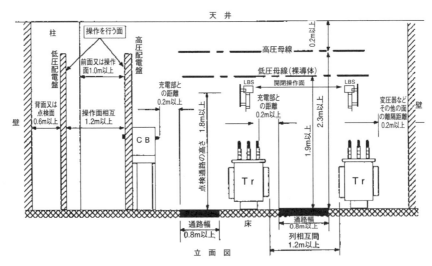

〔備考1〕絶縁防護板を1.8mの高さに設置する場合は、高低圧母線の高さをその範囲内まで下げることができる。
〔備考2〕図示以外の露出充電部の高さは、2m以上とする。
〔備考3〕通路と充電部との離隔距離0.2m以上は、安衛則第344条で規定されている特別高圧活線作業における充電部に対する接近限界距離を参考に規定したものである。なお、露出した充電部からの保有距離が0.6m以下で感電の危険が生じるおそれのあるときは、充電部に絶縁用防具を装着するか絶縁用保護具を着用する必要がある。
出典：JEAC8011-2020「高圧受電設備規程」（1130-1図）〔（一社）日本電気協会〕

**図2-5-7** 受電室内における広さ、高さ及び機器の離隔（参考図）

⑺　キュービクル式高圧受電設備

　キュービクル式高圧受電設備は、受電設備を構成する機器（主遮断装置、変圧器、電力需給用変成器などを一つの金属製の箱に収めた設備です。

　キュービクル式高圧受電設備の規格として、JIS C 4620「キュービクル式高圧受電設備」が定められています。

---

キュービクル式の特徴
・機器の設置面積（床面積）が少なくてすむ。
・受電室内のほか、屋外などに施設することも可能。
・保守点検の手数が省け、信頼性が高い。
・公衆に対して、安全性が高い。
・キュービクル内での作業性が悪い。

---

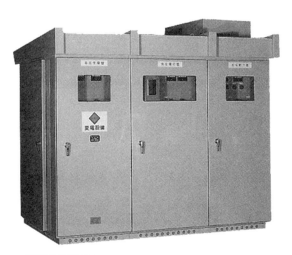

**図 2 - 5 - 8**　キュービクル式高圧受電設備

⑻　キュービクル式受電設備の配置

　キュービクル式高圧受電設備及び金属箱に収めた高圧受電設備を受電室に設置する場合、金属箱の周囲との保有距離、他造営物又は物品との離隔距離は**表2-5-5**によります。

表2-5-5 キュービクルの保有距離

| 保有距離を確保する部分 | 保有距離〔m〕 |
|---|---|
| 点検を行う面 | 0.6以上 |
| 操作を行う面 | 扉幅※＋保安上有効な距離 |
| 溶接などの構造で換気口がある面 | 0.2以上 |
| 溶接などの構造で換気口がない面 | ― |

〔備考1〕 溶接などの構造とは溶接又はねじ止めなどにより堅固に固定されている場合をいう。
〔備考2〕 ※は扉幅が1m未満の場合は1mとする。
〔備考3〕 保安上有効な距離とは、人の移動及び機器の搬出入に支障をきたさない距離をいう。
出典：JEAC8011-2020「高圧受電設備規程」(1130- 2 表)〔(一社) 日本電気協会〕

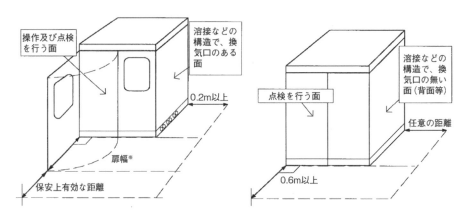

出典：JEAC8011-2020「高圧受電設備規程」(1130- 4 図)〔(一社) 日本電気協会〕

図2-5-9 受電室内に施設するキュービクルの保有距離

## 3 受電設備の構成機器

　高圧受電設備を構成する主要機器は、日本産業規格（JIS）に基づき、標準化されています。

### ⑴ 地絡継電装置付き高圧交流負荷開閉器（GR付PAS）

　電力会社との保安上の責任分界点に施設される区分開閉器として用いられています。一般的には、構内の第1号柱に施設されます。

　地絡継電装置付きであるため、負荷側の施設で生じた地絡を検出し、開閉器が自動的に開路することにより、電力会社への波及事故を防止します。

　※　JIS C 4607（引外し形高圧交流負荷開閉器）

図2-5-10 GR付PAS

## (2) 電力需給用計器用変成器（VCT）

電気料金算定用に施設する変成器であり、電力会社の所有となります。電力会社により取付場所や取付方法が異なります。（受電室内やキュービクル内に収める場合と構内第一号柱に施設する場合など。）

※　JIS C 1736-1（計器用変成器（電力需給用）第1部：一般仕様）

※　JIS C 1736-2（計器用変成器（電力需給用）第2部：取引又は証明用）

**図2-5-11**　電力需給用計器用変成器（VCT）

## (3) 高圧断路器（DS）

高圧断路器（DS）は、機器などの点検修理の際、遮断器の誤操作等による感電を防止するため、遮断器の電源側に設置し、電路から機器などを切り離すための機器です。また、遮断器の点検のために使うこともあります。

高圧受電設備に設置される断路器は、一種の刃型開閉器で回路を無電流の状態で開閉操作を行う必要があります。無負荷状態であっても、変圧器・コンデンサ等の充電電流の開閉はできないので注意が必要です。そのため、遮断器が閉じているときは開路できないようにインターロック回路を設けているものや、負荷電流が通じているときは開路できないように施設するか、開閉操作を行う箇所に負荷電流の有無を表示する装置などを備

**図2-5-12**　断路器（DS）

え、負荷電流が通じているときの開路を防止する措置が講じられているものもあります。

　　※　JIS C 4606（屋内用高圧断路器）

### ⑷　高圧交流遮断器（CB）

　高圧交流遮断器（CB）は、各種保護継電器との組合せにより、負荷電流はもとより過電流、地絡電流、短絡電流などの故障電流を遮断するものです。

　遮断器に流れる事故電流は、平常時に流れる負荷電流よりも過大な電流が流れるため、遮断器は、十分な投入容量及び遮断容量のあるものを選定する必要があります。

　高圧交流遮断器には、真空遮断器（VCB）、ガス遮断器（GCB）、油遮断器（OCB）、磁気遮断器（MBB）、気中遮断器（ACB）などがあります。

　※ JIS C 4603（高圧交流遮断器）

図 2 - 5 - 13　遮断器（CB）（VCB）

### ⑸　高圧交流負荷開閉器（LBS）

　高圧交流負荷開閉器（LBS）は、主に負荷電流を開閉するものであるため、短絡電流のような過大な電流を遮断することはできません。

　短絡電流などの異常電流に対しては電力ヒューズで遮断し、負荷電流の開閉については高圧交流負荷開閉器部分で行います。

　そのため、LBSを主遮断装置として使用する場合には、小動物等の侵入による事故を防止するため、高圧交流負荷開閉器の相間および側面には、絶縁バリヤを取り付けてあるものを使用する必要があります。

　　※　JIS C 4605（1 kVを超え52kV以下用交流負荷開閉器）、JIS C 4611（限流ヒューズ付高圧交流負荷開閉器）、JIS C 4607（引外し形高圧交

流負荷開閉器）

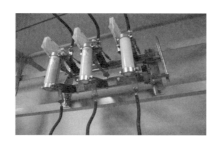

図2-5-14　高圧交流負荷開閉器（LBS）

## ⑹　電力ヒューズ（PF）

　電力ヒューズ（PF）は、変圧器などの機器の一次側に施設され、短絡時に溶断することにより事故電流を遮断します。

　高圧受電設備に用いられる電力ヒューズには、主に限流ヒューズが用いられます。限流ヒューズは、大きな短絡電流を短絡電流の波高値に達する以前に限流遮断を行うことができます。

　※　JIS C 4604（高圧限流ヒューズ）（6.6kV用）

図2-5-15　電力ヒューズ（PF）

## ⑺　高圧カットアウト（PC）

　高圧カットアウト（PC）は、変圧器などの一次側に施設し、電路の開閉や高圧カットアウト用ヒューズと組み合わせて、変圧器の過負荷保護他、二次側の短絡保護に用いられます。

　また、ヒューズを入れず素通しにして、断路用に用いることもあります。

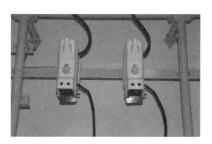

図2-5-16　高圧カットアウト（PC）

　高圧カットアウトの遮断電流は、限流型のヒューズと組み合わせる場合を除き、非常に小さいので、使用に当たっては注意を要します。

## (8) 計器用変成器

　計器用変成器には、回路の負荷電流を小電流に変換して、継電器や計器に供給する変流器（CT）と、回路の電圧を低電圧に変換して継電器や計器に供給する計器用変圧器（VT）があります。

　計器用変成器は、モールド型のものを使用する必要があります。また、計器用変圧器を主遮断装置の一次側に施設する場合は、充分な定格遮断容量をもつ限流ヒューズで保護する必要があります。

　※　JIS C 1731-1（計器用変成器（標準用及び一般計測用）第1部：変流器）、JIS C 1731-2（計器用変成器（標準用及び一般計測用）第2部：計器用変圧器）

図2-5-17　変流器（CT）

図2-5-18　計器用変圧器（VT）

## (9) 変圧器（T）

　変圧器（T）は、受電した電圧（6,600V）を負荷電圧（200V、100V等）に変成する主要機器です。

　変圧器には、絶縁方式により油入式、H種乾式、モールド式、ガス絶縁式などがあります。

　変圧器の開閉装置には、遮断器（CB）、高圧交流負荷開閉器（LBS）、高圧カットアウト（PC）が用いられますが、PCは変圧器容量300kVA以下のものに限られます。

　※　JIS C 4304（配電用6kV油入変圧器）、JIS C 4306（配電用6kVモールド変圧器）

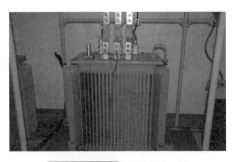
図2-5-19　油入変圧器

図2-5-20　モールド変圧器

(10)　高圧進相コンデンサ（SC）及び直列リアクトル（SR）

　高圧進相コンデンサ（SC）は、設備全体の力率を改善するために施設されます。

　高圧進相コンデンサには、残留電荷を放電させるための装置（放電コイル、放電抵抗など）が施設されます。

　コンデンサの開閉装置には、遮断器（CB）、高圧交流負荷開閉器（LBS）、高圧カットアウト（PC）が用いられますが、PCは進相コンデンサの定格設備容量50kVA以下のものに限られます。

　直列リアクトル（SR）は、コンデンサ回路投入時の突入電流の抑制の他、高調波障害の防止や電圧波形のひずみを改善する目的で施設されます。

　※　JIS C 4902-1（高圧及び特別高圧進相コンデンサ並びに附属機器 - 第1部：コンデンサ）JIS C 4902-2（高圧及び特別高圧進相コンデンサ並びに附属機器 - 第2部：直列リアクトル）JIS C 4902-3（高圧及び特別高圧進相コンデンサ並びに附属機器 - 第3部：放電コイル）

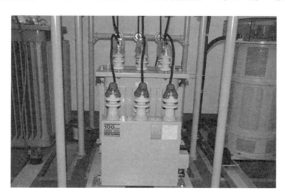

図 2-5-21　高圧進相コンデンサ（手前）、直列リアクトル（奥）

(11)　高圧避雷器

　高圧避雷器は、雷サージや開閉サージなどの過電圧の侵入による受電設備機器の損傷を防止するために施設されます。

　高圧架空電線路から供給を受ける需要場所の引込口付近（構内第1号柱や受電室内）に施設されます。

　※　JIS C 4608（6.6kV

図 2-5-22　高圧避雷器

キュービクル用高圧避雷器）

### ⑿　保護継電器

　保護継電器は、設備の故障や事故時（地絡や短絡など）に生じる現象を検出し、遮断器に遮断指令を行い、電路を遮断することにより事故点を除去・事故範囲の局限化を行うために施設されます。

図2-5-23　保護継電器

表2-5-6　主な保護継電器の種類など

| 継電器の種類（略号） | 特徴 | 規格 |
|---|---|---|
| 過電流継電器（OCR） | ・電路に流れる過電流を検知し、作動する。<br>・短絡や過負荷保護に用いる。 | JIS C 4602<br>（高圧受電用過電流継電器） |
| 地絡継電器（GR） | ・電路に生じた地絡事故を検出し、作動する。<br>・地絡保護に用いる。 | JIS C 4601<br>（高圧受電用地絡継電装置） |
| 地絡方向継電器（DGR） | ・設置場所より負荷側の電路に生じた地絡事故を検出し、作動する。<br>・地絡保護に用いる。 | JIS C 4609<br>（高圧受電用地絡方向継電装置） |
| 不足電圧継電器（UVR） | ・電圧の低下を検出し、作動する。<br>・停電警報等に用いる。 | |
| 過電圧継電器（OVR） | ・地絡事故に伴う異常電圧上昇等、電圧の上昇を検出し、作動する。 | |

⒀　**計器等**

受電設備に使用される主な計器は、下表のとおりです。

高圧用の計器は、計器用変圧器や変流器と組み合わせて使用されます。

アナログ式の計器が主流ですが、近年は切換可能なデジタル式のものも多く使用されております。

表2-5-7　**受電設備に用いられる主な計器**

|  |  | 計器の種類 |
|---|---|---|
| 指示計器 |  | 電圧計、電流計、力率計、周波数計など |
| 記録計器 |  |  |
| 積算計器 |  | 電力量計、無効電力計 |

⒁　**配電盤**

受電設備には、運転状態の監視や機器の操作を安全に行うために配電盤を設け、継電器や計器の他、遮断器や開閉器等の操作用のスイッチ、運転状態の表示灯などを集合して取付られています。

⒂　**照明設備**

受電室には、監視および機器の操作を安全かつ、確実に行うため必要な照明設備を施設しなければなりません。

また、停電その他非常時の照明として適当な光源を準備しておきます。

なお、安衛則第604条では、作業時に必要な照度を規定しています。監視、操作及び点検手入など安全かつ確実に行うため、必要に応じ移動用又は携帯用灯火を用いる等により**表2-5-8**の照度を維持しなければなりません。

表2-5-8　**作業時等の最低照度**

| 作業の区分 | 最低照度<br>[lx] |
|---|---|
| 精密な作業 | 300 |
| 普通の作業 | 150 |
| 粗な作業 | 70 |

## ⒃　注意標識

　キュービクル内には高圧電源が供給されていて危険なので、電気管理者以外の者がキュービクル内のものに安易に触れられないようにする必要があり、注意標識が貼付けされています。

　受電設備に貼付する「注意標識」は JIS C 4620 に規定されています。

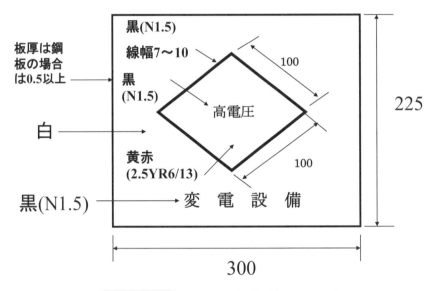

図 2 - 5 -24　注意標識板①（単位：mm）

　なお、JIS C 4620（2018）から「注意標識」は下図のように改正されています。

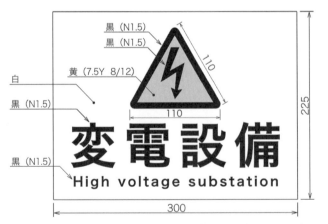

注記　寸法は最小を示す。取付け場所に応じ、相対的に大きくしてもよい。

図 2 - 5 -25　注意標識板②（単位：mm）

# ·第6章·

# 電気使用設備

講習のねらいとポイント

この章では、電気使用設備に関する施設方法や主な特徴などについて学習します。

## 1 配線

配線とは、電気使用場所において施設する電線（電気機械器具内の電線及び電線路の電線を除く。）であり、一般にそれぞれ次のように区別されます。

**表2-6-1　配線の区別**

| | |
|---|---|
| 屋内配線 | 電気使用場所の屋内（発電所、変電所等の屋内は含まない。）に固定して施設する電線。<br>ただし、電気機械器具内の電線、電球線、移動して使用する電気機械器具に電気を供給するための接触電線、小勢力回路の電線などは除かれている。 |
| 屋側配線 | 電気使用場所の屋側（造営物の外側面）に固定して施設する電線。除かれるものは、屋内配線と同様。 |
| 屋外配線 | 電気使用場所の屋外に施設する電線の内、屋側配線以外のもの。 |
| 電球線 | 電気使用場所に施設する電線の内、造営物に固定しない白熱電灯に至るもの。 |
| 移動電線 | 電気使用場所に施設する電線の内、造営物に固定しないものをいい、電球線を除く。 |

### (1) 高圧屋内配線（電技解釈第168条）

高圧屋内配線は、ケーブル工事またはがいし引き工事により施設する。がいし引き工事は、乾燥した場所であって展開した場所に限り、接触防護措置（床上2.3m 以上で、かつ、人が通る場所から手を伸ばしても触れることのない範囲に施設するか、又は人が接近又は接触しないよう、さく、へい等を設ける等の防護措置を施す。）を施した場合に限ります。

それぞれの工事方法の主な内容は次のとおりです。

**表2-6-2** 高圧屋内配線の工事方法

| 工事方法 | ケーブル工事 | がいし引き工事 |
|---|---|---|
| 使用電線 | ケーブル | 直径2.6mm 以上の高圧絶縁電線、特別高圧絶縁電線又は引下げ用高圧絶縁電線 |
| 電線の支持 | <支持間隔><br>・造営材の下面又は側面：2m 以下<br>・接触防護措置を施した垂直面：6m 以下<br><支持方法><br>・被覆を損傷しないように取り付ける。<br>・重量物の圧力や著しい機械的衝撃を受けるおそれがある箇所には、適当な防護装置を設ける。 | <支持間隔><br>・6m 以下（造営材の面に沿って取り付ける場合は2m 以下）<br><支持方法><br>・電線相互の間隔：8cm 以上<br>・電線と造営材の間隔：5cm 以上<br>・絶縁性、難燃性及び耐水性のあるがいしを使用。 |
| 他の配線、水管ガス管等との離隔 | 15cm 以上離す。又は、間に耐火性の堅牢な隔壁を設けるか、高圧配線を管に収める。 | 15cm 以上離す。 |
| その他 | ケーブルを収める金属製の防護装置や金属製の被覆には、原則としてA種接地工事を施す。 | ・低圧屋内配線と容易に区別できるようにする。 |

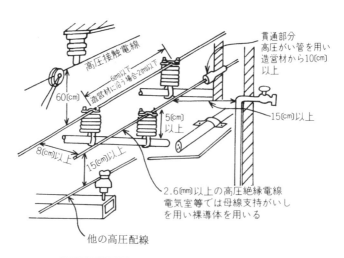

**図2-6-1** がいし引き工事の施設例

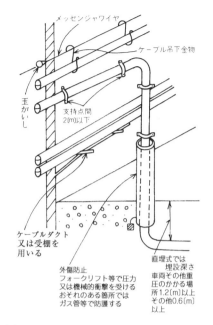

メッセンジャワイヤ

ケーブル吊下金物

玉がいし

支持点間
2[m]以下

ケーブルダクト
又は受棚を
用いる

外傷防止
フォークリフト等で圧力
又は機械的衝撃を受ける
おそれのある箇所では
ガス管等で防護する

直埋式では
埋設深さ
車両その他重
圧のかかる場
所1.2[m]以上
その他0.6[m]
以上

**図2-6-2　ケーブル工事の施設例**

## (2)　高圧屋側配線

　高圧屋側電線路（電技解釈第111条）の規定に準じてケーブル工事により施設します。

　展開した場所に接触防護措置（地表面2.5m以上で、かつ、人が通る場所から手を伸ばしても触れることのない範囲に施設するか、又は人が接近又は接触しないよう、さく、へい等を設ける等の防護措置を施す。）を施した場合に限り施設できます。

　工事方法の主な内容は次のとおりです。

**表2-6-3　高圧屋側配線の工事方法**

| 工事方法 | ケーブル工事 | |
|---|---|---|
| | 造営材に沿って施設する場合 | ちょう架用線にちょう架して施設する場合 |
| 電線の支持 | ＜支持間隔＞<br>・造営材の下面又は側面：2m以下<br>・垂直面：6m以下<br>＜支持方法＞<br>・被覆を損傷しないように取り付ける。<br>・重量物の圧力や著しい機械的衝撃を受けるおそれがある箇所には、適当な防護装置を設ける。 | ＜支持間隔＞<br>・ハンガーの間隔：<br>　50cm以下<br><br>＜支持方法＞<br>・電線が、高圧屋側電線路を施設する造営材に接触しないように施設する。 |

| 他の配線、水管ガス管等との離隔 | 15cm 以上離す。又は、間に耐火性の堅牢な隔壁を設けるか、高圧配線を管に収める。 |
|---|---|
| その他 | ケーブルを収める金属製の防護装置や金属製の被覆には、原則としてA種接地工事を施す。ちょう架用線にはD種接地工事を施す。 |

### (3) 高圧屋外配線

施設場所に応じて、それぞれの電線路の施設方法に準じて施設します。施設方法については、当該電技解釈の条文を参照して下さい。

**表2-6-4** 高圧屋外配線の工事方法

| 施設場所 | 準じる電線路 | 電技解釈 |
|---|---|---|
| 地中に埋設する場合 | 地中電線路 | 第120条〜第125条 |
| 水上に施設する場合 | 水上電線路 | 第127条 |
| 水底に施設する場合 | 水底電線路 | 第127条 |
| 地上に施設する場合 | 地上に施設する電線路 | 第128条 |
| 橋に施設する場合 | 橋に施設する電線路 | 第129、130条 |

### (4) 高圧移動電線

高圧の電気を必要とする移動機器は大型の機械であることから、高圧用のキャブタイヤケーブルを使用するとともに、機器の移動中に接続点に異常な荷重が加わらないように施設する必要があります。

**表2-6-5** 高圧移動電線の工事方法

| 使用電線（高圧用） | ・三種クロロプレンキャブタイヤケーブル<br>・三種クロロスルホン化ポリエチレンキャブタイヤケーブル |
|---|---|
| 機械器具との接続 | ・ボルト締めその他これと同等以上の効果のある方法で、堅牢に接続する。 |
| 電路の保護装置<br>（誘導電動機の二次側電路を除く） | ・専用の開閉器及び過電流遮断器を各極に施設。<br>・多線式電路の中性極には過電流遮断器を施設しない。<br>・地絡を生じたときに自動的に電路を遮断する装置を施設する。 |

### (5) 高圧接触電線

高圧接触電線は、製鉄工場の大型移動クレーン等で用いられており、低圧の場合より危険度が高いため、取扱者でも容易に接近できないように接触電線を高所に施設するか、周囲に柵などを巡らすなどの措置を施した場

合に限り施設できます。

　なお、特別高圧の接触電線は、電車線として施設する場合以外、その施設が禁止されています。

**表2-6-6　高圧接触電線の工事方法**

| 施設禁止場所 | ・粉じんにより絶縁性能が劣化することにより危険のおそれがある場所<br>・爆燃性粉じん、可燃性ガス、引火性物質の蒸気など爆発や火災の危険のおそれがある場所<br>・腐食性のガス又は溶液が発散することにより、絶縁性能や導電性能の劣化する危険のおそれがある場所 |
|---|---|
| 施設方法 | ・展開した場所又は点検できる隠ぺい場所にがいし引き工事にて施設 |
| 電路の保護装置等 | ・専用の開閉器及び過電流遮断器を各極に施設。<br>・多線式電路の中性極には過電流遮断器を施設しない。<br>・地絡を生じたときに自動的に電路を遮断する装置を施設する。<br>・専用の開閉器は、接触電線に近い箇所において容易に開閉できるように施設する。 |

## (6)　特別高圧配線

　特別高圧屋内配線は、電気集じん応用装置等を除き、使用電圧が100kV以下での場合に限り施設することができます。

**表2-6-7　特別高圧配線の工事方法**

| 使用電線 | ケーブル |
|---|---|
| 施設方法 | ・危険のおそれがないように施設する。<br>・鉄製又は鉄筋コンクリート製の管、ダクトその他堅牢な防護装置にケーブルを収める。<br>・金属製の防護装置やケーブルの被覆に使用する金属体には原則としてA種接地工事を施す。 |
| 他の配線、水管ガス管等との離隔 | ＜他の配線＞<br>・60cm以上離す。又は、間に耐火性の堅牢な隔壁を設ける。<br>＜弱電流電線、水管、ガス管＞<br>・接触しないように施設する。 |

## 2　電気装置

### (1)　電動機

　電動機は、送風機やポンプのように連続運転されるもの、シャッターやゲートなどの短時間しか運転されないもの、クレーンやエレベータ、工作

機械のようにほぼ一定の周期で反復運転されるものなど様々な用途に用いられています。

① 電動機の種類と適応負荷

電動機の電源（交流・直流）や種類の違いによる適応する負荷を下表に示します。

表2-6-8　電動機の種類と適応負荷

| 電源 | 電動機の種類 | | 適応する負荷 |
|---|---|---|---|
| 三相交流 | 誘導電動機 | 普通かご形 | 0.2kW ～ 3.7kW　一般用 |
| | | 特殊かご形 | 5.5kW 以上　一般用 |
| | | 巻線形 | クレーン、巻上機、ポンプ、圧縮機など |
| | 同期電動機 | | 大容量の圧縮機、ブロア<br>大容量・低速のポンプなど |
| | 整流子電動機 | 分巻 | 材料試験機、送風機、工作機など |
| | | 直巻 | 紡績機械、送風機など |
| 単相交流 | 単相電動機 | | 小形ファンなど小出力のもの<br>扇風機、冷蔵庫、ポンプ他一般用 |
| 直流 | 直流電動機 | 他励磁、分巻 | 木工機、圧延機、静止機、高速度のエレベータなど |
| | | 複巻、直巻 | 電車、クレーンなど |

　一般的に電動機負荷は、低圧（200V級、400V級）で使用される物が多いですが、出力が45kW ～ 200kW 程度以上のものは、経済性から高圧電動機が使用されています。

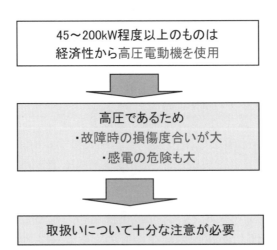

## ② 始動方法

電動機は、単相誘導電動機や小容量の電動機を除き、始動器を用いて始動させています。

始動器を用いないで直接始動させた場合、定格電流の5 ～ 7倍程度の始動電流が流れ、連結機械に高トルクが加わることにより、大きな衝撃を与えることがあります。

また、これによる電圧降下のために電源電圧の変動が生じ、他の機器へ影響を及ぼす場合があります。

**表2-6-9　誘導電動機の各種始動方法と適用負荷**

| 電動機の種類 | 始動方法 | | 適用負荷 |
|---|---|---|---|
| かご形電動機 | 全電圧始動 | 直入れ始動 | ・低圧、小容量のもの<br>・電源容量が許す限り、一般的に使用 |
| | 減電圧始動 | 補償器始動（コンドルファ始動） | ・特に始動電流を抑えたい場合<br>・ポンプ、ブロア、遠心分離器など |
| | | スターデルタ始動 | ・5.5kW 以上で無負荷・軽負荷始動できるもの<br>・工作機械、ポンプなど |
| | | リアクトル始動 | ・始動時の衝撃を避けたい場合<br>・紡績用クッションスタート用など |
| | | 一次抵抗始動 | ・始動時の衝撃を避けたい場合<br>・小容量機器、ファン、ポンプ、ブロアなど |
| 巻線形電動機 | 巻線形始動 | 二次抵抗始動 | ・大容量電動機で、始動電流を抑えたい場合 |

## ③ 速度制御

電動機により負荷を運転するとき、速度制御が必要となる場合があります。速度制御は、負荷の種類や制御目的により異なり、連続的な制御や段階的な変化を制御するなど様々です。

**表2-6-10**に三相誘導電動機の速度制御法を示します。

**表2-6-10** 三相誘導電動機の主な速度制御法の概要

| 制御方法 | 特徴 | 主な用途 |
|---|---|---|
| 周波数変換法 | インバータなどにより、周波数を変えることにより速度を制御する。連続的な変速が可能であり、始動電流も小さくできる。 | ・ポンプ、ブロア、工作機械など様々な負荷の速度制御に対応可能 |
| 極数変換法 | 単一巻線の接続変更により制御する。構造が複雑。 | ・工作機械、大型ポンプ、船のウインチなど |
| 一次電圧制御法 | サイリスタなどにより一次電圧を制御することにより、速度を制御する。 | ・クレーン、コンベア、ファン、ブロア、ポンプなど |
| 二次抵抗制御法 | 二次回路に抵抗を挿入する。構造は簡便だが、速度範囲が狭く低速時の効率が悪い。 | ・クレーン、巻上機、ポンプ、ファンなど |

④　温度上昇と寿命

　電動機の運転による発熱は、各部の温度を高め導電部を包む絶縁物は次第に酸化変質していきます。絶縁物の寿命は、許容温度以下であれば非常に長いですが、許容温度を超過すると急激に短くなります。（**表1-6-2**（P.31）参照）

　一般に、A種絶縁の90℃〜105℃の範囲では、使用温度が8℃上昇するごとに寿命は半減し、温度が8℃低下するごとに寿命が2倍になるといわれています。

　電動機を使用する場合は、許容温度以下で使用するよう注意が必要です。

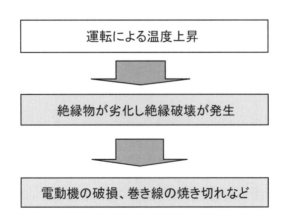

⑤　据え付け

　高圧電動機や高圧電力装置は、取扱者以外の者が出入りしない場所に施設するか、周囲に堅固な柵を設けて取扱者以外の者が触れるおそれがないように施設します。

　操作用の配電盤から、電動機および電力装置に至る配線は、一般的にケーブル工事で施工されます。

　電動機および操作用配電盤などの附属品は、使用場所の環境に適した構造のものが採用されています。湿気の多い場所、粉じんの多い場所、可燃性ガス等の存在する場所、腐食性ガス等の存在する場所に接地する場合は、防湿、防塵又は防爆構造のものを使用する必要があります。

⑥　接地工事

　電動機の外箱には、取扱者の感電災害を防止するため接地を施すことが電技解釈第29条により義務付けられています。

⑵　高電圧試験装置

　高電圧試験（高圧機器、絶縁用保護具等の耐圧試験）を行う場合には、安全面から特に次のような点に注意する必要があります。

　・接地を確実にする。
　・結線を正しく確実に行う。
　・作業者間の連絡、確認などを徹底させる。
　・充電部からの離隔距離を確保する。

# ·第7章·

# 自家用電気設備の保守および点検

> **講習のねらいとポイント**
> この章では、自家用電気設備に関する保守・点検などの種類や点検内容について学習します。

## 1 点検の意義

電気設備の点検（保守）は、その電気設備が使用者にとって安全に使用（運転）でき、その性能が十分であり、人や他の施設等に対して危険と障害を与えるおそれがないことを確認するために行うものです。

電気設備に対して、点検、測定及び試験を実施して、電気設備の技術基準をはじめとする関係法令の定めるところにより、適正に施工・保守されているか判断します。

また、検査は、使用中の電気設備の経年劣化や異常の進行を予め検知して、改修または取替を行うための判断の一つとなります。

## 2 保守・点検

巡視、点検の種別は、一般的に日常巡視、日常点検、定期点検、精密点検及び臨時点検に区分され、これらの巡視・点検は次の内容により実施します。

① **日常巡視**

日常巡視は、1日から1週間の周期で構内を巡視して、運転中の電気設備について、肉眼で設備の外観の変化等を確認する他、五感を活用しながら目視等により異臭や異音等の有無を確認します。

なお、日常巡視箇所としては、引込施設、受電施設、配電設備、負荷設備等があります。

② **日常点検**

日常点検は、短期間の周期（1週間から1ヵ月）で主として運転中の

電気設備を視覚、聴覚及び臭覚等による外観点検、又は各種測定器具を使用して点検を行い、電気設備の異常の有無を確認します。

　なお、異常を発見した場合は、必要に応じて電気技術者の応援を得て臨時点検を実施します。

③　**定期点検**

　定期点検は、一般的に月次点検と年次点検に大別されます。

　月次点検は、月単位で実施される定期点検を意味していますが、内容によっては月2回や隔月毎、3ヵ月毎に行われるものもあって必ずしも月1回というわけではありません。

　また、年次点検は、月次点検の意味と同様、年単位で実施されるものを意味しておりますが、内容によっては年2回のものもあり、2年毎や3年毎に行われるものもあります。

　以上の月次点検、年次点検は次のような内容で行われます。

　**a 月次点検**

　　設備が運転中の状態において点検を実施するものです。

　　点検の内容としては、運転中の電気工作物を視覚、聴覚及び臭覚等による外観点検、携帯用測定器等による諸測定や状態確認等を実施します。

　**b 年次点検**

　　主として停電により設備を停止状態にして点検を実施するものであり、点検範囲は点検周期に応じて決めることができます。

　　点検の内容としては、電気設備の外観点検、電気機械器具の内部点検、諸測定及び継電器、遮断器等の動作試験等を実施します。

④　**精密点検**

　精密点検は、長期間（2年から5年程度）の周期で、年次点検項目のほか、電気設備を停止し、必要に応じ分解するなど目視、測定器具等により点検、測定及び試験を実施し、異常の有無がないかを確認します。

　なお、異常の状態に応じて、電気技術者の応援を得て臨時点検を実施します。

　具体的には、機器の内部点検、絶縁油の試験、継電器の特性試験等の精密試験を行い、電気機器を分解し点検・調整・部品の交換等を実施します。

⑤ 臨時点検

臨時点検は、電気事故その他異常が発生した場合又は発生のおそれがあると判断したときに実施します。

また、高圧受電設備に事故発生のおそれがある場合は、その都度、点検、測定及び試験を行います。

また、次に掲げる電気工作物については、その都度異常状況の点検、絶縁抵抗試験及び絶縁耐力試験（高圧機材に限るものとし、必要に応じて行うものとする。）を行います。

a 高圧機材が損壊し、短絡電流などにより受電設備の大部分に影響を及ぼしたと思われる事故が発生した場合は、受電設備の全電気工作物。

b 受電用遮断器（電力ヒューズを含む。）が遮断動作をした場合は、遮断動作の原因となった電気機材。

c その他の電気機材に異常が発生した場合は、その電気機材。

⑥ 保守

各種点検において、異常があった場合、修理・改修の必要を認めた場合、汚損による清掃の必要性がある場合等には、内容に応じた措置を講じます。なお、停電をして定期点検、精密点検等を行う場合は、必要に応じて電気設備の清掃を行います。

**清掃を実施するに当たっての留意事項**

- 目視及び絶縁抵抗測定により汚損状態を確認し、異物の除去、清掃を行う。
- 絶縁部を重点として断路器、遮断器、高圧交流負荷開閉器、変圧器、VT・CT等の各機器、ケーブル端末、配電盤、受電室等の清掃を行う。
- 汚損の程度がひどく、乾燥ウエスで拭き取れない場合は、機器材料に合った清掃液（アルコール液等）にウエスを浸し、絶縁物表面の粉塵を拭き取る。

## 3 定期点検の方法

定期的に点検、測定及び試験により異常の有無を確認します。点検の方法の例を以下に示します。（日本電気協会発行「自家用電気工作物保安管理規程」（JEAC8021-2023）より。）

## (1)　引込関係

| 点検箇所・点検項目 | | 点　検　要　領 | 点検周期 | |
|---|---|---|---|---|
| | | | 月次 | 年次 |
| 引込線路 | 架空電線 | 損傷、たるみ、他の工作物・植物との離隔 | 1回/月 | |
| | ケーブル本体 | 損傷、他の工作物・植物との離隔 | 1回/月 | |
| | ケーブル端末部 | 損傷・亀裂・汚損 | 1回/月 | |
| | 接続部 | 過熱による変色 | 1回/月 | |
| | 支持物 | 損傷、傾斜、腐食 | 1回/月 | |
| | 腕金 | 損傷、腐食、脱落 | 1回/月 | |
| | がいし | 損傷、異物付着、脱落、亀裂、汚損 | 1回/月 | |
| | 支線 | ゆるみ、腐食 | 1回/月 | |
| | ケーブル保護管 | 損傷、腐食 | 1回/月 | |
| | ちょう架用線 | 損傷、たるみ、外れ、支持点間隔 | 1回/月 | |
| | ハンドホール・マンホール | 損傷 | 1回/月 | |
| | | 浸水（ケーブル口の止水、上部パッキン、継ぎ目） | | 1回/1年 |
| | 接地線 | 腐食・断線・外れ | 1回/月 | |
| | | 接続部のゆるみ | | 1回/1年 |
| | 試験 | 接地抵抗測定 | | 1回/1年 |
| | | 絶縁抵抗測定 | | 1回/2年 |
| 負荷開閉器 | 本体 | 損傷、腐食、操作紐の異常、取付け状態 | 1回/月 | |
| | 口出し線 | 損傷 | 1回/月 | |
| | 接続部 | 接続箇所の過熱による変色 | 1回/月 | |
| | 絶縁部 | 損傷、異物付着、亀裂、汚損 | 1回/月 | |
| | 制御装置（外箱） | 変形、損傷、施錠確認 | 1回/月 | |
| | 制御装置（内部） | 損傷、汚損 | 1回/月 | |
| | | 制御線接続箇所の過熱による変色 | 1回/月 | |
| | 制御配線 | 損傷 | 1回/月 | |
| | 接地線 | 腐食・断線・外れ | 1回/月 | |
| | | 接続部のゆるみ | | 1回/2年 |
| | 試験 | 開閉操作確認・表示確認 | | 1回/2年 |
| | | 接地抵抗測定 | | 1回/1年 |
| | | 絶縁抵抗測定 | | 1回/2年 |
| | | 地絡継電器動作試験 | | 1回/2年 |
| | | 地絡継電器動作特性試験 | | 1回/3年 |

| | | | | | |
|---|---|---|---|---|---|
| | | 継電器と負荷開閉器の連動動作試験 | | | 1回/2年 |
| | | GR付高圧交流気中負荷開閉器のトリップコイルの絶縁抵抗測定 | | | 1回/1年 |
| 高圧キャビネット | 外箱部 | 損傷、腐食、変形、汚損、結露、施錠状態 | 1回/月 | | |
| | ピラディスコン・モールドディスコン | 異音、異臭、損傷、汚損、亀裂 | 1回/月 | | |
| | | 接続箇所の過熱による変色 | 1回/月 | | |
| | | 接続箇所のゆるみ | | | 1回/3年 |
| | | 接触子の接触状態確認 | | | 1回/3年 |
| | 地中線用GR付高圧交流負荷開閉器 | 異音、異臭、損傷、汚損、腐食 | 1回/月 | | |
| | | 制御線接続箇所の過熱による変色 | 1回/月 | | |
| | 接地線 | 腐食・断線・外れ | 1回/月 | | |
| | | 接続部のゆるみ（ピラディスコン・モールドディスコン、地中線用GR付高圧交流負荷開閉器） | | | 1回/2年 |
| | 試験 | 開閉操作確認（ピラディスコン・モールドディスコン） | | | 1回/3年 |
| | | 開閉操作確認（地中線用GR付高圧交流負荷開閉器） | | | 1回/2年 |
| | | 開閉表示確認（地中線用GR付高圧交流負荷開閉器） | | | 1回/2年 |
| | | 接地抵抗測定 | | | 1回/1年 |
| | | 継電器動作試験（地中線用GR付高圧交流負荷開閉器） | | | 1回/2年 |
| | | 継電器動作特性試験（地中線用GR付高圧交流負荷開閉器） | | | 1回/3年 |
| | | 継電器と地中線用GR付高圧交流負荷開閉器の連動動作試験 | | | 1回/2年 |
| | | 絶縁抵抗測定（ピラディスコン・モールドディスコン） | | | 1回/3年 |
| | | 絶縁抵抗測定（地中線用GR付高圧交流負荷開閉器） | | | 1回/2年 |

## (2) 高圧受電設備

| 点検箇所・点検項目 | | 点 検 要 領 | 点検周期 | |
|---|---|---|---|---|
| | | | 月次 | 年次 |
| 零相変流器 | 運転状況 | 異音、異臭 | 1回／月 | |
| | 本体 | 損傷、汚損 | 1回／月 | |
| | 二次配線接続部 | 接続箇所のゆるみ | | 1回／1年 |
| | 接地線 | 腐食・断線・外れ | 1回／月 | |
| | | 接続部のゆるみ | | 1回／1年 |
| | 試験 | 接地抵抗測定 | | 1回／1年 |
| | | 絶縁抵抗測定 | | 1回／1年 |
| 断路器 | 運転状況 | 異音、異臭 | 1回／月 | |
| | 本体 | 損傷、汚損 | 1回／月 | |
| | 主回路接続部 | 過熱による変色 | 1回／月 | |
| | | 接続箇所のゆるみ | | 1回／3年 |
| | 導電部 | 損傷、変形、汚損、腐食、接触部の過熱による変色 | 1回／月 | |
| | | 接触子の接触状態確認 | | 1回／3年 |
| | 絶縁物 | 損傷、汚損、亀裂 | 1回／月 | |
| | 操作機構部 | 腐食、損傷、汚損 | 1回／月 | |
| | | 動作状態の確認、ラッチの機能 | | 1回／3年 |
| | 接地線 | 腐食・断線・外れ | 1回／月 | |
| | | 接続部のゆるみ | | 1回／3年 |
| | 試験 | 開閉操作確認 | | 1回／3年 |
| | | 接地抵抗測定 | | 1回／1年 |
| | | 絶縁抵抗測定 | | 1回／3年 |
| 負荷開閉器 | 運転状況 | 異音、異臭 | 1回／月 | |
| | 本体 | 損傷、汚損 | 1回／月 | |
| | 主回路接続部 | 過熱による変色 | 1回／月 | |
| | | 接続箇所のゆるみ | | 1回／2年 |
| | 導電部 | 損傷、変形、汚損、腐食、接触部の過熱による変色 | 1回／月 | |
| | | 接触子の接触状態確認 | | 1回／2年 |
| | 絶縁物 | 損傷、汚損、亀裂、変形 | 1回／月 | |
| | 操作機構部 | 損傷、汚損、腐食 | 1回／月 | |
| | | 動作状態の確認、ラッチの機能 | | 1回／2年 |
| | 高圧ヒューズ | 過熱による変色、汚損、損傷、亀裂、溶断表示の確認 | 1回／月 | |
| | 接地線 | 腐食・断線・外れ | 1回／月 | |
| | | 接続部のゆるみ | | 1回／2年 |
| | 試験 | 開閉操作確認 | | 1回／2年 |

| | | | | |
|---|---|---|---|---|
| | | 接地抵抗測定 | | 1回／1年 |
| | | 絶縁抵抗測定 | | 1回／2年 |
| | | 継電器との連動動作試験 | | 1回／2年 |
| 遮断器 | 運転状況 | 異音、異臭、油量、ガス圧力、開閉表示 | 1回／月 | |
| | 本体 | 損傷、変形、汚損、亀裂、漏油 | 1回／月 | |
| | 主回路接続部 | 過熱による変色 | 1回／月 | |
| | | 接続箇所のゆるみ | | 1回／3年 |
| | 導電部 | 損傷、汚損、変形、腐食 | 1回／月 | |
| | | 接触子の消耗度合いの確認 | | 1回／3年 |
| | | 接触子の接触状態確認 | | 1回／6年 |
| | 絶縁物 | 損傷、汚損、亀裂、変形 | 1回／月 | |
| | 操作機構部 | 腐食、損傷、汚損 | 1回／月 | |
| | | 動作状態の確認 | | 1回／3年 |
| | 接地線 | 腐食・断線・外れ | 1回／月 | |
| | | 接続部のゆるみ | | 1回／3年 |
| | 試験 | 開閉操作確認（油遮断器） | | 1回／1年 |
| | | 開閉操作確認（油遮断器以外の遮断器） | | 1回／3年 |
| | | 接地抵抗測定 | | 1回／1年 |
| | | 絶縁抵抗測定 | | 1回／3年 |
| | | 絶縁油酸価試験、絶縁破壊電圧試験 | | 1回／6年 |
| | | 継電器と遮断器（油遮断器）との連動動作試験 | | 1回／1年 |
| | | 継電器と遮断器（油遮断器以外の遮断器）との連動動作試験 | | 1回／3年 |
| 計器用変成器 | 運転状況 | 異音、異臭 | 1回／月 | |
| | 本体 | 損傷、汚損、亀裂 | 1回／月 | |
| | 主回路接続部 | 過熱による変色 | 1回／月 | |
| | | 接続箇所のゆるみ | | 1回／1年 |
| | 二次配線接続部 | 過熱による変色 | 1回／月 | |
| | | 接続箇所のゆるみ | | 1回／1年 |
| | 高圧ヒューズ | 過熱による変色、汚損、損傷、亀裂、溶断表示の確認 | 1回／月 | |
| | 接地線 | 腐食・断線・外れ | 1回／月 | |
| | | 接続部のゆるみ | | 1回／1年 |
| | 試験 | 接地抵抗測定 | | 1回／1年 |
| | | 絶縁抵抗測定 | | 1回／1年 |
| | 運転状況 | 異音、異臭 | 1回／月 | |
| | 本体 | 損傷、汚損、亀裂、腐食 | 1回／月 | |

| | | | | |
|---|---|---|---|---|
| 高圧カットアウト | 主回路接続部 | 過熱による変色 | 1回/月 | |
| | | 接続箇所のゆるみ | | 1回/3年 |
| | | 接触子の接触状態確認 | | 1回/3年 |
| | 高圧ヒューズ | 過熱による変色、汚損、損傷、亀裂 | 1回/月 | |
| | 試験 | 開閉操作確認 | | 1回/3年 |
| | | 絶縁抵抗測定 | | 1回/3年 |
| 変圧器 | 運転状況 | 異音、異臭、油量、過熱状態 | 1回/月 | |
| | 本体 | 損傷、変形、汚損、亀裂、腐食、変色、漏油、振動 | 1回/月 | |
| | | 吸湿防止剤の変色 | 1回/月 | |
| | 主回路接続部 | 過熱による変色 | 1回/月 | |
| | | 接続箇所のゆるみ | | 1回/1年 |
| | 導電部 | 内部接続部、リード線、タップ盤の確認 | | 1回/3年 |
| | 絶縁物 | 損傷、汚損、亀裂、漏油 | 1回/月 | |
| | 接地線 | 腐食・断線・外れ | 1回/月 | |
| | | 接続部のゆるみ | | 1回/1年 |
| | 試験 | 接地抵抗測定 | | 1回/1年 |
| | | 絶縁抵抗測定 | | 1回/1年 |
| | | 低圧電路の漏えい電流測定（B種接地工事接地線において） | 1回/月 | |
| | | 絶縁油酸価試験、絶縁破壊電圧試験 | | 1回/6年 |
| | その他 | PCB使用・保管の表示 | 1回/月 | |
| 進相用コンデンサ | 運転状況 | 異音、異臭、過熱状態 | 1回/月 | |
| | 本体 | ふくらみ、損傷、汚損、腐食、漏油 | 1回/月 | |
| | 主回路接続部 | 過熱による変色 | 1回/月 | |
| | | 接続箇所のゆるみ | | 1回/1年 |
| | 絶縁物 | 損傷、汚損、亀裂、漏油 | 1回/月 | |
| | 接地線 | 腐食・断線・外れ | 1回/月 | |
| | | 接続部のゆるみ | | 1回/1年 |
| | 試験 | 接地抵抗測定 | | 1回/1年 |
| | | 絶縁抵抗測定 | | 1回/1年 |
| | その他 | PCB使用・保管の表示 | 1回/月 | |
| 直列リアクトル | 運転状況 | 異音、異臭、過熱状態 | 1回/月 | |
| | 本体 | 損傷、汚損、亀裂、腐食、漏油 | 1回/月 | |
| | 主回路接続部 | 過熱による変色 | 1回/月 | |
| | | 接続箇所のゆるみ | | 1回/1年 |
| | 絶縁物 | 損傷、汚損、亀裂、漏油 | 1回/月 | |

| | | | 月次 | 年次 |
|---|---|---|---|---|
| | 接地線 | 腐食・断線・外れ | 1回/月 | |
| | | 接続部のゆるみ | | 1回/1年 |
| | 試験 | 接地抵抗測定 | | 1回/1年 |
| | | 絶縁抵抗測定 | | 1回/1年 |
| | その他 | PCB 使用・保管の表示 | 1回/月 | |
| 避雷器 | 運転状況 | 異音、異臭 | 1回/月 | |
| | 本体 | 損傷、汚損、亀裂 | 1回/月 | |
| | 主回路接続部 | 過熱による変色 | 1回/月 | |
| | | 接続箇所のゆるみ | | 1回/1年 |
| | 接地線 | 腐食・断線・外れ | 1回/月 | |
| | | 接続部のゆるみ | | 1回/1年 |
| | 試験 | 接地抵抗測定 | | 1回/1年 |
| | | 絶縁抵抗測定 | | 1回/1年 |
| 保護継電器 | 本体 | 定格、損傷 | 1回/月 | |
| 高圧母線等 | 運転状況 | 異音、異臭 | 1回/月 | |
| | 電線 | 損傷、汚損 | 1回/月 | |
| | 主回路接続部 | 過熱による変色 | 1回/月 | |
| | | 接続箇所のゆるみ | | 1回/1年 |
| | 支持物 | 損傷、汚損、亀裂、脱落 | 1回/月 | |
| | 試験 | 絶縁抵抗測定 | | 1回/1年 |

※　自家用電気工作物保安管理規程では電気事業法上必要な点検項目を示している。消防用設備等の非常電源となる設備の消防法上の点検については、消防法に基づく資格を有したものが行うこと。

## (3)　低圧配電盤

| 点検箇所・点検項目 | | 点　検　要　領 | 点検周期 | |
|---|---|---|---|---|
| | | | 月次 | 年次 |
| 指示計器等 | 運転状況 | 異音、異臭、指示状態 | 1回/月 | |
| | 本体 | 損傷、汚損 | 1回/月 | |
| | 端子部 | 接続箇所のゆるみ | | 1回/1年 |
| 表示装置 | 運転状況 | 異音、異臭、点滅表示確認 | 1回/月 | |
| | 本体 | 損傷、汚損 | 1回/月 | |
| | 端子部 | 接続箇所のゆるみ | | 1回/1年 |
| 開閉器 | 運転状況 | 異音、異臭、過熱状態 | 1回/月 | |
| | 本体 | 損傷、汚損、亀裂、腐食 | 1回/月 | |
| | 端子部 | 過熱による変色 | 1回/月 | |
| | | 接続箇所のゆるみ | | 1回/1年 |
| | 低圧ヒューズ | 過熱による変色 | 1回/月 | |
| | 試験 | 開閉操作確認 | | 1回/1年 |
| 配線用遮断器・漏電遮断器 | 運転状況 | 異音、異臭、過熱状態 | 1回/月 | |
| | 本体 | 損傷、汚損、亀裂 | 1回/月 | |
| | 端子部 | 過熱による変色 | 1回/月 | |

| | | 接続箇所のゆるみ | | 1回／1年 |
|---|---|---|---|---|
| | 試験 | 開閉操作確認 | | 1回／1年 |
| 低圧配線・制御配線 | 運転状況 | 異音、異臭 | 1回／月 | |
| | 配線 | 損傷、汚損 | 1回／月 | |
| | 接続部・端子部 | 過熱による変色 | 1回／月 | |
| | | 接続箇所のゆるみ | | 1回／1年 |
| | 試験 | 絶縁抵抗測定 | | 1回／1年 |
| 保護継電器 | 運転状況 | 異音、異臭 | 1回／月 | |
| | 本体 | 損傷、汚損 | 1回／月 | |
| | 端子部 | 接続箇所のゆるみ | | 1回／1年 |
| | 試験 | 動作試験 | | 1回／1年 |
| | | 動作特性試験 | | 1回／3年 |
| 接地装置 | 接地線 | 腐食・断線・外れ | 1回／月 | |
| | 端子 | 接続箇所のゆるみ | | 1回／1年 |
| | 試験 | 接地抵抗測定 | | 1回／1年 |

## ⑷　構造物・配電設備

| 点検箇所・点検項目 | | 点　検　要　領 | 点検周期 | |
|---|---|---|---|---|
| | | | 月次 | 年次 |
| 構造物 | 受電所建物・キュービクル等 | 損傷、変形、腐食 | 1回／月 | |
| | | 雨漏り、雨雪浸入 | 1回／月 | |
| | | 小動物の侵入口の有無 | 1回／月 | |
| | | 施錠装置、高圧危険表示、立入禁止表示 | 1回／月 | |
| | | 受電室内の整頓状態 | 1回／月 | |
| | 保護柵 | 損傷、腐食、施錠状態 | 1回／月 | |
| | 照明設備 | 点灯状態 | 1回／月 | |
| | 周囲状況 | 周囲の整理・整頓状態 | 1回／月 | |
| | その他 | 消火設備の状態、標識・表示の状態 | 1回／月 | |
| 配電設備 | 架空電線 | 損傷、たるみ、他の工作物・植物との離隔 | 1回／月 | |
| | ケーブル本体 | 損傷、他の工作物・植物との離隔 | 1回／月 | |
| | ケーブル端末部 | 端末処理部の損傷・亀裂・汚損 | 1回／月 | |
| | 接続部 | 接続箇所の過熱による変色 | 1回／月 | |
| | | 接続箇所のゆるみ | | 1回／1年 |
| | 支持物 | 損傷、傾斜、腐食 | 1回／月 | |
| | 腕金 | 損傷、腐食、脱落 | 1回／月 | |
| | がいし | 損傷、異物付着、脱落、亀裂、汚損 | 1回／月 | |

| 点検箇所・点検項目 | | 点検要領 | 点検周期 月次 | 点検周期 年次 |
|---|---|---|---|---|
| 支線 | | ゆるみ、腐食 | 1回/月 | |
| ケーブル保護管 | | 損傷、腐食 | 1回/月 | |
| ちょう架用線 | | 損傷、たるみ、外れ、支持点間隔 | 1回/月 | |
| ハンドホール・マンホール | | 損傷 | 1回/月 | |
| ハンドホール・マンホール | | 浸水（ケーブル口の止水、上部パッキン、継ぎ目） | | 1回/1年 |
| 接地線 | | 腐食・断線・外れ | 1回/月 | |
| 接地線 | | 接続部のゆるみ | | 1回/1年 |
| 試験 | | 接地抵抗測定 | | 1回/1年 |
| 試験 | | 絶縁抵抗測定 | | 1回/1年 |

## (5) 負荷設備

| 点検箇所・点検項目 | | 点 検 要 領 | 点検周期 |
|---|---|---|---|
| | | | 月次 | 年次 |

| 点検箇所・点検項目 | | 点 検 要 領 | 月次 | 年次 |
|---|---|---|---|---|
| 機器 | 運転状況 | 異音、異臭、指示状態 | 1回/月 | |
| 機器 | 本体 | 損傷、汚損 | 1回/月 | |
| 機器 | 接続部 | ゆるみ | | 1回/1年 |
| 機器 | 接地線 | 腐食・断線・外れ | 1回/月 | |
| 機器 | 試験 | 接地抵抗測定 | | 必要の都度 |
| 機器 | 試験 | 絶縁抵抗測定 | | 1回/1年 |
| 低圧配線・制御配線 | 運転状況 | 異音、異臭 | 1回/月 | |
| 低圧配線・制御配線 | 接続部 | 過熱による変色 | 1回/月 | |
| 低圧配線・制御配線 | 接続部 | 接続箇所のゆるみ | | 1回/1年 |
| 低圧配線・制御配線 | 試験 | 絶縁抵抗測定 | | 1回/1年 |
| 開閉器 | 運転状況 | 異音、異臭、過熱状態 | 1回/月 | |
| 開閉器 | 本体 | 損傷、汚損、亀裂、腐食 | 1回/月 | |
| 開閉器 | 端子部 | 過熱による変色 | 1回/月 | |
| 開閉器 | 端子部 | 接続箇所のゆるみ | | 1回/1年 |
| 開閉器 | 低圧ヒューズ | 過熱による変色 | 1回/月 | |
| 開閉器 | 試験 | 開閉操作確認 | | 1回/1年 |
| 開閉器 | 試験 | 絶縁抵抗測定 | | 1回/1年 |
| 配線用遮断器・漏電遮断器 | 運転状況 | 異音、異臭、過熱状態 | 1回/月 | |
| 配線用遮断器・漏電遮断器 | 本体 | 損傷、汚損、亀裂 | 1回/月 | |
| 配線用遮断器・漏電遮断器 | 端子部 | 過熱による変色 | 1回/月 | |
| 配線用遮断器・漏電遮断器 | 端子部 | 接続箇所のゆるみ | | 1回/1年 |
| 配線用遮断器・漏電遮断器 | 試験 | 開閉操作確認 | | 1回/1年 |
| 配線用遮断器・漏電遮断器 | 試験 | 絶縁抵抗測定 | | 1回/1年 |
| 接地装置 | 接地線 | 腐食・断線・外れ | 1回/月 | |
| 接地装置 | 端子 | 接続部のゆるみ | | 1回/1年 |
| 接地装置 | 試験 | 接地抵抗測定 | | 必要の都度 |

## (6)　非常用予備発電装置・蓄電池設備

| 点検箇所・点検項目 | | 点 検 要 領 | 点検周期 | |
|---|---|---|---|---|
| | | | 月次 | 年次 |
| 原動機及び付属装置 | 機関本体 | 損傷、汚損、変形、腐食、固定、保温ヒータ動作確認 | 1回／月 | |
| | 燃料装置 | 燃料の量、損傷、汚損、ゆるみ、外れ、腐食、漏油 | 1回／月 | |
| | 冷却装置 | 水量、損傷、汚損、ゆるみ、外れ、腐食、漏水、不凍液 | 1回／月 | |
| | 潤滑油装置 | 油量、損傷、汚損、ゆるみ、外れ、腐食、漏油 | 1回／月 | |
| | 吸気・排気装置 | 損傷、汚損、腐食、営巣 | 1回／月 | |
| | 始動装置 | 始動空気圧、漏気、蓄電池の電圧・液量・液温・比重、損傷、汚損、腐食 | 1回／月 | |
| | 試験 | 始動試験（温度、異音、異臭、振動、漏気、排気状態、圧力） | 1回／月 | |
| | | 保護継電器動作試験（過速度、油圧低下、水温上昇、起動渋滞等） | | 1回／1年 |
| 発電機及び励磁装置 | 本体 | 損傷、汚損、変形、腐食、固定 | 1回／月 | |
| | 接続部 | 接続箇所のゆるみ | | 1回／1年 |
| | 接地線 | 腐食、断線、外れ | 1回／月 | |
| | | 接続部のゆるみ | | 1回／3年 |
| | 試験 | 始動試験（温度、異音、異臭、振動、電圧、周波数、漏気、換気、排気ガスの状態） | 1回／月 | |
| | | 接地抵抗測定 | | 1回／1年 |
| | | 絶縁抵抗測定 | | 1回／1年 |
| 遮断器、開閉器、配電盤、制御装置等 | 各機器の点検箇所に準ずる | 同左 | 同左 | 同左 |
| | 試験 | 開閉操作確認 | | 1回／1年 |
| | | 接地抵抗測定 | | 1回／1年 |
| | | 絶縁抵抗測定 | | 1回／1年 |
| | | 保護継電器動作特性試験 | | 1回／3年 |
| | | インターロック試験 | | 1回／1年 |
| 蓄電池設備 | 本体 | 液量、損傷、汚損、変形、亀裂、腐食、固定、漏液、端子のゆるみ、極板・セパレータの湾曲 | 1回／月 | |
| | 接続部 | 接続箇所のゆるみ | | 1回／1年 |

| | 触媒栓 | 有効期限 | | 1回/1年 |
|---|---|---|---|---|
| | 試験 | 電圧測定 | 1回/月 | |
| | | 比重測定（パイロットセル） | | 1回/1年 |
| | | 液温測定（パイロットセル） | | 1回/1年 |
| | | 均等充電 | | 1回/6月 |
| 充電装置及び付属装置 | 運転状況 | 異音、異臭、指示状態 | 1回/月 | |
| | 本体 | 損傷、汚損、変形、腐食、接続箇所のゆるみ | 1回/月 | |
| | 接地線 | 腐食、断線、外れ | 1回/月 | |
| | | 接続部のゆるみ | | 1回/3年 |
| | 試験 | 接地抵抗測定 | | 1回/1年 |
| | | 絶縁抵抗測定 | | 1回/1年 |
| 構造物等 | 建物、パッケージ | 損傷、汚損、変形、腐食、固定、雨漏り、小動物侵入口の有無、鍵の状態、整理整頓 | 1回/月 | |
| | 照明設備 | 点灯状態 | 1回/月 | |
| | 換気装置 | 動作状態 | 1回/月 | |
| | 周囲状況 | 周囲の整理・整頓状況 | 1回/月 | |
| | その他 | 消火設備の状態、標識・表示の状態 | 1回/月 | |

※　絶縁抵抗測定は、メーカの取扱説明等により実施を判断する。
※　自家用電気工作物保安管理規程では電気事業法上必要な点検項目を示している。消防用設備等の非常電源となる設備の消防法上の点検については、消防法に基づく資格を有したものが行うこと。

□ ■ □ ■ 第3編 ■ □ ■ □

# 高圧又は特別高圧用の安全作業用具等に関する基礎知識

# ・第 1 章・

# 絶縁用保護具および防具

> **講習のねらいとポイント**
>
> この章では電気設備の点検、修理などの作業時に身につける絶縁用保護具、活線作業や活線近接作業時、充電電路に装着する絶縁用防具について学習します。

## 1  絶縁用保護具と防具

　高圧活線・活線近接作業を実施する際に、万一充電部にふれても人体に電流が流れないよう保護したり、人体が充電部にふれることを防護する装備として、絶縁用保護具と絶縁用防具があります。

　絶縁用保護具とは、高圧および低圧の活線作業や活線近接作業において、感電防止のために作業者の身体に着用するものです。

　絶縁用防具とは、活線作業や活線近接作業において、感電防止のため、作業者が取扱っていない周囲の充電電路に装着するものです。

　また、絶縁用保護具の構造、絶縁性能等については労働省告示「絶縁用保護具等の規格※」に規定されており、「絶縁用保護具及び防具は、常温において試験交流（50Hz または60Hz の周波数の交流で、その波高率が1.34 ～ 1.48までのものをいう）による耐電圧試験を行ったときに、次の表の左欄に掲げる種別に応じ、それぞれ同表の右欄に掲げる電圧に対して1分間耐える性能を有するものでなければならない。」とされております。

　※昭和47年12月 4 日労働省告示第144号（第 6 編第 1 章 7.絶縁用保護具等の規格参照）

| 絶縁用保護具の種別 | 電圧 |
|---|---|
| 交流の電圧が300V を超え、600V 以下の電路について用いるもの | 3,000V |
| 交流の電圧が600V を超え、3,500V 以下である電路又は直流の電圧が750V を超え、3,500V 以下である電路について用いるもの | 12,000V |
| 電圧が3,500V を超え7,000V 以下である電路について用いるもの | 20,000V |

　なお、絶縁用保護具および防具は、安衛法第44条の2に基づく型式検定に合格したものを使用する必要があります。

## 2　絶縁用保護具

　安衛則第341条（高圧活線作業）には、事業者は高圧の充電電路の点検、修理など充電電路を扱う場合において感電の危険が生ずるおそれのあるときは、作業者に絶縁用保護具を着用させなければならないと規定されています。

　絶縁用保護具とは電気設備の点検、修理などの作業において露出充電部分を取り扱うときに、身体に着用するものをいい、電気作業用保護帽、絶縁衣、絶縁用ゴム手袋、絶縁用ゴム長靴などがあります。

### (1)　電気用保護帽

| 写真 | 使用目的等 |
|---|---|
| | 頭部を機械的衝撃や充電部から保護をするために使用する。<br>・検定マークがついており、6ヵ月以内毎に定期自主検査（安衛則第351条）を受けたものを使用する。<br>・使用前点検（安衛則第352条）を行い、異常を認めたときは、直ちに補修又は取りかえる。 |

| 点検方法 | 使用上の注意 |
|---|---|
| ①　亀裂はないかを見る。<br>②　ヘッドバンドは切れていないかを見る。<br>③　あごひもが損傷していないかを見る。<br>④　頭頂部のすきま（衝撃吸収ライナーとハンモックとの間）が、狭すぎないかを見る。 | ①　真っ直ぐにかぶり、あごひもを完全に締め、余分なひもはあごの部分であごひもの下にはさみ込む。<br>②　乱暴に取り扱ったり投げ出したりしない。<br>③　腰掛けの代用としない。<br>④　よごれを除去する場合には、シンナー、ガソリンなどの溶剤を使用しない。 |

## (2) 絶縁用ゴム手袋

| 写真 | 使用目的等 |
|---|---|
| 高圧用<br>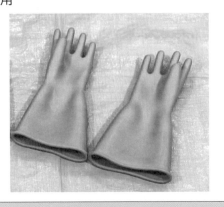 | 　低高圧活線作業及び高圧活線近接作業時に腕からの電気の流入、流出を防ぐために使用する。<br>・検定マークがついており、6ヵ月以内ごとに定期自主検査（安衛則第351条）を受けたものを用いる。<br>・使用前点検（安衛則第352条）を行い、異常を認めたときは、直ちに補修又は取りかえる。 |

| 点検方法 | 使用上の注意 |
|---|---|
| ① 全体を見てひび割れ及びオゾン亀裂はないかを見る。<br>② 部分的に引っ張って傷の有無、特に指先、指と指との間の傷をよく調べる。<br>③ 空気試験（袖口より巻き込んで手首あたりで止め、ふくらんだ部分を押し空気のもれの有無によりピンホールなどを調べる。）<br>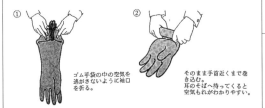<br>① ゴム手袋の中の空気を逃がさないように袖口を折る。<br>② そのまま手首近くまで巻き込む。耳のそばへ持ってくると空気もれがわかりやすい。<br>④ 保護手袋の縫い目がとけたり、破れたりしてないか点検する。 | ① 電気用ゴム手袋（高圧用）の上に必ず保護手袋をはめて使用する。<br>② なるべく自分の手に合うものを使用する。<br>③ 袖口を折り曲げて使用しない。<br>④ 運搬に当たっては、損傷を防止するため材料、工具などと混在しないようにする。<br>⑤ 持ち運びは収納袋に入れて損傷しないように気を付ける。<br><br>㊟ オゾン亀裂とは、排気ガスなどにより大気中のオゾン濃度が高くなっている場所に、ゴム製品を長くさらすと伸びる部分やひずみのある部分に亀裂が生じることをいう。オゾン濃度が高いと亀裂の発生も早い。 |

## (3)　絶縁用ゴム長靴

| 写真 | 使用目的等 |
|---|---|
|  | 低高圧活線作業及び低高圧活線近接作業時に電気用ゴム手袋と併用して足からの電気の流入、流出を防ぐために使用する。<br>・検定マークがついており、6ヵ月以内ごとに定期自主検査（安衛則第351条）を受けたものを用いる。<br>・使用前点検（安衛則第352条）を行い、異常を認めたときは、直ちに補修又は取りかえる。 |
| 点検方法 | 使用上の注意 |
| ①　内外面全体を見てひび割れ、オゾン亀裂及び突起物による切り傷がないかを調べる。<br>②　かかと部分の著しい型くずれと接着部のはがれがないかを調べる。<br>はがれ→<br>③　空気試験により、ピンホールなどを調べる。<br>（電気用ゴム手袋（高圧用）と同じく巻き込んで行う。）<br>④　ひどい汚れがないかを見る。 | ①　自分の足に合ったサイズのものを選んで使用する。<br>②　高圧活線及び近接作業の直前に履く。<br>③　ズボンの裾は長靴の中に入れる。<br>④　突起物を踏んだり、引っかけないように注意する。<br>⑤　折り曲げて使用しない。 |

## (4)　絶縁衣

| 写真 | 使用目的等 |
|---|---|
|  | 低高圧活線作業及び高圧活線近接作業時に電気用ゴム手袋と併用して腕、肩からの電気の流入、流出を防ぐために使用する。<br>・検定マークがついており、6ヵ月以内ごとに定期自主検査（安衛則第351条）を受けたものを用いる。<br>・使用前点検（安衛則第352条）を行い、異常を認めたときは、直ちに補修又は取りかえる。 |
| 点検方法 | 使用上の注意 |
| ①　絶縁衣の表裏をよく見てひび割れ、亀裂及び切り傷などの有無を調べる。<br>②　止めボタン、縛りひもなどは完全についているかをよく調べる。<br>③　著しい形くずれや汚れがないかを見る。 | ①　袖口より手を通して着用し前ボタンあるいは縛りひもなどで止める。<br>②　袖口は折り曲げずにゴム手袋の袖口と重ねて使用する。<br>③　電線の端末などの先端で傷を付けないように注意する。<br>④　持ち運びに当たっては材料、工具などと混在しないようにする。 |

# 3 絶縁用防具

安衛則第342条（高圧活線近接作業）には、「事業者は電路又はその支持物の敷設、点検、修理、塗装等の電気工事の作業を行う場合において、当該作業に従事する労働者が高圧の充電電路に接触し、又は当該充電電路に対して頭上距離が30cm以内又は躯側距離若しくは足下距離が60cm以内に接近することにより感電の危険が生ずるおそれのあるときは、当該充電電路に絶縁用防具を装着しなければならない。」と規定されています。

絶縁用防具は、活線作業や活線近接作業において作業者が取り扱っていない周囲の充電されている配線、電気機器などの充電電路に装着し、作業者の感電を防止するもので、絶縁管、がいしカバー、絶縁シートなどがあります。絶縁用防具は、天然ゴム製や樹脂を原料とした多種類の製品が開発されています。

また、絶縁用防具の構造、絶縁性能等については絶縁用保護具同様、労働省告示「絶縁用保護具等の規格」に規定されています。

## (1) 絶縁管

| 写真 | 使用目的等 |
|---|---|
|  | 低高圧電線路の充電部に接触又は近接して作業する場合並びに作業中異相間又は高低圧部分が混触するおそれのある場合に使用する。<br>・検定マークがついており6ヵ月以内ごとに定期自主検査（安衛則第351条）を受けたものを用いる。<br>・使用前点検（安衛則第352条）を行い、異常を認めたときは、直ちに補修又は取りかえる。 |

| 点検方法 | 使用上の注意 |
|---|---|
| 内面、外面のオゾン亀裂及びひび割れの有無を調べる。特に内面はよく開いて電線の端末などによる切り傷がないかを調べる。<br><br>内面の点検 | ① 高圧充電部に取り付けたゴム絶縁管の上から押したり、引いたり、圧力をかけたりする場合は、ゴムシートをかぶせ二重防護とする。<br>② 持ち運びは所定の収納袋に入れて損傷しないように気をつける。 |

## (2)　絶縁シート

| 写真 | 使用目的等 |
|---|---|
| | 　低高圧活線作業で接続部分や突起部の充電部の防護又は二重防護のためにゴム絶縁管の上から重ねて使用したり露出充電中のスイッチの防護等に使用する。<br>・検定マークがついており 6 ヵ月以内ごとに定期自主検査（安衛則第351条）を受けたものを用いる。<br>・使用前点検（安衛則第352条）を行い、異常を認めたときは、直ちに補修又は取りかえる。 |
| 点検方法 | 使用上の注意 |
| ①　表裏をよく見てひび割れ及びオゾン亀裂はないかを調べる。<br>②　軽く引っ張って亀裂、切り傷などの有無を調べる。<br>③　特に内面の折曲部の突起物による切傷に注意する。<br><br>内面の点検 | ①　充電作業中、接地面と絶縁して、人体が誤って通電経路とならないように使用する。<br>②　持ち運びは所定の収納袋に入れて損傷しないように気をつける。 |

## (3)　シートクリップ

| 写真 | 使用目的等 |
|---|---|
| | 　高圧充電部を防護する場合に絶縁シートの上からはさみ込み、シートを止めるのに使用する。 |
| 点検方法 | 使用上の注意 |
| 　樹脂部に亀裂がないか、留め具に亀裂がないか、ばねの強さが正常かなどをよく調べる。 | ①　絶縁シートの端、重なり部などを挟み込む。<br>②　必要に応じて複数使用する。（絶縁シート 1 枚に 4 個程度使用する。）<br>③　シートクリップが外れないように電線と絶縁シートをまとめて挟み込む。 |

(4)　ゴムひも

| 写真・使用状態 | | 使用目的等 |
|---|---|---|
| 電線<br>ゴムシート<br>ゴム絶縁管<br>ゴムひも | | 高圧充電部を防護する場合にゴムシートの上から巻き付けて止めるのに使用する。 |
| 点検方法 | 使用上の注意 | |
| 　2倍の長さに引っ張って亀裂などがないかをよく調べる。 | ①　ゴムシートが完全に密着するように巻き付ける。<br>②　巻き付けは引っ張りぎみで巻く。 | |

## 4　絶縁用保護具及び防具の定期自主検査

　安衛則第351条（絶縁用保護具等の定期自主検査）には、「事業者は、絶縁用保護具等については、6月以内※ごとに一回、定期に、その絶縁性能について自主検査を行わなければならない。」ことが規定されています。

　また、自主検査の結果、当該絶縁用保護具等に異常を認めたときは、補修その他必要な措置を講じた後でなければ、これらを使用することはできません。

### (1)　耐電圧試験

　絶縁性能の確認は、耐電圧試験により行われます。

　耐電圧試験は、電気用保護帽、電気用ゴム手袋、電気用長靴のような袋状のものは水中において、絶縁衣、絶縁シート、絶縁管のような板状、管状のものは気中において、規定の電圧に耐えるかどうか調べます。

　※　この法令で規定している「6月以内」とは、「6ヵ月以内」の意味です。

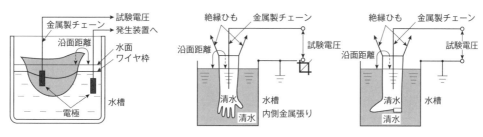

a　電気用保護帽　　　　b　電気用ゴム手袋　　　　c　電気用長靴

図3-1-1　絶縁用保護具の耐電圧試験方法

図3-1-2　耐電圧試験装置

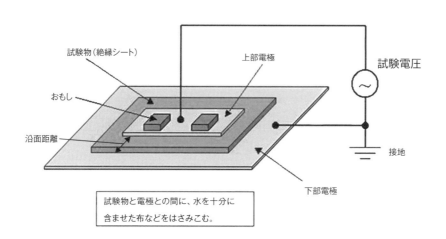

試験物と電極との間に、水を十分に
含ませた布などをはさみこむ。

図3-1-3　絶縁用防具の耐電圧試験方法（絶縁シート）

**表3-1-1** 絶縁用保護具等の耐電圧性能

| | 試験対象品目 | | 試験電圧（交流）：試験時間（１分間） | |
|---|---|---|---|---|
| | | | 新品 | 定期自主検査 |
| 絶縁用<br>保護具 | 電気用保護帽 | | 20,000V | 10,000V |
| | 絶縁衣 | | 20,000V | 10,000V |
| | 絶縁用<br>ゴム手袋<br>（高圧用） | 3,500V 以下 | 12,000V | 6,000V |
| | | 3,500V 超<br>7,000V 以下 | 20,000V | 10,000V |
| | 絶縁用ゴム長靴 | | 20,000V | 10,000V |
| 絶縁用<br>防具 | 絶縁管 | | 20,000V | 10,000V |
| | 絶縁シート | | 20,000V | 10,000V |

〔備考〕　1.新品の試験電圧値は、昭和47年労働省告示第144号「絶縁用保護具等の規格」
　　　　　　による。
　　　　　2.定期自主検査の試験電圧値は、安衛則第351条の解釈例規による。


**表3-1-2** 沿面距離（参考）

| 試験電圧（kV） | 沿面距離（mm） | |
|---|---|---|
| | 水中、気中試験の場合 | 散水後の気中試験の場合 |
| 3 以下 | 30以下 | 40以下 |
| 3 を超え 10以下 | 40以下 | 50以下 |
| 10を超え 15以下 | 50以下 | ―※3 |
| 15を超えるもの | 70以下 | ―※3 |

※1　電気用安全帽のように、沿面距離をあまり大きくすると耐電圧試験をする部分が小
　　さくなるものについては、JIS T 8131に示すように、試験電圧が15kV を超える場合は
　　60mm 以内とする。
※2　沿面距離とは、水中試験または気中試験において、２つの電極間に介在する供試品
　　の表面に沿った最短距離をいう。
※3　沿面放電が生じない最小の距離とする。

出典：JIS T 8010：2017より作成


**(2)　自主検査結果の保存**

　　自主検査を行ったときは、次の事項を記録し、これを３年間保存する必
要があります。
　　①検査年月日
　　②検査方法
　　③検査箇所
　　④検査の結果
　　⑤検査を実施した者の氏名
　　⑥検査の結果に基づいて補修等の措置を講じたときは、その内容

# ・第2章・

# 活線作業用器具等

**講習のねらいとポイント**

この章では、高圧充電電路の点検、修理などの活線作業や活線近接作業時に使用する活線作業用器具等について学習します。

安衛則第342条（高圧活線近接作業）には、事業者は高圧の充電電路に接触し、又は当該充電電路に対して頭上距離が30cm以内又は躯側距離若しくは足下距離が60cm以内に接近する場所で電路又はその支持物の敷設、点検、修理等の電気工事を行う場合、絶縁用防具の装着又は取り外しの作業を作業者に行わせるときは、作業者に絶縁用保護具を着用させ、又は活線作業用器具を使用させなければならないと規定されています。

また、安衛則第341条（高圧活線作業）には、事業者は高圧の充電電路の点検、修理など充電電路を扱う場合において感電の危険が生ずるおそれのあるときは、作業者に活線作業用器具や活線作業用装置を使用させなければならないと規定されています。

特別高圧の充電電路、その支持がいしおよび充電電路に近接した支持物などの点検・修理・清掃などの電気工事の作業を行う場合、特別高圧用の絶縁用保護具および絶縁用防具は無いので、作業者の感電を防止するために、活線作業用器具や活線作業用装置を使用します。また、使用電圧に応じた接近限界距離を確保します。

## 1 活線作業用器具

活線作業用器具は、手に持つ部分が絶縁材料で作られた棒状の絶縁工具で、高圧カットアウト操作棒や、絶縁共用棒の先端に各種のアタッチメント（ペンチ・ドライバーなど）を取り付けて各種の作業が可能な機能を有する間接活線用操作棒（ホットスティック）などが有ります。

活線作業用器具等の耐電圧性能などについても昭和47年12月4日労働省告示第144号（絶縁用保護具等の規格）で規定されています。

## (1) 高圧カットアウト操作棒

　高圧カットアウト操作棒は充電中の高圧カットアウトを操作する場合に使用します。高圧用ゴム手袋と電気用ゴム長靴などの絶縁用保護具を着用し、安定した足場で行います。

**図3-2-1** 高圧カットアウト操作棒の写真

## (2) 断路器操作用フック棒

　断路器操作用フック棒には、高圧用と特別高圧用があります。充電部に接近して使用する場合には、必ず高圧ゴム手袋と電気用ゴム長靴などの絶縁用保護具を着用します。

　フック棒に赤い線等で操作時の握り位置が表示されている場合は、表示位置より端のところを握り、充電部より離れて操作します。

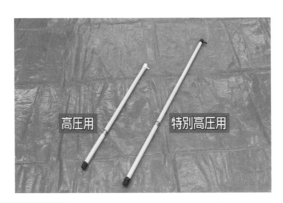

**図3-2-2** 断路器操作用フック棒（ディスコン棒）

## (3) 間接活線用操作棒（ホットスティック）

　「ホットスティック」は、充電された高圧電路などを活線のまま工事を行う場合に使用する工具で、直接充電電路に接する部分と作業者が手に

持って操作する部分の間は、絶縁棒で隔離されています。

　操作する場合は、赤表示などで操作時の握り位置が明示されているので、その表示に従って充電部より充分に離れて使用します。

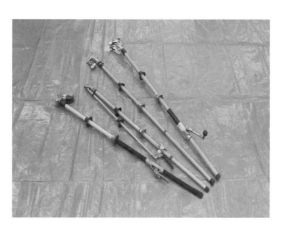

図3-2-3 ホットスティックの写真

## 2　活線作業用装置

　作業者が乗って活線作業をするための活線作業用装置があります。代表的なものとしては、対地絶縁を施した「活線がいし洗浄装置」、「高所作業車」、「絶縁はしご」などがあります。

　高所作業車のバケットなどの絶縁台に乗って作業する場合でも、二重安全のため、電気用保護帽、高圧ゴム手袋、電気用ゴム長靴等の絶縁用保護具を着用します。

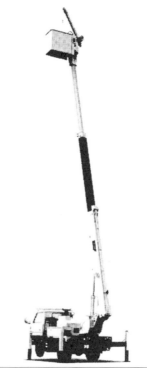

出典：全日本電気工事業工業組合連合会発行「電気工事業の安全衛生管理」

図3-2-4 絶縁はしごの写真

図3-2-5 高所作業車の例

# ·第3章·

# 絶縁用防護具

講習のねらいとポイント

この章では絶縁用防具とは使用目的が異なる絶縁用防護具について学習します。

## 1 絶縁用防護具

　安衛則第349条（工作物の建設等の作業を行う場合の感電の防止）には、事業者は、架空電線又は電気機械器具の充電電路に近接する場所で、工作物の建設、解体、点検、修理、塗装等の作業若しくはこれらに附帯する作業又はくい打機、くい抜機、移動式クレーン等を使用する作業を行う場合において、作業者が作業中又は通行の際に、充電電路に身体等が接触し、又は接近することにより感電の危険が生ずるおそれのあるときは、当該充電電路に**絶縁用防護具**を装着することとされています。

**図3-3-1** 絶縁用防護具

　絶縁用防護具とは、架空電線又は電気機器の充電線路近くで建設足場の組立・解体作業などを行う場合、くい打機や移動式クレーンなどを使用する作業を行う場合に作業従事者の感電災害防止及び充電電路を保護するために充電電路に装着される絶縁性の防具です。その構造、耐電圧性能等については労働省告示「絶縁用防護具の規格※」に規定されており、材質については、「厚さが２mm以上のものであること。」、絶縁性能等については、「絶縁用防護具は、常温において試験交流（50Hzまたは60Hzの周波数の交流で、その波高率が1.34～1.48までのものをいう。）による耐電圧試験を行ったときに、次の表の左欄に掲げる種別に応じ、それぞれ同表の右欄に掲げる電圧に対して１分間耐える性能を有するものでなければならない。」等とされております。

※昭和47年12月４日労働省告示第145号（第６編第１章８．絶縁用防護具の規格参照）

**表３-３-１**　絶縁用防護具の種別

| 絶縁用防護具の種別 | 試験交流の電圧 |
|---|---|
| 低圧の電路について用いるもの | 1,500V |
| 高圧の電路について用いるもの | 15,000V |

　なお、既に電路等に取り付けられている防具で長期に設置されている場合は、損傷などを受け絶縁性能が低下している場合があり、触れると感電のおそれがあります。電気事業者の設備であれば、事前に協議して取り付けてください。

## 2　絶縁用防護具の種類と使用方法

　絶縁用防護具には電線を防護する線カバー（建築用防護管）、がいし部を防護するがいしカバー、その他充電部をカバーするシートなどがあります。

**図３-３-２**　絶縁用防護具の装着例

(1)　**線カバー（建築用防護管）**
・高圧電路の直線部分を防護する。
・相互に容易に連結することができる。
・建設工事中における作業者の感電を防止する。
・取り付けは、人力によることが多いが機械で連続して取り付ける方法も開発されている。

（本線用）　　　　　　　　　　　　　　（縁回し線用）

図3-3-3　線カバー

(2)　**がいしカバー**
・電線をがいしに取り付けている部分は線カバーでは防護できないのでがいし部分を含めて充電部を防護するもの。
・がいしカバー状のものにあっては線カバーと容易に連結することができる。

図3-3-4　がいしカバー

(3)　**シート状カバー**
・電線の直線以外の場所※を防護する場合に使用する。
　※電線路の引留め部分、縁回し線部分、高圧カットアウトなど
・絶縁用防具の絶縁カバーの使用方法と同様。

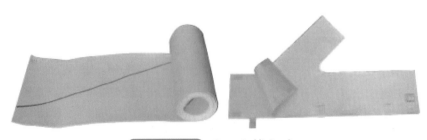

図3-3-5　シート状カバー

## 3　絶縁用防護具の耐電圧性能

　絶縁用防護具の耐電圧試験は、労働省告示「絶縁用防護具の規格」に規定されております。

　絶縁用防具の絶縁管、絶縁シートと同様に気中において規定の電圧に耐えるかどうかを調べます。

　試験方法は、絶縁用防具と同一の形状の電極を用いて、コロナ放電が生じないように絶縁用防護具の内面と外面に接触させて行います。ただし、線カバー状の絶縁用防護具は管の連結部分についても管を連結した状態で行います。

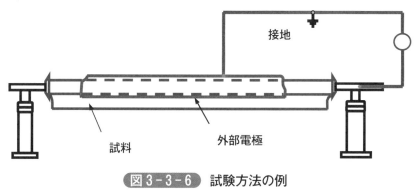

接地

試料　　　　外部電極

**図3-3-6**　試験方法の例

# ·第 **4** 章·

# その他の安全作業用具

> **講習のねらいとポイント**
>
> この章ではその他の安全作業用具として、検電器、短絡接地器具、墜落制止用器具などについて学習します。

## 1 検電器

安衛則第339条（停電作業を行う場合の措置）には、事業者は、電路を開路して、当該電路又はその支持物の敷設、点検、修理、塗装等の電気工事の作業を行うときは、当該電路を開路した後に、電路が高圧又は特別高圧であったものについては、検電器具により停電を確認する措置を講じなければならないと規定されています。

| 写真 | 使用目的等 |
|---|---|
| | 電路が確実に停電しているかどうかを確認するもの。<br>　検電は、設備の欠陥や作業者の錯覚による事故防止に欠かすことのできない重要な作業ステップである。<br>・使用前点検（安衛則第352条）を行い、異常を認めたときは、直ちに補修又は取りかえる。<br>・検電器は、耐電圧性能と検電性能を有するもの。 |
| 点検方法 | 使用上の注意 |
| ① 目視により検電器の破損・汚れ・傷・ひび等の有無を点検する。<br>② 電池内蔵式検電器は、内蔵の電池によって動作するため電池残量をテストボタンによって正常に発音・発光することを確認する。<br>③ 検電器が正常に動作するか、検電器チェッカーによって確認する。 | ① 表示されている使用電圧の範囲以外では使用しない。<br>② 柄の部分を電気用ゴム手袋（高圧用）を着用して、しっかりと握って検電器の先端を電路に接触させる。<br>③ 発光式の場合は、ネオンランプがよく見える位置で検電する。（明るいところでは遮光筒を用いるのもよい。）<br>④ 身近な相より順に各相（各線）を確認する。<br>⑤ 耐圧試験を受けたものを用いる。 |

128

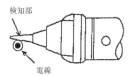

＜正しい使い方＞

検知部

電線

※検知部の腹部をあてる。

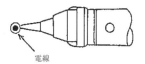

＜誤った使い方＞

電線

※検知部の先端にあてると発音、
　発光しない場合がある。

＜適切な握り方＞

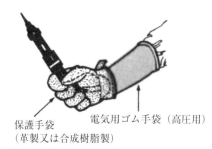

保護手袋
（革製又は合成樹脂製）

電気用ゴム手袋（高圧用）

**図3-4-1** 被覆電線への検知部の当て方（例）

## 2　短絡接地器具

　高圧又は特別高圧において停電作業を行う場合の感電防止のための器具
（安衛則第339条（停電作業を行う場合の措置））である短絡接地器具は高
圧以上の電圧を停電した電線路において使用され、高圧側が完全に停電し
て短絡接地がとられていることを確認することは感電防止の上で大事なこ
とです。

| 写真 | 使用目的等 |
|---|---|
|  | 電路の一部又は全部を停止して行う作業に使用するものであり、停電作業中に誤操作や他の電路との混触又は誘導などによる感電の危険を防止するための重要な器具である。 |

第3編　高圧又は特別高圧用の安全作業用具等に関する基礎知識

| 点検方法 | 使用上の注意 |
|---|---|
| ① 電線被覆の劣化を調べる。<br>② リード線の素線切れ（特に操作部の圧縮端子、短絡線集合部、接地端子部）を調べる。補助アースのあるものも同様に扱う。<br>③ 各部取付けビス、ナットの締付「カシメ」の良否を調べる。<br>④ 電線把持部の圧力のないものは使用しない。 | ① 短絡接地器具を取付ける前に必ず電気用ゴム手袋を着用し、検電器で停電の有無を確認する。<br>② 残留電荷の放電をする。放電は絶縁用保護具を着用する。<br>③ 取り付ける時は接地側を取り付けたのち開放した電路の負荷側に取り付ける。<br>④ 接地側の金具が接地棒の場合は地面に十分打ち込むこと。<br>⑤ 接地金具が「ワニグチクリップ」の場合は受電設備のアースを利用すること。<br>⑥ 取り外す時は電路側に取り付けてある方より取り外したのち、接地側を取り外す。 |

※停電していても短絡接地器具を取り付けていない場合は活線と同じ扱いになる。

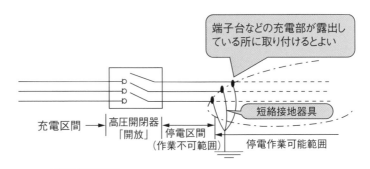

図3-4-2 短絡接地器具と停電作業可能範囲

## 3 墜落制止用器具

　墜落制止用器具は高所作業を行う場合、墜落を制止して作業者の安全を保持するために使用します。

　安衛則518条（作業床の設置等）では、事業者は、高さが2m以上の箇所で作業を行なう場合において墜落により労働者に危険を及ぼすおそれのあるときは、足場を組み立てる等の方法により作業床を設けるか、設けることが困難なときは、防網を張り、労働者に墜落による危険のおそれに応じた性能を有する墜落制止用器具（要求性能墜落制止用器具）を使用させる等墜落による労働者の危険を防止するための措置を講じなければならないと墜落制止用器具の使用を求めています。また、安衛則第519条では、事業者は、高さが2m以上の作業床の端、開口部等で墜落により労働者に危険を及ぼすおそれのある箇所には、囲い、手すり、覆い等を設けるか、設けることが困難なときは、労働者に要求性能墜落制止用器具を使用

させる等墜落による労働者の危険を防止するための措置を講じなければならないと規定しています。

　安衛令の改正により、高所作業において長年使用されてきた安全帯の名称が「墜落制止用器具」に変更されました。（法令用語としては「墜落制止用器具」となりますが、従来からの呼称である「安全帯」等の用語を使用することは差し支えありません。）

　なお、墜落制止用器具として認められるのは「フルハーネス型（一本つり）」と「胴ベルト型（一本つり）」となります。従来の安全帯に含まれていた「柱上用安全帯（U字つり胴ベルト型）」はワークポジショニング用器具となり、柱上作業などでワークポジショニング用器具を使用する場合には、墜落制止用器具を併用することが必要となります。

　安衛則の改正により、高さが2m以上の箇所であって作業床を設けることが困難なところにおいて、墜落制止用器具のうちフルハーネス型のものを用いて行う作業に係る業務（ロープ高所作業に係る業務を除く。）は特別教育を受けることが必要になりました。

フルハーネス型
（ロープ式ランヤード付き）

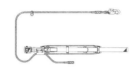
胴ベルト型　　　　　ワークポジショニング用器具

**（a）墜落制止用器具及びワークポジショニング用器具の種類**

フルハーネス型（1本つり）

胴ベルト型（1本つり）

ワークポジショニング器具
（U字つり胴ベルト型）
（フルハーネス型との併用）

**（b）使用例**　出典：日本安全帯研究会

**図3-4-3**　墜落制止用器具及びワークポジショニング用器具の種類とその使用例

墜落制止用器具はフルハーネス型を使用することが原則となります。ただし、墜落時にフルハーネス型の着用者が地面に到達するおそれのある場合（高さが6.75m以下）は胴ベルト型（一本つり）を使用することができます。一般的な建設作業の場合は5mを超える箇所、柱上作業等の場合は2m以上の箇所では、フルハーネス型の使用が推奨されています。

　また、墜落制止用器具は着用者の体重及び装備品の重量の合計に耐えるものを使用しなければなりません。

　フルハーネス型墜落制止用器具は、肩や腰、腿等複数の箇所を支える形状で作業者の身体に装着し、落下時に身体を支持する「フルハーネス（ハーネス本体）」とフック、ショックアブソーバ、ロープ等からなる取付設備とハーネス本体を連結する「ランヤード」の大きく2つの部品で構成されています。

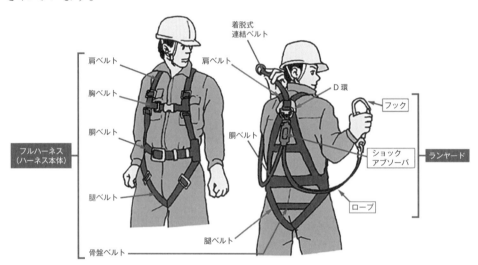

**図3-4-4**　フルハーネス型墜落制止用器具の構成

　ショックアブソーバを備えたランヤードは、ショックアブソーバの種別を取付設備の作業箇所からの高さ等に応じて適切に選択する必要があります。基本的には第一種ショックアブソーバを備えたものを使用し、腰より高い位置にフックを掛けることが推奨されています。

第一種ショックアブソーバを使用する場合 — 腰より高い位置

第二種ショックアブソーバを使用する場合 — 腰より高い位置から足元付近まで

図3-4-5　ショックアブソーバの種類とフックの取付位置

　墜落制止用器具の構造、材料、性能等については、安衛法第42条に基づく「墜落制止用器具の規格」（平成31年1月25日　厚生労働省告示第11号）に規定されています。

　また、墜落制止用器具を装着していても墜落制止用器具各部の変形、摩耗、擦り切れ等の損傷によって思わぬ災害に結びつくことがありますので、「墜落制止用器具の安全な使用に関するガイドライン」（平成30年6月22日基発0622第2号）中の「第6　点検・保守・保管」および「第7　廃棄基準」の他、墜落制止用器具メーカーが推奨する点検廃棄基準などを参考にしてください。

## 4　導電靴・導電衣

　静電誘導により、人体に静電気が帯電するのを防ぐために、超高圧の特別高圧の送電線路など電圧の高い電路などの近くで作業を行う場合には導電靴、導電衣（普通500kV以上の場合）などを使用する。

| 写真 | 使用目的等 |
| --- | --- |
| 導電靴 | ・靴の底部にカーボンを混入して導電性をよくしている。<br>・主として275kV以上の場合に使用する。<br>・導電靴を着用することにより、作業者と支持物がほとんど同電位になり、帯電する電荷の放電による電撃を受けることはない。 |

| 導電衣 | ・スチール糸を生地に織り込んだものなどがある。<br>・主として500kV 以上の場合に使用する。<br>・電気的には導電靴を通じてアースされる。<br>・導電衣を着用することにより、身体が遮へいされるので静電誘導を受けることがさらに少なくなる。 |
|---|---|
|  | |

## 5　その他の安全用具

| 品名 | 使用目的 | 使用範囲 |
|---|---|---|
| 区画ロープ | 作業範囲、危険範囲の区画表示に使用する。 | 区画ロープにより区画する範囲を設定する。特に公衆の立入りを防止する場合に使用する。 |
| 標識板 | 施設の状況表示、危険立入禁止表示として関係者や公衆に注意喚起するため使用する。 | 「充電中」、「投入禁止」、「点検中」、「危険・立入禁止」、「短絡接地中」等の標識板を使用目的に応じて使用する。 |
| アーク防止面 | 開閉器操作時にアークによる火傷障害を防止するために着用する。 | ピラディスコン、ディスコン操作を行う場合に使用する。 |
| 絶縁工具 | 工具先端の金属露出部を小さくし、感電防止と作業部周囲への短絡を防止するため使用する。 | 活線作業時等に使用する。 |

# ·第5章·

# 管　理

> ［講習のねらいとポイント］
> この章では保護具、防具、検電器の管理について学習します。

## 1　保管

### ⑴　保護具、防具

　保護具、防具は、取扱いや保管の仕方などにより、その性能を低下させることがあります。したがって、定期的な点検と適切な保管管理をすることが大切です。

《保管管理上の注意事項》

①　室内のじんあいや湿気などが少なく、直射日光のあたらない風通しのよい場所に保管[※1]する。

②　釘などで損傷しない場所に保管[※2]する。

③　使用後に、汚れや水気がついた場合はすぐに拭き取り、濡れた場合は十分に乾燥させる。

④　個別管理を行い、定期点検状況を管理する。

図3-5-1　絶縁用保護具等の良い保管例

図3-5-2　絶縁用保護具等の悪い保管例

※1　保管場所は、日光、油、湿気、ほこりなどにさらされない清浄な冷暗室が最適で、オゾンが発生する変電室、耐電圧試験室、車庫などは絶対に避ける。

※2　長期間折りたたんだり変形したまま保管すると「くせ」がつき、亀裂が生じる場合があるので自然の形で保管する。

135

## ⑵　検電器

検電器はその性能を保持するため十分な管理をするよう心掛けましょう。

### 《保管管理上の注意事項》

①　じんあいなどが付着したり雨水がかからない場所に保管する。

　（落下などによる損傷にも注意する。）

②　テストボタンを押して発音・発光動作するか定期的に確認する。

③　検電器チェッカーにて確実に動作することを確認する。

図3-5-3　検電器等の保管例

## 2　点検・検査

### ⑴　使用前点検

安衛則第352条（電気機械器具等の使用前点検等）では、その使用を開始する前に劣化や損傷具合について使用前点検を行うことが示されています。

| 安全用具等の種類 | 点検事項 |
|---|---|
| 検電器 | 検電性能 |
| 短絡接地器具 | 取付金具及び接地導線の損傷の有無 |
| 絶縁用保護具 | ひび、割れ、破れその他の損傷の有無及び乾燥状態 |
| 絶縁用防具 | |
| 絶縁用防護具 | |
| 活線作業用器具・装置 | |

※　その他具体的な点検方法は第1章〜第4章参照

・不良で取替えたものは、再使用できないように早期に廃棄するなど必要
な措置を行う。

## (2) 定期自主検査

　安衛則第351条（絶縁用保護具等の定期自主検査）では、6ヵ月以内ご
とに1回、絶縁性能について定期自主検査を行うことが示されています。

・絶縁用保護具等に異常を認めたときは、補修その他必要な措置を講じた
後でなければ使用できない。

・検査の記録を3年間保存しなければならない。

| 記録事項 | 1．検査年月日 |
| --- | --- |
| | 2．検査方法 |
| | 3．検査箇所 |
| | 4．検査の結果 |
| | 5．検査を実施した者の氏名 |
| | 6．検査の結果に基づいて補修等の措置を講じたときは、その内容 |

□ ▪ □ ▪ 第**4**編 ▪ □ ▪ □

# 高圧又は特別高圧の
# 活線作業および活線近接作業

## •第 1 章•

---

# 作業者の絶縁保護

┌─ 講習のねらいとポイント ─┐

　この章では感電災害における被害者の通電部位とそれに適合する絶縁用保護具について学習します。

## 1　保護の部位と絶縁用保護具

　感電災害を防ぐには、人体への電気の流入並びに流出を回避することが重要です。

　活線作業中の感電災害において被害者の通電部位をみると手からの通電がもっとも多く、次に、肩、上腕、背の順になっています。

　また、人体に電流が流れるとその人体にさまざまな反応が表れます。たとえ足の部分の絶縁を確保しても電撃反応があるので、一概に感電を回避できることにはなりません。

⑴　**感電災害で被害者の通電部位の多い順番と適合する保護具例**

　　○ 手……………………高圧電気絶縁用ゴム手袋

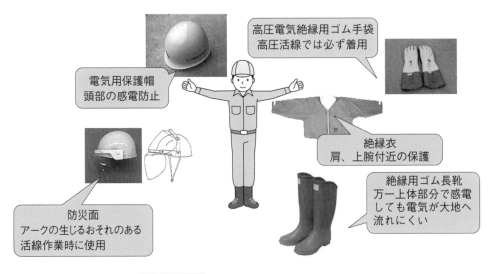

電気用保護帽
頭部の感電防止

高圧電気絶縁用ゴム手袋
高圧活線では必ず着用

絶縁衣
肩、上腕付近の保護

絶縁用ゴム長靴
万一上体部分で感電
しても電気が大地へ
流れにくい

防災面
アークの生じるおそれのある
活線作業時に使用

**図 4 - 1 - 1　作業者の絶縁用保護具**

○ 肩、上腕、背………絶縁衣
○ 頭………………電気用保護帽

表4-1-1　感電災害を防ぐには

| 使用目的 | 保護具と用途 | |
|---|---|---|
| 人体への電気の侵入防止 | 高圧電気絶縁用ゴム手袋 | 手先を防護する。 |
| | 絶縁衣 | 肩の部分が充電部に直接接触しないようにする。 |
| 人体からの電気の流出防止 | 絶縁用長靴 | 足から大地への電気の流出を防護する。 |
| 頭からの感電防止 | 電気用保護帽 | 頭部を防護する。 |

※電気用保護帽は、一般作業用の飛来・落下物あるいは墜落から頭部を保護するために必要な機械的強度も必要。

　活線作業においては、事業者は作業者に必ず絶縁用保護具を着用させなければなりません。
　作業者は絶縁用保護具を着用しなければなりません。

　なお、高圧活線作業に高所作業車など絶縁性能を有するものを使用する場合であっても、感電の危険が生ずるおそれもあります。
　したがって、このような場合であっても、絶縁衣、高圧電気絶縁用ゴム手袋など絶縁用保護具を着用します。
　同様に、活線作業用装置や活線作業用器具を使用して活線作業を行う場合においても、作業者は、絶縁用保護具を着用するのがよいでしょう。

⑵　活線作業を安全かつ確実に行うには
・電気設備などの電気的および機械的性能を十分に理解する。
・十分な作業知識と技能を有する作業者が実施する。
・作業者の身体を保護するために絶縁用保護具を着用する。
・電路には絶縁用防具を用いる。（あるいは活線作業用器具や装置を使用する。）
・特別高圧活線作業は、常に充電部分の使用電圧に応じた接近限界距離を確保する必要がある。（特別高圧に対する絶縁用保護具・防具などはないことによる。）

## (3) 活線作業の具体例

　架空配電線路や引込線などの作業では、電路が充電された状態の電線などを直接取り扱うことがあります。

表4-1-2 活線作業の具体例

| 作業部位 | 活線作業 |
|---|---|
| 配電線作業に伴う作業。<br>（電路の新設、増設、取替えなど） | ・充電部分の電線切断・接続 |
| 機械器具の点検・取替え作業に伴う作業。<br>（変圧器、開閉器、避雷器など） | ・充電部分の電線切断・接続<br>・コネクターなどの取外し・締付け |
| 支持物取替え作業に伴う作業。<br>（電柱、がいし、腕金、など） | ・充電部分の電線の移設 |

## 2　活線作業時の留意事項

### (1) 絶縁用保護具の着用

　活線作業を行う作業者は、充電部に接近する前に絶縁用保護具を着用し、活線作業中は絶対脱いではいけません。

　柱上作業の場合にあっては、地上で電気用長靴および絶縁衣を着用してから昇柱します。電気用ゴム手袋に関しては、作業者の身体の他、取り扱う工具や器具が充電部に接近し感電の危険が生じるおそれのある位置に近づく前に着用する必要があります。

### (2) 悪天候時の作業

　絶縁用保護具を着用していても、雨にぬれると、絶縁が低下し、とても危険です。天候の悪い時、特に雨天や雷の時の作業は中止することの判断が必要です。

### (3) 接近限界距離

　電路が特別高圧の場合、特別高圧用の絶縁用保護具はないので、作業者の動作域や作業用工具類を考慮して充電電路の電圧に応じた接近限界距離を保つ必要があります。

　（第1編第2章2　接近限界距離参照）

# •第2章•

# 充電電路の防護

【講習のねらいとポイント】
　この章では作業環境が良好でない場所で充電部分を取り扱う場合や、接近して電気工事を行う場合の感電の危険防止について学習します。

## 1　保護の対象物と絶縁用防具

　安衛則第342条（高圧活線近接作業）には、「事業者は電路又はその支持物の敷設、点検、修理、塗装等の電気工事の作業を行う場合において、当該作業に従事する労働者が高圧の充電電路に接触し、又は当該充電電路に対して頭上距離が30cm 以内又は躯側距離若しくは足下距離が60cm 以内に接近することにより感電の危険が生ずるおそれのあるときは、当該充電電路に絶縁用防具を装着しなければならない。」と規定されています。

　しかし、充電電路を取り扱う場合危険が伴うので計画的に停電して工事や取り扱いをするようにしてください。

・防護を必要とする主な対象物として
　　○　電線の露出充電部（接続部付近で被覆に損傷があり、電線が露出している場合がある。）
　　○　高圧機器の充電部（変圧器、開閉器、進相コンデンサ、避雷器など）の端子
　　○　接地物（接地線、機器の外箱、メッセンジャワイヤ、支線、腕金などの装柱金物など）
・防具として
　　○　絶縁管
　　○　絶縁じゃばら管
　　○　専用の端子カバー
　　○　絶縁シート
　などがあります。

| a 絶縁管 | b 絶縁じゃばら管 | c 絶縁シート |
|---|---|---|
| (電線の直線部分) | (電線の屈曲部分) | (電線の分岐や縁回し等) |

図4-2-1 装着する防具と保護の対象物

## 2 防具の装着と撤去

防具を装着又は撤去させるときに充電電路に触れるおそれがあるため、装着又は撤去に当たっては絶縁用保護具の着用が必要です。特に作業者の死角に入る充電部には注意が必要です。

(1) **作業時の留意事項**

①作業の指示

・作業指揮者は、防護作業を直接指揮する。

(作業者に対し、防護の方法および手順を指示する。)

②保護具の着用と確認

・防護を行う作業者は、絶縁用保護具を着用する。

・作業指揮者は着用状態を確認し、不備な点があれば直す。

③柱上での防護作業

・柱上での防護作業は、万一感電災害が発生した場合に、即、救助できるよう、原則として2名以上で行い、単独作業は避ける。

・防護作業を行う際は、足場台などを使用し、安定した姿勢で絶縁用防具を装着する。

④電線等の端末に対する注意

・電線の切断面では、電線の端末が電気用ゴム手袋や絶縁用保護具に刺さることがあるので、十分、注意する。

・電線切断後は絶縁キャップ等を被せる。

・バインド線の切り口は作業前に内側に折り曲げて丸くしておく。

(2) **防護の方法（例）**

①電気用絶縁管の取り付け

・高圧電線等の直線部分には「電気用絶縁管」を使用する。

・絶縁管の装着は、作業者の身体に近い方から行う。

・撤去は、装着と逆の順序で、身体から遠い方から行う。

・取付後は、割れ目を下にして、がいしの方に充分引き寄せておく。

・絶縁管を複数本取付ける場合は、１本取付け後、引き続いて、絶縁管相互の凹凸を接続して取付けるようにする。

②絶縁シートの取り付け

・ピンがいしや耐張がいし等、直線部分以外には、「絶縁シート」を取付ける。

・絶縁シートの装着は、作業者の身体に近いがいしから行う。

・撤去は、装着と逆の順序で、身体から遠いがいしから行う。

・絶縁シートは、ゴムひもにより縛るか、シートクリップで止める。

・絶縁用防具は、ゴムひもやシートクリップ等で確実に固定する。
（防具の移動や、脱落することによる充電電路の露出防止。）

### (3)　接地物の防護

活線作業を行っているとき、高圧充電部に作業者の身体が触れた場合、低圧電線や引込線の接地線、または接地物となっている支持物や支線などに身体の一部が接触していると、充電部から身体を通り、接地物へと電流が流れる危険があります。そのため、接地線や接地物にも絶縁用防具（絶縁管や絶縁シートなど）を取り付けて保護します。

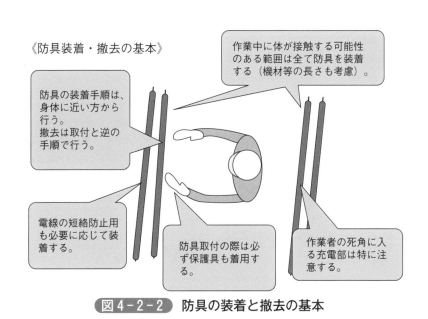

《防具装着・撤去の基本》

作業中に体が接触する可能性のある範囲は全て防具を装着する（機材等の長さも考慮）。

防具の装着手順は、身体に近い方から行う。
撤去は取付と逆の手順で行う。

電線の短絡防止用も必要に応じて装着する。

防具取付の際は必ず保護具も着用する。

作業者の死角に入る充電部は特に注意する。

図４－２－２　防具の装着と撤去の基本

# •第3章•

# 活線作業器具および工具の取扱

> **講習のねらいとポイント**
> この章では活線で充電部分を取り扱う場合に用いる、活線作業器具や工具の取扱などについて学習します。

安衛則第341条（高圧活線作業）には、「事業者は高圧の充電電路の点検、修理など充電電路を扱う場合において感電の危険が生ずるおそれのあるときは、作業者に活線作業用器具や活線作業用装置を使用させなければならない。」と規定されています。

しかし、充電電路を取り扱う場合危険が伴うので計画的に停電して工事や取り扱いをするようにしてください。

特別高圧の充電電路、その支持がいしおよび充電電路に近接した支持物などの点検・修理・清掃などの電気工事の作業を行う場合、特別高圧用の絶縁用保護具および絶縁用防具は無いので、作業者の感電を防止するために、活線作業用器具や活線作業用装置を使用します。

## 1  活線作業用器具

点検、修理などで充電電路を取扱う作業を行う場合や、絶縁用防具の装着などを行う場合に、必要に応じて活線作業用器具・活線作業用装置を使用します。

なお、特別高圧の充電電路等に近接して点検・修理・清掃作業などを行う場合も、作業者の感電を防止するために使用します。

活線作業用器具・装置は、常に耐電圧性能を保ち、耐電圧試験の基準を合格したものでなければなりません。一定基準以下の場合は、直ちに補修するか、取り替える必要があります。

活線作業用器具は、手に持つ部分が絶縁材料で作られた棒状の絶縁工具で、間接活線用操作棒（ホットスティック）、操作用フック棒などがあります。

146

第
4
編

高圧又は特別高圧の活線作業および活線近接作業

　活線作業用器具を使用して作業する際は、絶縁用ゴム手袋と絶縁用ゴム長靴などの絶縁用保護具を着用し、安定した足場で行います。

### ⑴　間接活線用操作棒（ホットスティック）

　間接活線用操作棒（ホットスティック）は、充電された高圧電路などを活線のまま工事を行う場合に使用する工具です。

　先端にペンチやドライバーを取付けることができ、様々な作業が可能です。

　直接充電電路に接する部分と作業者が手に持って操作する部分の間は、電気的に絶縁されています。

　ホットスティックを使用する際は、握る部分以外は絶対に触れてはいけません。

　先端部の赤い部分より上は、他の充電部および接地物に接近・接触しないようにします。

**図4-3-1**　間接活線用操作棒（ホットスティック）

### ⑵　操作用フック棒

　受変電設備内の断路器や高圧気中負荷開閉器・LBSを開放する時に使用します。

　絶縁用ゴム手袋を着用し、安定した姿勢で素早く操作します。

　高圧用は安全上、フック棒に示されている赤い線より内側を握って操作します。

　高圧用の断路器のように、負荷電流を遮断できない開閉器がありますので、操作にあたっては特に注意が必要です。

　高圧カットアウト操作棒は充電中の高圧カットアウトを操作する場合に使用します。

**図4-3-2** 断路器操作用フック棒（ディスコン棒）の操作

**図4-3-3** 高圧カットアウト操作棒の使用（停電）

　また、柱上変圧器一次側の円筒型高圧カットアウトなどを開閉する操作用フック棒を使用する場合の注意点として、

① 開放は身近なものから行い、人通りに注意しながら行います。

② 姿勢を整えて一気に開放します。

③ 変圧器一次側を開放する際、アーク発生のおそれがあるので、低圧側を開放した後に行います。

**図4-3-4** 高圧カットアウトなどを開閉する操作用
フック棒を電柱で操作する場合

## 2　活線作業用工具

　活線作業で使用する工具としては、絶縁カッターや絶縁ペンチ、絶縁ス
パナ等の絶縁工具があります。

**図4-3-5** 絶縁カッター

## 3　活線作業用装置

　活線作業用装置は絶縁体で作業者を大地から完全に切り離した状態にす
るもので、対地絶縁を施した絶縁高所作業車、絶縁はしごなどがありま
す。

### ⑴　絶縁高所作業車

　絶縁高所作業車は高所の活線作業を、安全かつ簡単にするための直伸型
または屈折型のブームをそなえた作業車です。

　上部のブームは絶縁材料が使用されているものが多く、さらにバケット

も絶縁材料が使用されています。

　ただし、直接活線作業の場合、二重安全のため、作業者は電気用保護帽、絶縁用ゴム手袋、絶縁用ゴム長靴等の絶縁用保護具を着用することが規定されています。

　車体は必ず接地します。

　なお、送配電線などに接近して使用する際は、ブームとの間に電路の電圧に応じた離隔距離を保つ必要があります。

図4-3-6　高所作業車での作業

(2)　**絶縁はしご**

　絶縁はしごは、電気絶縁材料で作られており、活線作業用移動足場として使用します。

　また、配電線路の工事で昇降用としても使用します。

図4-3-7　絶縁はしごの使用

# ·第4章·

# 安全な距離の確保

┌─ 講習のねらいとポイント ─┐

　この章では充電部に接近して作業を行う場合、確保する離隔距離などについて学習します。

　充電部の近くで、他の充電部、または、その支持物などの敷設、点検、修理などの作業を行う場合、これを活線近接作業といいます。

　この作業は、活線作業でないことから防護が不十分のまま作業を実施してしまい、感電災害を発生するおそれがあります。

　そのため、近接範囲に入る場合は絶縁用保護具を着用し、絶縁用防具を取付けるとともに、安全な離隔距離を確保しなければなりません。

## 1　離隔距離の確保

### (1)　電路の電圧による離隔距離

　特別高圧では、高圧のように絶縁用ゴム手袋を装着し、直接、手で触れて充電部を取扱う活線作業はできません。

　特別高圧の充電部の近くでの作業を行う場合は、絶縁用保護具を着用し、活線作業用器具・装置を使用します。また、充電電路の電圧に応じた「接近限界距離」（第1編第2章**表1-2-1**参照）を保ちながら、活線作業用具、活線作業用装置を用いて作業をします。

　また、接近限界距離の位置に標識等を設けるか、監視人を置いて作業を監視させます。

　なお、接近限界距離とは、作業者の身体または作業者が取扱っている金属製の工具、材料などの導電体が、特別高圧の充電電路に最も接近した部分と、当該充電電路との最短直線距離をいいます。その時の当該電路の電圧は、常規電圧だけでなく、電路内部に発生する雷サージや開閉サージ等の異常電圧も考慮します。

送電線や配電線等の充電電路の近傍で作業を行う際、異常接近を防止するためにこれら安全な離隔距離を保たなくてはいけません。(**表4-4-1**)

　ただし、高圧、低圧の場合は、絶縁用防具などを電路に装着することにより、離隔距離以内に接近し作業を行うことができることとなっています。

　安衛則第570条（鋼管足場）では架空電路に近接して足場を設ける時は、架空電路を移設し、架空電線路に絶縁用防護具の装着等の接触防止措置を行わなければならないと規定されています。なお、ここでの「電路を移設する」とは通達にて離隔距離以上に離すことが説明されています。(昭和34年2月18日付け基発第101号)

　また、安衛則第339条（停電作業を行なう場合の措置）には「電路を開路して、近接する電路若しくはその支持物の敷設、点検、修理、塗装等の電気工事の作業又は当該電路に近接する工作物の建設、解体、点検、修理、塗装等の作業を行なう場合（一部抜粋）」と記載されており、安衛則第570条（鋼管足場）と安衛則第339条（停電作業を行なう場合の措置）に「近接して（する）」との用語が記載されていますが、この部分は**表4-4-1**の離隔距離内と通達に説明されています。(昭和35年11月22日付け基発第990号、昭和34年2月18日付け基発第101号)

　安衛則第349条（工作物の建設等の作業を行なう場合の感電の防止）の通達では送配電線の近くでクレーン等を使用する時は、安全のためクレーンのブームやワイヤロープと送配電線との間に電圧に応じた離隔距離（**表4-4-1**）をとらなければならないと説明されています。なお、作業を行う場合は、監視責任者を配置することや電気事業者等送配電線類の所有者との作業計画（日程、方法、防護措置、監視の方法、送配電線類の所有者の立会い等）の事前打合せ、関係作業者に対し、作業標準を周知させることも合わせて通達に説明されています。(昭和50年12月17日付け基発第759号)

**表4-4-1** 離隔距離

| 電路の電圧 | 離隔距離 |
|---|---|
| 特別高圧 | 2m、ただし、60,000V以上は10,000V又はその端数を増すごとに20cm増し。 |
| 高圧 | 1.2m |
| 低圧 | 1m |

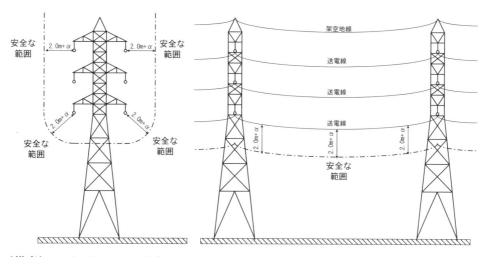

〔備考〕αは、60,000V 以上は10,000V 又はその端数を増すごとに 20cm 増す距離

**図4-4-1** 送電線路の安全な距離

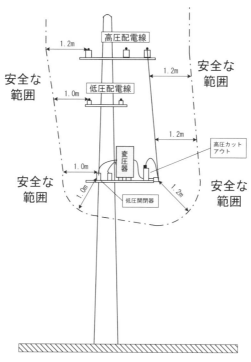

**図4-4-2** 配電線路の安全な距離

## (2) 安全な距離の確保

　高圧活線近接作業時の安全な距離の確保ですが、架空配電線の電柱に昇柱する場合、高圧充電部分までの安全距離は、頭上30cm 超過となります。

　避雷器の点検等で安全距離以内に接近する場合は、電気用保護帽・高圧

電気絶縁用ゴム手袋・絶縁用ゴム長靴を着用して作業します。

安全な距離の確保

高圧 6,600V の架空電線路では、
頭上 30cm 超過
身体側 60cm 超過

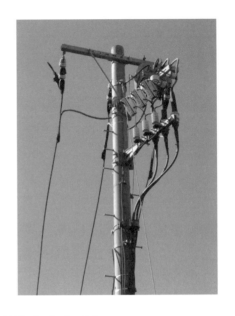

　**図4-4-3**は、防具を装着すべき範囲を示したものです。

　第3編第1章「絶縁用保護具および防具」3「絶縁用防具」の説明にもあるとおり、安衛則第342条（高圧活線近接作業）により、高圧充電路に対して、頭上距離30cm 以内、躯側距離・足下距離60cm 以内に接近するような場合は、その範囲内の充電電路を防護しなければなりません。

　右の図のようにしゃがんだ状態でも、膝下60cm 以内に充電電路が接近する場合は防護をする必要があります。

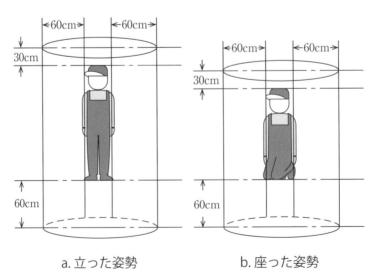

a. 立った姿勢　　　　b. 座った姿勢

**図4−4−3**　防具を装着すべき範囲(例)

ただし、作業者が絶縁用保護具を着用するか、又は安全な距離が保たれる場合は、この限りではありません。

**図4-4-4**は、組み立て電気室の内部です。この様な場所では、身体の周辺は60cm超過の安全距離が必要です。

一部を充電したまま作業する場合などには、区画ロープや防護壁を設けて、物理的に充電部に接近しないような対策を講じることが有効です。

しかし、60cm以内に接近する場合は、保護具を装着しなければなりません。

**図4-4-4** 屋内組立式電気室の例

# ·第5章·

# 停電回路に対する措置

講習のねらいとポイント

　この章では、作業や点検のために電気を停電・送電する場合、誤動作や誤送電による災害を防止するための措置などについて学習します。

　安衛則第339条（停電作業を行う場合の措置）には、事業者は電路を開路して、当該電路又はその支持物の敷設、点検、修理、塗装等の電気工事の作業を行うときは、当該電路を開路した後に、開路に用いた開閉器に、作業中、施錠し、若しくは通電禁止に関する所要事項を表示し、又は監視人を置くことになっています。

## 1　停電作業

　電気主任技術者等は、停電作業における作業安全を確保するため、停電操作および送電操作に伴う作業に立ち会わなければなりません。

　作業を行う者は、感電による災害を防止するため、定められた作業手順により実施しなければなりません。

　停電作業を行う場合は、**表4-5-1**に掲げる実施手順に従って実施します。各作業の実施にあっての留意事項は、**表4-5-1**の右欄のとおりです。

**表4-5-1** 停電作業の実施手順と留意事項

| ①作業計画の立案 | 作業計画の立案に当たっては、作業現場の状態をよく把握して無理のない計画を立てるとともに、停電のための機器操作手順書を作成する。 |
|---|---|
| ②安全用具の確認 | a．保護具、防具等安全用具の外観上の点検を行い、異常のないことを確認する。<br>b．検電器の性能を検電器チェッカ等で確認する（現場では、テストボタン等により確認する）。 |

| ③作業前の打合せ（TBM） | 　2名以上で作業を行う場合、作業責任者を定めて作業前の打合せを行い、作業者全員に周知徹底する。<br>a．作業内容及び作業分担<br>b．作業方法及び手順<br>c．作業時間及び停電時間<br>d．作業範囲と充電部分及びその表示方法（電路の一部のみ停電し、充電部分に近接する場合は特に注意を要する。）<br>e．作業環境<br>f．現状のスイッチ位置の確認 |
|---|---|
| ④停電操作 | 　停電操作の主な手順は次のとおりである。<br>a．低圧開閉器、遮断器の開放<br>b．主遮断装置の開放<br>c．断路器の開放<br>d．引込口に区分開閉器がある場合は、区分開閉器の開放<br>e．投入禁止標識の取付け |
| ⑤検電 | a．高圧検電器で作業範囲の電路の検電を行う。<br>b．検電は、三相とも無電圧であることを確認する。 |
| ⑥残留電荷の放電 | 　安全な方法により当該残留電荷を確実に放電させる。（安衛則第339条）<br>　以下に安全な方法の例を示す。<br>a．放電棒により放電させる。<br>b．短絡接地器具により接地して放電させる。<br>c．断路器操作用ディスコン棒の先に接地線をつけ放電させる。<br>※　コンデンサ及び高こう長電路においては充電電流が大きく、残留電荷による電撃等の危険性が大きいことから確実に放電を行う。 |
| ⑦短絡接地器具の取付け | 　短絡接地器具を用いて確実に短絡接地させる。（安衛則第339条）<br>　短絡接地器具の取付けは次の手順で行う。<br>a．先に接地側電線を接地極に確実に取り付ける。<br>b．停電した電路の一番電源に近い箇所に電路側器具を三相とも確実に取り付ける。<br>c．接地標識を取り付ける。<br>※　短絡接地器具の取付作業は、絶縁用保護具（電気絶縁用手袋）を着用して行う。（安衛則第342条） |
| ⑧停電作業 | 　停電作業は、TBMで実施した作業手順どおりに行う。万一予定外作業の必要が生じたときは、全員が作業を中断して変更内容をTBMにより周知徹底し、作業を再開する。（単独での思い付き作業は絶対に行ってはならない。） |
| ⑨作業結果の見直し | 　作業終了後、次のチェックを行う。<br>a．予定した作業がすべて終了しているか。<br>b．配線に結線間違い、接続不良等はないか。<br>c．リード線の外し忘れ、工具類やウエスの置き忘れはないか。 |
| ⑩短絡接地器具の取外し | a．各相に取り付けた金具を三相とも取り外す。（安衛則第339条）<br>b．接地極に取り付けた金具を取り外す。 |

| | |
|---|---|
| | c．絶縁抵抗計により高圧電路の絶縁の確認を行う。<br>d．接地標識を取り外す。<br>e．作業者の退避 |
| ⑪送電操作 | 　送電操作はすべての開閉器、遮断器の開放を確認の後、実施する。<br>a．投入禁止標識を取り外す。<br>b．保護継電器操作用開閉器のみ投入<br>c．引込口の区分開閉器の投入<br>d．断路器の投入（受電電圧を確認する。）<br>e．主遮断装置の投入（低圧側の各盤の電圧を確認する。）<br>f．低圧動力各バンクで相回転を確認する。<br>g．低圧開閉器の投入（使用設備に供給されていることを確認する。）<br>※上記順番は装置の状況により入れ替わる。 |

出典：JEAC8021-2023「自家用電気工作物保安管理規程」（表250-3）〔（一社）日本電気協会〕

## 2　停電作業を行う場合の措置

　定期点検等で電気設備を停電した際に誤認や機器の誤操作によって送電された場合は、当然人身事故に結びつきます。

　誤認や誤操作による送電を起こさないようにするためには、停電した開閉器（PAS・キャビネット）などに

・作業中は鍵をかける

・通電禁止・投入禁止の標示札をかけておく

・監視人をおく

などの措置をする必要があります。

**図4-5-1** キャビネットへの投入禁止標示例

## 3　残留電荷の放電と短絡接地器具の取付

　停電した回路に電力ケーブルや高圧コンデンサ等がある場合、残留電荷があるので、停電後放電棒や短絡接地器具等を用いて放電を行ってください。

　残留電荷の放電後、短絡接地器具を取り付け作業に入る流れとなります。

　停電後・残留電荷の放電時・短絡接地器具の取り付け時には、必ず検電器を用いての停電の確認を行ってください。

図4-5-2　放電棒による残留電荷の放電

図4-5-3　検電器による停電確認

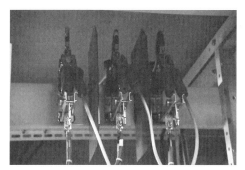

図4-5-4　短絡接地器具の取付

図4-5-5　短絡接地中の標示

## 4　逆昇圧・バックチャージ

　**図4-5-6**は、逆昇圧・バックチャージといわれる現象を示した図です。

　停電作業の際、例えば変電室内が暗く、照明回路に小型発電機によって送電することがあります。

　その際、図に記載されているように照明回路用の配線用遮断器が入りに

なっていた場合、赤矢印のように高圧側に昇圧されて、高圧側が停電していると思って作業している人が低圧側からの昇圧によって感電する危険性があります。

　したがって、小型発電機による電源確保の際には、仮送電している配線用遮断器には投入禁止等の標示札を取り付けるなどの対策をして逆昇圧がおきないような措置を施すことが必要です。

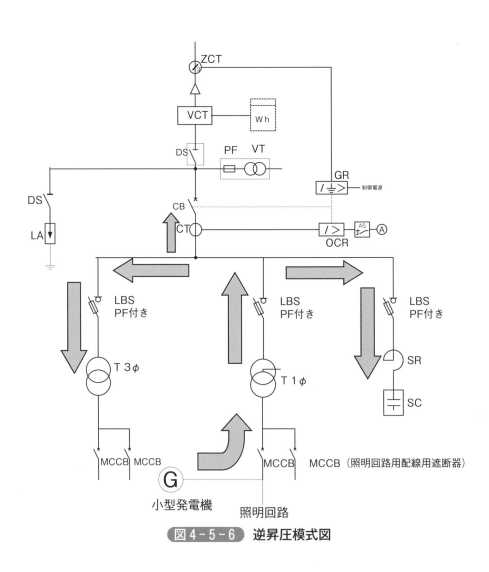

図4-5-6 逆昇圧模式図

通電禁止に関する事項の表示

「通電禁止に関する事項」とは！
■ 通電操作責任者の許可を得ることなく通電することを禁止する旨の表示等を指す。

① 通電操作責任者の氏名
② 停電作業内容・場所
③ 作業予定時間　等

図 4 - 5 - 7　開閉器などの通電禁止の措置

# ・第 6 章・

# 開閉装置の操作

> **講習のねらいとポイント**
> この章では、開閉装置の操作を行う場合、その手順などについて学習します。

　開閉器等の操作を行う場合は、定められた操作手順に従って安全に正しく行う必要があります。各機器を操作する場合は、必要に応じて保護具を着用します。

　また、開閉器等を開放した際には、誤投入による事故を防止するため、「通電禁止」の標識を行う等の措置を施すことが必要です。

## 1　高圧カットアウト（PC）

　高圧カットアウトは、高圧電路の負荷開閉、断路用及び変圧器一次側に設置して短絡保護、過負荷保護用などに使用されるほか、素通し線を挿入して断路器として使用することもあります。

　構造上から箱形・筒形に分類され一般的特長としては、

① 小形軽量で、かつ、堅ろうであり、他の開閉器などに比べて経済的。

② 単相、三相負荷に対し、装柱上簡便。

③ 充電部が防護されているので、保守上安全。

④ 開閉操作が容易にでき、負荷開閉、断路性能もすぐれている。

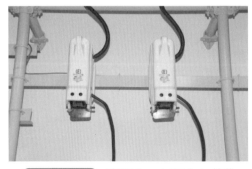

図4-6-1　高圧カットアウト(例)

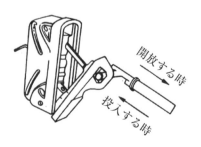

図4-6-2　PC 開閉操作

開放する時

投入する時

## (1)　高圧カットアウトの操作（停電）

| 手順 | ポイント | 補足説明 |
|---|---|---|
| 準備する | ①負荷を停止する。 | |
| | ②適正な位置で、しっかりとした足場を選ぶ。 | 保護具を着用する。 |
| 開閉器を開放する（「切」にする） | 高圧カットアウト操作棒をカットアウトのフックに差し込んで手前に引く。 | 身近な側から一気に開放する。 |

## (2)　高圧カットアウトの操作（送電）

| 手順 | ポイント | 補足説明 |
|---|---|---|
| 準備する | 適正な位置で、しっかりとした足場を選ぶ。 | 保護具を着用する。 |
| 開閉器を投入する | ①高圧カットアウト用操作棒をカットアウトのフックに差し込む。 | 一番外側から高圧カットアウト用操作棒をカットアウトのフックに差し込む。 |
| | ②開閉器を閉じる。 | 一気に閉じる。 |

## 2　断路器（ディスコン（DS））

　断路器は、高圧受電設備の点検修理などを行う場合、電路（電源）から設備を切り離したり、電路の接続変更をするために施設されます。

　他の開閉器は、負荷電流を開閉する機能をもっているのに対し、断路器は単に充電された電路、すなわち無負荷状態の電路を開閉するもので、負荷電流の開閉はできません。

　断路器は、断路器操作用フック棒（ディスコン棒）で操作します。

図4-6-3　断路器（例）

図4-6-4　ディスコン棒（例）

## (1) 断路器の操作（停電）

| 手順 | ポイント | 補足説明 |
|---|---|---|
| 準備する | 電路が無負荷状態であることを確認する。 | ①遮断器や開閉器を「断」にする。<br>②電流計により電流が流れていないことを確認する。 |
| 断路器を開放する（「切」にする） | ①ディスコン棒を握る。<br>②しっかりとした足場を選んで、直下をさける。 | ①保護具を着用する。<br>②両手でしっかりと握る。<br>③握り部より先端は握らないようにする。 |
| | ③ディスコン棒を操作し開放する。 | ①身近な側から始める。<br>②断路器のフック穴にディスコン棒のフックを引っかける。<br>③手前に引く。 |
| 安全措置をする | ①検電する。<br>②通電禁止処置をする。 | ①保護具を着用する。<br>②通電禁止札をかける。 |

## (2) 断路器の操作（送電）

| 手順 | ポイント | 補足説明 |
|---|---|---|
| 準備する | 電路が無負荷状態であることを確認する。 | ①遮断器や開閉器の「断」の状態を確認する。<br>②電流計などにより確認する。 |
| 安全措置を外す | 通電禁止処置を外す。 | 通電禁止札を外す。 |
| 断路器を投入する | ①ディスコン棒を握る。<br>②確実な足場を選び、直下をさける。 | ①保護具を着用する。<br>②両手でしっかりと握る。<br>③握り部より先端は握らないようにする。 |
| | ③ディスコン棒を操作する。 | ①一番外側から始める。<br>②断路器のフック穴にディスコン棒を引っかける。<br>③一気に投入する。 |
| 通電を確認する | 電圧計で確認する。 | 各相の電圧を測定する。 |

## 3　高圧開閉器（S、AS、VS、GS）

　高圧開閉器は、需要家との責任分界点に施設される区分開閉器や高圧配電線などの区分のために施設され、無負荷時の電路の開閉はもちろん、通常の負荷電流を安全に開閉することができるものです。

　従来は、油入開閉器が多く用いられていましたが、油の噴油、爆発火災の防止のため気中開閉器や真空開閉器が用いられるようになりました。

**図4-6-5** 高圧開閉器（柱上気中負荷開閉器（PAS）の例）

### (1)　高圧開閉器（手動式）の操作（停電）

| 手順 | ポイント | 補足説明 |
|---|---|---|
| 準備する | ①安定した足場を選ぶ。 | 柱上の場合は、墜落制止用器具を使用し、体をしっかりと保持するためにワークポジショニング用器具を用いる。 |
| | ②引きひも（引きづな）を両手にもつ。 | ①開閉器のない側に位置取る。<br>②顔をそらす体勢を整える。<br>③直下をさける。<br>④握り部をしっかりと握る。 |
| 開閉器を開放する（「切」にする） | 切り側を引く。 | ①一気に開放する。<br>②手ごたえ、音を確認する。<br>③開閉器本体の表示矢が「入」から「切」に切り替わったことを目視で確認する。 |
| 安全措置をする | ①引きひも（引きづな）を支持物に巻き付けておく。<br>※寒冷地では、ロープフィッカーを用いて支持物に固定する。 | 2～3回巻き付けたのち残りのひもを柱などの間にはさんで引く。 |
| | ②検電する。 | ①保護具を着用する。<br>②電圧計、電灯負荷などで確認する。 |
| | ③通電禁止処置をする。 | ③通電禁止札をかける。 |

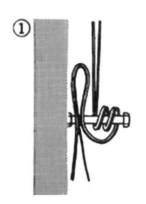 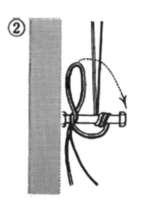 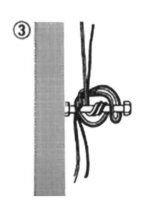

| 足場ボルトの向こう側から手前へ 2 ～ 3 回巻き付ける。 | 巻き付けたあと輪を作り、時計方向に 1 回ねじり、その先端を足場ボルトに引掛ける。 | 引掛けたあと、ひもを強くしたへ引き下げて締め付ける。 |

**図 4 - 6 - 6** 緊縛方法

## (2) 高圧開閉器（手動式）の操作（送電）

| 手順 | ポイント | 補足説明 |
|---|---|---|
| 準備する<br>安全措置を外す | ①停電を確認する。<br>②通電禁止処置を外す。 | ①保護具を着用する。<br>②電圧計、電灯負荷などで確認する。<br>③通電禁止札を外す。 |
| 開閉器を投入する | ①送電する体勢を整える。<br>②ひも（入り側）を引く。 | ①引きひもを両手にもつ。<br>②直下をさける。<br>③顔をそらせぎみにする。<br>④一気に投入する。<br>⑤開閉器本体の表示矢が「切」から「入」に切り替わっていたことを目視で確認する。 |
| 通電を確認する | 電圧計で確認する。 | 各相の電圧を測定する。 |

## 4 高圧交流負荷開閉器（ヒューズ付負荷開閉器（LBS））

　電力ヒューズと負荷開閉器とを一体に組合せ、通常の負荷電流の開閉と電力ヒューズによって短絡電流を遮断できるもので、遮断器に代る性能をもっています。

　遮断器と比べると開閉寿命が短く、短絡電流遮断後にヒューズリンクを

取り替えなければならないという欠点はありますが、経済的であり保守も容易です。また、遮断容量も大きく、限流作用もあるので、キュービクル式高圧受電設備のPF・S形の主遮断装置に用いられます。手動式と遠方操作式があります。

**図4-6-7** 高圧交流負荷開閉器（例）

## (1)　高圧交流負荷開閉器の操作（停電）

| 手順 | ポイント | 補足説明 |
|---|---|---|
| 準備する | ①低圧負荷を開放する。<br>②適正な位置でしっかりとした足場を選ぶ。 | 低圧開閉器を「切」にする。 |
| 開閉器を開放する<br>（「切」にする） | ①操作棒を開閉器の操作レバーに引っかける。<br>②開閉器を開く。 | ①保護具を着用する。<br><br>②一気に開放する。 |
| 安全措置をする | ①「入」「切」表示を確認する。<br>②停電を確認する。<br>③通電禁止処置をする。 | ①開閉器負荷側を検電する。<br><br>②通電禁止札をかける。 |

## (2)　高圧交流負荷開閉器の操作（送電）

| 手順 | ポイント | 補足説明 |
|---|---|---|
| 準備する<br>安全措置を外す | ①負荷側を点検する。<br><br><br><br>②通電禁止処置を外す。 | ①作業指揮者の指示による。<br>②送電される区間に人がいないのを確認する。<br>③通電禁止札を外す。 |
| 開閉器を投入する | ①操作棒を開閉器の操作レバーに引っかける。<br>②開閉器を投入する。 | ①保護具を着用する。<br><br>②一気に投入する。 |
| 通電を確認する | 電圧計で確認する。 | 各相の電圧を測定する。 |

## 5 遮断器（CB）

　遮断器は、機器の運転、停止あるいは線路の開閉など電路の常規状態の電流を開閉するとともに、機器又は線路の故障時に各種の保護継電器と組み合せて電路の異常状態の電流、特に短絡状態における故障電流を安全に遮断するために施設します。遮断器は、消弧原理により油、ガス、真空などがありますが、一般には真空遮断器が多く用いられております。

　遮断器は、その動作を確認するため、従来はパイロットランプが用いられておりましたが、最近では機械的表示が取り入れられ、遮断器のハンドル操作により、「入」「切」が表示される構造のものが使用されるようになっております。

図4-6-8　遮断器（例）

## (1)　遮断器の操作（停電）

| 手順 | ポイント | 補足説明 |
|---|---|---|
| 準備する | ①動作表示を確認する。 | パイロットランプ又は機械的表示による。 |
| | ②負荷を停止する。 | 低圧側主開閉器を開放する。 |
| 遮断器を開放する（「切」にする） | ①ロックを外す。<br>②ハンドルを手前に引く。 | 遮断器本体の表示が「切」になっていることを確認する。 |
| 検電する | ①動作表示を確認する。 | パイロットランプや機械的表示などを点検する。 |
| | ②遮断器の負荷側を検電する。 | 保護具を着用する。 |
| 安全措置をする | 誤って遮断器を投入されないようにする。 | 次のいずれかの処置を行うこと。<br>①監視人をおく。<br>② CB を引き出すなどして、機械的な施錠をする。<br>③通電禁止札をかける。 |

## (2)　遮断器の操作（送電）

| 手順 | ポイント | 補足説明 |
|---|---|---|
| 準備する | ①送電通知を徹底させる。 | ①作業指揮者の指示による。<br>②送電される区間に人がいないのを確認する。<br>③スピーカーなどで全員に通知する。 |
| | ②低圧側開閉器の「切」状態を確認する。 | |
| | ③通電禁止措置を外す。<br>④旋錠又は表示札などを外す。 | ①作業指揮者の指示による。<br>②安全処置を取り外す。 |
| 遮断器を投入する | ①ハンドルを持ち、前に押すようにして一気に投入する。 | クラッチにかかるまで操作する。 |
| | ②遮断器が投入されたことを確認する。 | パイロットランプや動作表示などによる。 |
| 通電を確認する | 電圧計で確認する。 | 各相を確認する。 |
| 低圧側開閉器を投入する | 主開閉器より順次に送電する。 | |

第4編　高圧又は特別高圧の活線作業および活線近接作業

169

## 6　機器の作業手順

　各機器を操作する場合は、必要に応じて保護具を着用します。

⑴　高圧カットアウトのヒューズ取替え

図4-6-9　ヒューズ筒の着脱（例）

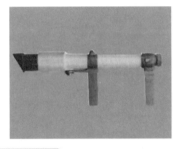

図4-6-10　高圧カットアウト用
ヒューズ筒（例）

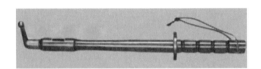

図4-6-11　高圧カットアウト操作棒（例）

| 手順 | ポイント | 補足説明 |
|---|---|---|
| ヒューズの溶断を確認しヒューズ筒を外す | ①ヒューズ溶断表示の動作による。 | 動作した場合はヒューズ筒下部赤色部分が密閉箱の外へ出る。 |
|  | ②カットアウトの蓋から外す。 |  |
| ヒューズを取り替える | ①ヒューズ筒のキャップを外し、残部を取り除く。 |  |
|  | ②新しいヒューズを挿入する。 | 適正なヒューズを選ぶ。 |
|  | ③ヒューズ先端を折り曲げ溝にそわせてヒューズ取付けねじにかける。 |  |
|  | ④スプリングを強く絞った後ねじを固く締める。 |  |
| ヒューズ筒を挿入し蓋を閉じる | ①ヒューズ筒保持金具にはめ込む。②接触刃を正しい位置に取り付ける。 |  |

注意事項

| ヒューズの溶断状況を調べる。 | ①雷害後はヒューズ筒にアークのあとがある場合や焼損している場合が多い。<br>②全てのヒューズが切れている場合は変圧器内部不良が多い。 |
|---|---|
| 変圧器まわりを点検する。 | ①変圧器の各部を検電する。<br>②異臭、油の吹きこぼれ、油もれ、温度上昇などを調べる。 |

## (2) 電力ヒューズの取替え

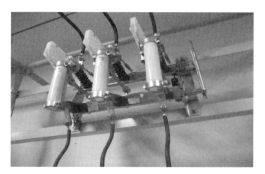

**図 4−6−12** 電力ヒューズ（例）

| 手順 | ポイント | 補足説明 |
|---|---|---|
| 電路を開放する | ① LBS（高圧交流負荷開閉器）を開放する。 | フック棒を使用する。 |
| | ②検電する。 | 保護具を着用して LBS の負荷側を検電する。 |
| ヒューズを外す | ①工具を使用してヒューズリンクの上部のヒューズキャリアを外す。<br>②ヒューズリンクの下部のヒューズキャリアを外す。 | |
| ヒューズを挿入する | ①新しい電力ヒューズのヒューズリンクの上部にヒューズキャリアを取り付ける。<br>②ヒューズリンクの下部にヒューズキャリアを取り付ける。 | 電力ヒューズが 1 〜 2 本溶断したときは、残ったヒューズの可溶体も劣化しているので、必ず 3 本とも取り替える。 |
| 電路を投入する | LBS の操作ハンドルにて電路を投入する。 | フック棒を使用する。 |

# ·第7章·

# 作業管理

> **講習のねらいとポイント**
> この章では高圧電路の作業における作業管理の要点について学習します。

　安衛則第350条（電気工事の作業を行う場合の作業指揮等）には、事業者は、「停電作業」、「高圧活線作業」、「高圧活線近接作業」、「特別高圧活線作業」または「特別高圧活線近接作業」の作業を行うときは、当該作業に従事する労働者に対し、作業を行う期間、作業の内容並びに取り扱う電路及びこれに近接する電路の系統について周知させ、かつ、作業の指揮者を定めて、その者に次の事項を行なわせなければならないとなっております。

---

・　労働者にあらかじめ作業の方法及び順序を周知させ、かつ、作業を直接指揮すること。

・　特別高圧活線近接作業の作業において、作業者に充電電路に対する接近限界距離を保たせる措置を講じて行うときは、標識等の設置又は監視人の配置の状態を確認した後に作業の着手を指示すること。

・　電路を開路して作業を行うときは、当該電路の停電の状態及び開路に用いた開閉器の施錠、通電禁止に関する所要事項の表示又は監視人の配置の状態並びに電路を開路した後における短絡接地器具の取付けの状態を確認した後に作業の着手を指示すること。

---

## 1　適切な作業計画の樹立

　高圧または特別高圧の活線作業・活線近接作業は、感電事故を防止するためには、全停電での作業が原則です。

　やむを得ず、活線作業や活線近接作業を行う場合は、単独作業でなく、

必ず作業指揮者を任命し、適切な作業計画に基づき、作業を進めることが重要です。

　作業管理の要点は次のとおりです。

○事前確認……………………関係個所に事前確認、必要事項を作業者に周知
○器具・工具などの適正な管理…………定期点検や保管場所の整理整頓
○事前打合せ……………………………………関係部門との入念な打合せ
○作業手順の作成とチェックの徹底……実施方法の確認と情報の共有化
○作業直前の打合せの徹底…… TBM—KY の実施とともに情報の共有化
○作業規律の厳正保持…………………作業指揮者と作業者の規律の保持
○予定外作業・手順の変更…………………作業中断し、関係者で打合せ

## 2　事前確認と器具などの適切な管理

　活線・活線近接作業は、充電状態での作業であるため、作業管理を厳重にする必要があります。

　まずは、作業指揮者を任命し、適切な作業計画を作成させることが重要です。作成にあたっては、①充電箇所の確認、②安全対策の方法、③作業位置、④作業人員、⑤作業時間、⑥使用する安全作業用具・工具などの必要数量を確認します。

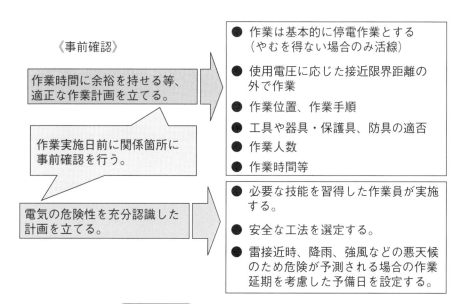

《事前確認》

作業時間に余裕を持せる等、適正な作業計画を立てる。

作業実施日前に関係箇所に事前確認を行う。

電気の危険性を充分認識した計画を立てる。

● 作業は基本的に停電作業とする（やむを得ない場合のみ活線）
● 使用電圧に応じた接近限界距離の外で作業
● 作業位置、作業手順
● 工具や器具・保護具、防具の適否
● 作業人数
● 作業時間等

● 必要な技能を習得した作業員が実施する。
● 安全な工法を選定する。
● 雷接近時、降雨、強風などの悪天候のため危険が予測される場合の作業延期を考慮した予備日を設定する。

**図 4-7-1　作業管理の要点（その 1）**

絶縁用保護具・防具の適切な管理
（耐電圧試験等の定期点検や保管場所の整理整頓）

電気工事および
作業の特殊性を
考慮した器具・
工具などの適切
な管理

電気用計測器類の適切な管理
（校正試験等の定期点検や保管場所の整理整頓）
（参考）自家用電気工作物保安管理規程（JEAC8021）で、
「校正・点検周期」が規定されている。

その他工具の事前点検

図4-7-2　作業管理の要点（その2）

## 3　事前打合せの徹底

・TBM、KY

現場においては、作業を開始する前に、作業指揮者と作業者全員で作業開始前の打ち合わせであるTBM（ツールボックスミーティング）を実施します。

TBMは、その日の①作業内容、②作業手順、③各自の作業分担、④活線作業および活線近接作業時の安全確保上遵守すべき事項、⑤緊急時の措置などについて打ち合わせを行い、全員、疑問が残らないようにします。

特に、充電箇所の確認と安全対策を現場で確認します。

また、現場に合ったKY（危険予知）も重要です。

作業に潜む危険を事前に予測して、その防止対策を確認しあいます。

## 4　作業規律の厳正保持

作業中は、決められたことを守ることが重要です。

作業指揮者は作業者の監視・監督に専念します。

作業者は作業指揮者の指示のもと、作業手順に従い実施し、勝手な行動はせず、各自の分担作業を正しく行います。

①作業指揮者の職務：作業の指示・工程管理・安全の確保

更に、作業指揮者は作業の進捗状況を把握するとともに、新たな作業や突発的、緊急的な作業が発生した場合は、まず、作業を一旦中断し、作業者全員を安全な場所に集合させます。

《事前打合せの徹底》

対象箇所：計画部門
　　　　　実施部門
　　　　　その他関係部門

《計画準備段階での関係各所との入念な打合せ》
① 作業内容
② 作業期日
③ 作業場所（作業環境）
④ 作業員の構成
⑤ 当日の連絡体制

《作業手順書の作成と
　　安全対策の徹底》
対象箇所：計画部門
　　　　　実施部門
　　　　　その他関係部門

《手順の確認とその安全対策》
① 当日の指揮命令系統・連絡体制とその妥当性
② 作業手順・方法に対する安全対策確認
③ 作業内容に対する安全対策の確認
④ 作業場所（作業環境）に対する安全対策の確認
⑤ 作業員の構成とその妥当性の確認
⑥ 異常事態発生時の対応方法について

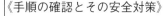

**図 4-7-3　作業管理の要点（その 3）**

作業事前の打合せの徹底
対象箇所：実施部門

《実施方法の確認と情報の共有化》
TBM（ツール・ボックス・ミーティング）で！
① 作業員の健康状態・服装等の点検
② 作業内容の確認
　　（手順・役割分担・指揮命令系統・連絡体制等）
③ 安全対策の確認
④ 材料・機材・工具類の確認
⑤ 異常事態発生時の対応方法について
　　KY（危険予知）で！
⑥ 作業員全員の視点で安全対策の再確認と対策の確認

**図 4-7-4　作業管理の要点（その 4）**

作業規律の厳正保持

《作業指揮者》

■ 監視・監督に専念（メリハリをつける）する。

■ 作業員の疲労度を把握し、適切な休憩をとらせる。

■ 作業環境に応じた安全対策を実施する。
（酷暑期・厳寒期・雨期など）

《作 業 者》

■ 指揮命令系統を遵守する。

■ 作業規律を保持する。（自分勝手な行動をしない。）

図 4 - 7 - 5　作業管理の要点(その 5 )

　次に、関係者と十分に打ち合わせをして、実施の可否を判断することが
大切です。

　なお、実施する際は、再度、作業内容や安全対策を作業者全員に周知し
ます。

②作業者の心得：作業指揮者の命令に従っての安全作業。勝手な行動を慎
　　　　　　　　む。体調の悪いときは自発的に申し出る。

　作業者は、作業中に疑問を持った場合や問題が起きた場合、自己判断せ
ず、作業指揮者に報告し、指示を受けます。

## 5　不安全な施設への対応

　安衛則上の作業時墜落・転落防止対策として、次のとおり掲げられてあ
る作業着手前に定められた基準以上の措置を施し、災害未然防止に資する
ことが必要です。

①　作業床の設置・要求性能墜落制止用器具の使用義務（安衛則第518条）

　　a．高さが2m以上の箇所で作業を行うときは、墜落の危険がある場
　　　合は足場を組み立てる等の方法により、作業床を設ける。

　　b．作業床を設置することが困難なときは、防網を張り、作業者は要
　　　求性能墜落制止用器具を使用する等墜落防止の措置を講じる。

② 開口部等に囲い等の設置（安衛則第519条）

　ａ．高さが２ｍ以上の作業床のはし、開口部等で、墜落の危険がある箇所には囲い、手すり、覆い等を設ける。

　ｂ．囲い等が設置不能な場合は、要求性能墜落制止用器具で行動範囲を限定し、墜落防止を図る。

③ 要求性能墜落制止用器具等使用の義務（安衛則第520条）

　労働者は、要求性能墜落制止用器具等の使用を命じられたときは、これを使用する。

④ 要求性能墜落制止用器具等の取付設備等（安衛則第521条）

　ａ．高さが２ｍ以上の箇所で作業を行う場合において、作業者が要求性能墜落制止用器具等を使用するときは、要求性能墜落制止用器具等を安全に取り付ける設備等を設ける。

　ｂ．要求性能墜落制止用器具等及びその取付け設備の異常の有無について、随時点検する。

⑤ 悪天候時の作業禁止（安衛則第522条）

　高さが２ｍ以上の箇所で作業を行う場合において、強風、大雨、大雪等の悪天候のため危険が予想されるときは、作業を中止する。

⑥ 必要な照度の保持（安衛則第523条）

　高さが２ｍ以上の箇所で作業を行うときは、作業を安全に行うために必要な照度を保持する。

⑦ スレート等屋根の危険防止措置（安衛則第524条）

　スレート、塩化ビニル等の材料でふかれた屋根の上で作業を行う場合において、踏抜きにより、労働者に危険を及ぼすおそれのあるときは、幅が30cm以上の踏板を設け、防網を張る等踏抜きによる危険を防止するための措置を講じる。

⑧ 関係作業者以外の立入禁止（安衛則第530条）

　墜落により危険を及ぼすおそれのある箇所には、関係作業者以外の作業者を立ち入らせない。

# ·第8章·

# 救急処置

> **講習のねらいとポイント**
> この章では万が一感電による被災者が発生した場合の救命処置の基礎的な事項を
> 学ぶとともに、骨折・熱傷及び熱中症を起こした傷病者に対する応急手当について
> 学習します。

## 1　応急手当の重要性

　けが人（以下「傷病者」という。）が発生した場合、バイスタンダー
（その場に居合わせた人）が応急手当を速やかに行えば、傷病者の救命効
果が向上し、治療の経過にも良い影響を与えます。実際の救急現場におい
ても、バイスタンダーが応急手当を行い救急隊員等に引き継ぎ、尊い命が
救われた事例が数多く報告されています。

　緊急の事態に遭遇した場合、適切な応急手当を実施するには、日頃から
応急手当に関する知識と技術を身に付けておくことが大切です。また一人
でも多くの人が応急手当をできるようになれば、お互いに助け合うことが
できます。

### (1)　応急手当の目的

　応急手当の目的は、「救命」「悪化防止」「苦痛の軽減」です。

### (a)　救命

　応急手当の一番の目的は、生命を救うこと、「救命」にあります。応急
手当を行う際は、この救命を目的とした応急手当である「救命処置」を最
優先します。

### (b)　悪化防止

　応急手当の二番目の目的は、けがや病気を現在以上に悪化させないこと
（悪化防止）にあります。この場合は、傷病者の症状、訴えを十分把握し
た上で、必要な応急手当を行います。

### (c) 苦痛の軽減

傷病者は、心身ともにダメージを受けています。できるだけ苦痛を与えない手当を心がけるとともに、「頑張ってください。」「すぐに救急車が来ます。」など励ましの言葉をかけるようにします。

### ⑵ 応急手当の必要性

突然の事故や病気など救急車を呼ぶような現場に遭遇したとき、救急隊員や医療従事者が来るのを待たないで、なぜ応急手当を行う必要があるのでしょうか。

### (a) 救急車到着までの救命処置の必要性

救急車が要請を受けてから現場に到着するまでの平均時間は、東京都内で7 〜 8分です。たかが7 〜 8分、しかし、この救急車到着までの空白の7 〜 8分間が傷病者の生命を大きく左右することになります。

救命曲線（**図4-8-1**参照）によると、心臓や呼吸が止まった人の命が助かる可能性は、その後の約10分間に急激に少なくなっていきます。そのことからも、傷病者を救命するには、バイスタンダーによる応急手当が不可欠といえます。

### ＜救命曲線＞

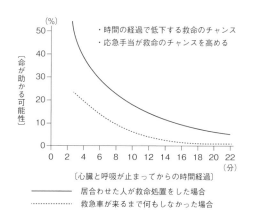

（Holmberg M；Effect of bystander cardiopulmonary resuscitation in out-of-hospital cardiac arrest patients in Sweden. Resuscitation 2000；47（1）59-70. から一部改変）
応急手当の開始が遅れても、その意味が全くなくなるというわけではありません。
早く応急手当が開始されれば、それだけ救命効果が高くなることは当然ですが、開始が遅れたとしても、少しでも蘇生の可能性があれば、その可能性に懸けた積極的な応急手当が望まれます。

**図4-8-1** 救命曲線

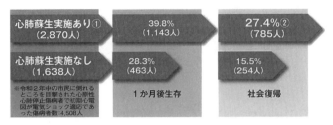

①市民による心肺蘇生の割合は、63.7%
②市民による心肺蘇生が実施された場合の1か月後の社会復
　帰率は実施しなかった場合より1.8倍高い。
　　　　　　　出典：総務省消防庁「令和3年版　救急・救助の現況」

図4-8-2　市民による心肺蘇生実施の有無別の1か月後社会復帰率の比較

## (b) 救命の連鎖の重要性

　心停止や窒息という生命の危機に陥った傷病者や、これらが切迫している傷病者を救命し、社会復帰に導くためには、①心停止の予防、②早期認識と通報、③一次救命処置（心肺蘇生とAED）、④二次救命処置と集中治療の4つが連続して行われることが必要です。これを「救命の連鎖」と呼びます。

　この4つのうち、どれか1つでも途切れてしまえば、救命効果は低下してしまいます。

　特に「救命の連鎖」の最初の3つは、バイスタンダーにより行われることが期待されます。

　心停止の予防　　　早期認識と通報　　　一次救命処置　　　二次救命処置と
　　　　　　　　　　　　　　　　　　（心肺蘇生とAED）　　　集中治療

図4-8-3　救命の連鎖の重要性

## (c) 自主救護の必要性

・事業所では、傷病者を速やかに救護するため、組織的に対応する救護計画を樹立しておくことが望まれます。
・応急手当用品を普段から備えておき、不測の事態に対応できるようにしておくことが望まれます。

### (d) 他人を救おうとする社会が自分を救う

傷病者が発生したとき、放置することなく、誰かがすぐに応急手当を行うような社会にすることが必要です。

そのためには、まず、あなたが応急手当の正しい知識と技術を覚えて、実行することが大切です。他人を助ける尊い心（人間愛）が応急手当の原点です。

## 2　救命処置

### (1)　用語の定義

① **救命処置**：傷病者の命を救うために行う「心肺蘇生」、「AEDを用いた電気ショック」、「気道異物除去」の3つの処置をいいます。救急隊員や医療従事者でなくても誰でも行うことができます。

その他の応急手当（ファーストエイド）とは、バイスタンダーが心停止や気道異物以外の傷病者を助けるための最初の行動をいいます（狭義の応急手当）。また、救命処置と狭義の応急手当を併せて、広義に応急手当といいます。

② **心肺蘇生（CPR）**：反応と普段どおりの呼吸がなく、呼吸と心臓が停止もしくはこれに近い状態に陥ったときに、呼吸と心臓の機能を補助するために「胸骨圧迫」と「人工呼吸」を行うことをいいます。

※心肺蘇生は、英語でcardio（心臓）pulmonary（肺）resuscitation（蘇生）といい、頭文字をとってCPRと略称されています。

③ **AED（自動体外式除細動器）を用いた電気ショック**：不整脈によって心臓が停止しているときに、AED（自動体外式除細動器）を用いて電気ショックを行うことをいいます。

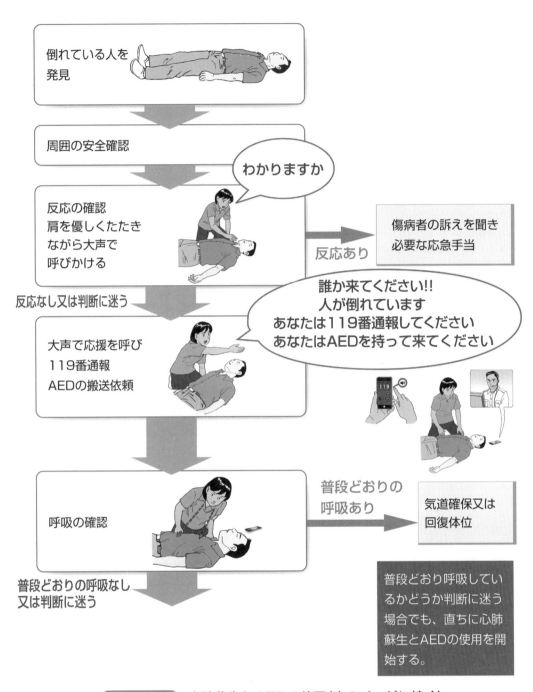

図4-8-4　心肺蘇生とAEDの使用（次のページに続く）

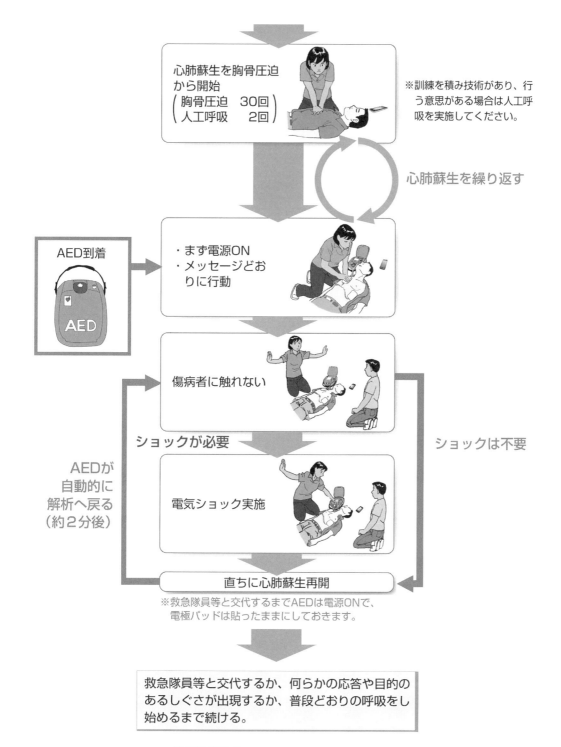

心肺蘇生を胸骨圧迫から開始
（ 胸骨圧迫　30回 ）
（ 人工呼吸　　2回 ）

※訓練を積み技術があり、行う意思がある場合は人工呼吸を実施してください。

心肺蘇生を繰り返す

AED到着

・まず電源ON
・メッセージどおりに行動

傷病者に触れない

ショックが必要

ショックは不要

AEDが自動的に解析へ戻る（約2分後）

電気ショック実施

直ちに心肺蘇生再開

※救急隊員等と交代するまでAEDは電源ONで、電極パッドは貼ったままにしておきます。

救急隊員等と交代するか、何らかの応答や目的のあるしぐさが出現するか、普段どおりの呼吸をし始めるまで続ける。

図4-8-4　心肺蘇生とAEDの使用

(2)　心肺蘇生

(a)　周囲の安全確認

　傷病者を助ける前に自分自身の安全確保を優先します。

　周囲の安全を確認してから傷病者に近づき、可能な限り自分と傷病者の二次的危険を取り除きます。

　傷病者が危険な場所にいる場合は、自分の安全を確保した上で、傷病者を安全な場所に移動させます。

(b)　反応の確認

　肩を優しくたたきながら大声で呼びかけて反応するか確認します。

　肩を優しくたたきながら大声で名前を呼んだり、「わかりますか」「大丈夫ですか」「もしもし」などと呼びかけます。

　話ができれば、傷病者の訴えを十分に聞き、必要な応急手当に着手し、悪化防止、苦痛の軽減に配慮します。

図4-8-5　反応の確認

(判　断)

・目を開けたり、何らかの応答や目的のあるしぐさがあれば「反応あり」、これらがなければ「反応なし」と判断します。

・反応があるかないかの判断に迷う場合又はわからない場合も心停止の可能性を考えて行動します。

・全身がひきつるような動き（けいれん）は、「反応なし」と判断します。

(c)　大声で応援を呼び、119番通報
　　　とAEDの搬送を依頼する

　反応がないと判断した場合、反応があるかどうか迷った場合又はわからなかった場合には、直ちに「誰か来てください！人が倒れています！」と大声で応援を呼び、「あなたは119番通報してください」「あなたはAEDを持って来てください」など、人を指定して具体的に依頼します。

図4-8-6

**＜救助者が一人の場合＞**

　救助者（応急手当等を行い傷病者を助ける人）が一人の場合は、まず自分で119番通報し、AEDが近くにある場合はAEDを取りに行きます。

　119番通報をすると、電話で通信指令員から心停止の判断についての助言や手順を指導してくれます。

　電話のスピーカー機能などを活用することで両手が使える状態となり、指導を受けながら心肺蘇生を行うことができます。

### (d) 呼吸の確認

　普段どおりの呼吸の有無を10秒以内で確認します。

　目線を傷病者の胸と腹に向け、呼吸の状態を見て確認します。

　　→目視で呼吸をするたびに上がったり下がったりする胸と腹を見ます。

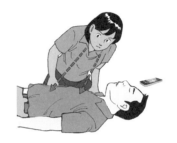

**図4-8-7　呼吸の確認**

### （判　断）

　胸と腹の動きが見られない場合は、普段どおりの呼吸なしと判断し胸骨圧迫を開始します。

　傷病者に反応がなく、呼吸がないか又は異常な呼吸（死戦期呼吸：gasping…しゃくりあげるような途切れ途切れの呼吸）が認められる場合、あるいはその判断に迷う場合又はわからない場合は心停止と判断し、直ちに心肺蘇生を開始します。

**＜普段どおりの呼吸とは＞**

　普段どおりの呼吸とは、胸と腹の動きを見て、明らかに呼吸があるとわかる状態をいいます。それ以外は、『普段どおりの呼吸』がないと判断します。

　呼吸が普段どおりであるかの判断は難しいかもしれませんが、迷って心肺蘇生が手遅れになることは避けなければなりません。

　また、心臓が止まった直後は、しゃくりあげるような途切れ途切れの呼吸が見られます。これは「死戦期呼吸」と呼ばれ、『普段どおりの呼吸』ではないと判断して心肺蘇生を開始します。

### (e) 心肺蘇生

　心肺蘇生とは、胸骨圧迫と人工呼吸を組み合わせたものをいいます。心停止が疑われるあらゆる人に対して胸骨圧迫を行います。人工呼吸の訓練

を受けておりその技術と行う意思がある場合は人工呼吸も行います。

　心停止でなかった場合の危害を恐れることなく、勇気を持って行うことが重要です。

① 　胸骨圧迫の位置
○心臓の位置
　心臓は、胸の中央にある胸骨の裏で、やや左側に寄った位置にありますが、圧迫位置は胸骨の真上になります。
○胸骨圧迫の圧迫位置
　胸骨の下半分の位置となります。目安は、「胸の真ん中」（左右の真ん中で、かつ、上下の真ん中）です。
　一方の手の手掌基部（手のひらの付け根）だけを胸骨（圧迫位置）に平行に当て、他方の手を重ねます。
　重ねた手の指を組むことで、肋骨など胸骨以外の場所に手が当たらないようにすることができます。

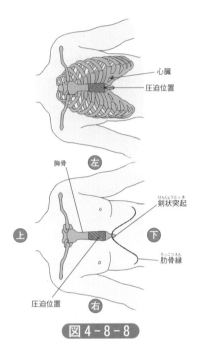

図4-8-8

（注　意）
　あまり足部側を圧迫すると、剣状突起を圧迫し、内臓を傷つけるおそれがあります。

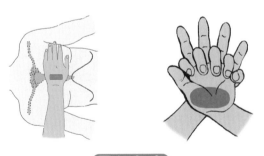

図4-8-9

② 　胸骨圧迫
　圧迫は手のひら全体で行うのではなく、手のひらの付け根だけに力が加わるようにします。
　垂直に体重が加わるよう両肘をまっすぐに伸ばし、圧迫部位の真上に肩がくるような姿勢で実施します。

　十分な強さと、十分な速さで、絶え間なく胸骨を圧迫することが最も大切です。

　圧迫位置を30回圧迫します。ただし、後述する人工呼吸のやり方に自信がない、行うことにためらいがある場合は、胸骨圧迫を連続して実施します。

　成人に対する胸骨圧迫の行い方は、次のとおりです。

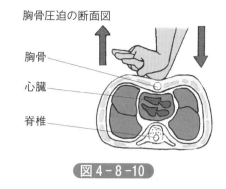

胸骨圧迫の断面図

胸骨
心臓
脊椎

図 4 - 8 -10

**イ．十分な強さと、十分な速さで、絶え間なく圧迫する**

　→圧迫の強さは、胸が約 5 cm 沈むまでしっかり圧迫します。

　→圧迫のテンポは、 1 分間に100 ～ 120回です。

**ロ．圧迫を確実に解除する**

　→沈んだ胸が元の位置まで戻るように圧迫を解除します。

　→手を胸から浮き上がらせたり、圧迫位置がずれたりしないように注意しましょう。

図 4 - 8 -11

**（注　意）**

・胸骨圧迫の練習は必ず人形で行います。人間の体で練習してはいけません。

**（ポイント）**

・十分な強さと十分な速さで絶え間なく胸骨を圧迫することが最も大切です。

・手や指が肋骨やみぞおちに当たらないように実施しましょう。

・位置がずれないようにし、垂直に圧迫しましょう。

・圧迫の強さ及びテンポを体得しましょう。※

　※1　約5cmは、単三電池の長さとほぼ同じです。

　※2　1分間に100〜120回のリズムは、スマートフォンのメトロノームアプリなどを活用できます。

（ステップアップ）

・肘と背中はピンと伸ばしましょう。

・肩が胸骨の真上にくるようにしましょう。

・腕の力で押すのではなく、体重で押すようにすると疲れにくくなります。


## (f)　人工呼吸

　成人に対する人工呼吸は、「口対口人工呼吸」が、最も簡単で効果があるといわれ、基本となる方法です。

　人工呼吸のために胸骨圧迫中断時間が長くならないように訓練しましょう。

　訓練を積み技術があり、意思がある場合は人工呼吸を実施してください。


## ①　気道確保

## イ．気道確保とは

　気道とは、呼吸の際に空気の通る道のことをいいます。「気道確保」とは、この空気の通り道を作ることをいいます。


## ロ．気道閉塞とは

　「気道閉塞」とは、空気の通り道がふさがり、呼吸が困難になることをいいます。反応がなくなると、全身の筋肉が緩んでしまいます。

　舌の筋肉が緩むと、舌がのどに落ち込んで（舌根沈下）、空気の通り道をふさいでしまい気道閉塞を起こします。

正常気道状態

舌根沈下による気道閉塞状態

図4-8-12

　気道確保は、頭部後屈あご先挙上法という方法で行います。

　片方の手を額に当て、もう一方の手の人差し指と中指の2指をあご先（骨のある硬い部分）に当てます。

あご先を持ち上げながら、額を後方に押し下げ、頭を反らして気道を確保します。

（ポイント）

・頭部後屈とあご先の挙上は優しく確実に。浅いと気道が開通しません。また、あご先に当てた指は骨の部分にだけ当たるようにします。（あごの下の軟らかい部分を指で圧迫すると気道が狭くなるので注意します。）

・頭を急激に反らさないようにしましょう。

・口が閉まらないようにします。

頭部後屈あご先挙上法

図4-8-13

### ②　人工呼吸要領

### イ．気道を確保し、鼻をつまむ

頭部後屈あご先挙上法（**図4-8-13**参照）による気道確保をしたままで、額を押さえていた手の親指と人差指で、傷病者の鼻をつまみ、鼻の孔をふさぎます。

### ロ．口を全て覆う

自らの口を傷病者の口より大きく開け、傷病者の口を全て覆って、呼気が漏れないよう密着させます。

### ハ．胸の上がりが見える程度に2回吹き込む

胸を見ながら、胸の上がりが見える程度の量を約1秒かけ静かに2回吹き込みます。

1回目の吹き込み後は、一旦口を離し、同じように2回目の吹き込みを行います。

1回目の吹き込みで胸の上がりが見えない場合でも吹き込みは2回までとし、胸骨圧迫に進みます。

2回の吹き込みによる胸骨圧迫の中断時間は10秒以上にならないようにします。

（ポイント）

・吹き込む量は、胸が上がるのを見てわかる程度で、必ず目で確認します。

図4-8-14

・約1秒かけて吹き込みます。

・吹き込みは、胸が上がらない場合でも2回までとします。

・吹き込みを2回試みても胸が1回も上がらない状況が続くときは、胸骨圧迫のみの心肺蘇生に切り替えます。

（ステップアップ）

・不十分な人工呼吸の三大原因は「不十分な気道確保」、「鼻孔がふさがれていない」、「口の開け方が小さい」です。しっかり気道確保を行い、鼻を忘れずつまみ、傷病者の口全体をしっかり覆いましょう。

### ③　感染防止

口対口人工呼吸による感染の危険は低いといわれていますが、手元に感染防護具がある場合は使用します。

ただし、傷病者に危険な感染症（疑いを含む）がある場合や、傷病者の顔や口が血液で汚染されている場合には、感染防護具等を使用してください。

人工呼吸を行うことがためらわれる場合は、胸骨圧迫のみの心肺蘇生を行います。

### ＜感染防護具＞

日頃から人命救助の備えとして準備しておくことを心がけましょう。

一方向弁付感染防止用シート

一方向弁付人工呼吸用マスク

図4-8-15　感染防護具

## ＜口対マスクの人工呼吸＞

頭部後屈あご先挙上法により気道を確保し、口と鼻をマスクで覆い吹き込む方法です。感染の危険を防ぐことができます。

図4-8-16　口対マスクの人工呼吸

### (g) 心肺蘇生の継続

① 胸骨圧迫30回と人工呼吸2回の組み合わせを続ける

胸骨圧迫30回と人工呼吸2回の組み合わせを絶え間なく、続けて行ってください。

胸骨圧迫を絶え間なく行うため、胸骨圧迫と人工呼吸の間の移動や、移動した後の胸骨圧迫や人工呼吸の開始は、できるだけ速やかに行います。

胸骨圧迫は非常に体力を必要とします。時間が経過すると圧迫が弱くなったり遅くなりやすいので注意が必要です。

救助者が複数いる場合は、胸骨圧迫を1〜2分を目安に交替し、交替時の胸骨圧迫中断はできるだけ短くしましょう。

適時、適正な処置が行えているかお互いに確認しましょう。

## ＜心肺蘇生のサイクル＞

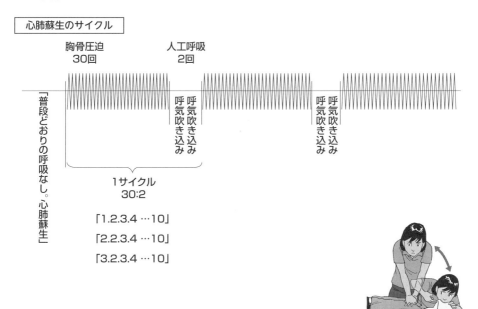

図4-8-17　心肺蘇生のサイクル

＜心肺蘇生の中止時期＞
　1．到着した救急隊員等と交代すると
　　き。※
　2．傷病者に何らかの応答や目的のある
　　しぐさが現れたとき。
　3．普段どおりの呼吸をし始めたとき。
　心肺蘇生を中止したときは気道確保を行
い、注意深く継続して見守ります。訓練を
受け技術がある方は、回復体位を行いま
す。

図4-8-18

**（参考：救助者が複数いる場合）**
　複数の救助者がいる場合には、心肺蘇生と119番通報、AEDの搬送依頼
などを分担し、同時並行して行うことが望まれます。
　二人で心肺蘇生を行う場合は、一人が胸骨圧迫を、もう一人が人工呼吸
を担当し、30：2の割合で行います。人工呼吸を実施しない場合でも、気
道確保を組み合わせた胸骨圧迫を実施してください。
　適時、適正な処置が行えているかお互いに確認しましょう。

⑶　AEDによる電気ショック
（a）AED（自動体外式除細動器：Automated External Defibrillator）とは
　AEDは、高性能の心電図自動解析装置を内蔵した医療機器で、心電図
を解析し電気ショックによる「除細動」が必要な不整脈を判断します。

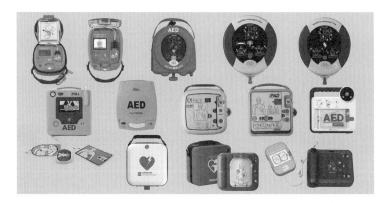

図4-8-19　医療用具として医薬品医療機器等法上の承認を得ているAEDの一例

---

　AED は、小型軽量で携帯にも支障がなく、操作は非常に簡単で、電源ボタンを押すと（又はふたを開けると）、機器が音声メッセージなどにより、救助者に使用方法を指示してくれます。

　また、電気ショックが必要ない場合にはボタンを押しても通電されないなど、安全に使用できるように設計されています。

＜除細動とは＞

　「突然の心停止」の原因となる重症不整脈に対し、心臓に電気ショックを与え、心臓が本来持っているリズムに回復させるために行うものです。

**(b)　早期電気ショックの重要性**

　「突然の心停止」は、多くの場合、心室細動という不整脈が原因といわれています。この心室細動に対しては電気ショックが最も有効です。しかし、電気ショックの効果には時間の経過が影響するため、できるだけ早く電気ショックを行うことが、傷病者の生死を決めます。

　心室細動を放置すると、心静止となり電気ショックは無効になります。電気ショックが効果を示す心室細動を継続させ、同時に脳への血流を保つために心肺蘇生を続けることが重要です。

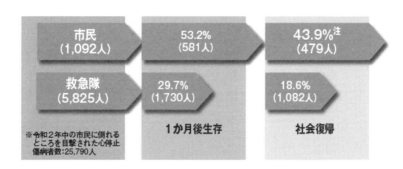

注　市民による電気ショックの実施数が少ないが、実施した場合の１か月後の
　　社会復帰率は救急隊が到着してから行う電気ショックより2.4倍高い。

出典：総務省消防庁「令和３年版　救急・救助の現況」

**図4-8-20**　市民と救急隊が行った電気ショックの１か月後社会復帰率の比較

**(c)　AED による電気ショック**

**①　AED による電気ショックの行い方**

　心肺蘇生の対象者に、AED を装着します。

**イ．AED の到着**

　周囲に医療従事者がいない場合は、自分で AED を操作します。いる場

合は、医療従事者に任せてください。

　AEDは、救助者側で使いやすい位置に置いてください。

　救助者が複数の場合は、救助者の一人が胸骨圧迫を続けながら、別の一人がAEDの操作を開始します。

　救助者が一人の場合は、心肺蘇生を中断しAEDの操作を開始します。

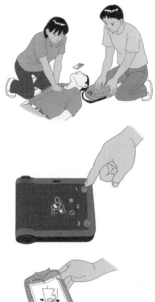

## ロ．まず電源を入れる

　電源ボタンを押すものや、カバーを開けると自動的に電源が入るものがあります。

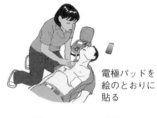

## ハ．音声メッセージどおりに行動する

　電源を入れると、以降は、音声メッセージなどに従って操作します。文字や画像のメッセージでも表示される機種があります。音声メッセージは機種により多少異なりますが、指示のとおりに行動してください。

図4-8-21

## 二．電極パッドを傷病者の胸に貼る

　電極パッドが傷病者の肌に直接貼れるよう胸をはだけます。電極パッドを袋から取り出し、電極パッドに描かれているイラストのとおり1枚ずつ保護シートからはがして貼り付けます。

　電極パッドの貼り付け位置は、胸の右上（鎖骨の下で胸骨の右）と胸の左下側（脇の下から5〜8cm下、乳頭の斜め下）です。なお、電極パッド2枚が一体のタイプもあります。

　複数の救助者がいれば、電極パッドを貼る間もできるだけ心肺蘇生を継続します。

　機種によっては、電極パッドを貼った

電極パッドを
絵のとおりに
貼る

電極パッドを貼る位置

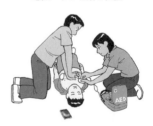

図4-8-22

後、音声メッセージに基づきコネクターの接続が必要なものもあります。

（注　意）

　電極パッドと皮膚の間に隙間があると、心電図の解析や電気ショックが実施できない場合があります。

### ホ．傷病者に触れない（心電図解析）

　AED が、解析（電気ショックが必要かどうかの判断）を自動的に行います。音声メッセージにより、傷病者に触れないよう指示が出るので、誰も触れていないか確認してください。

　複数の救助者がいて心肺蘇生を継続している場合も、傷病者に触れないよう音声メッセージが出たら直ちに心肺蘇生を中止してください。

図 4 - 8 -23

（ポイント）

・心電図解析は、傷病者に触れないようにしましょう。

### ヘ．電気ショックを行う

　心電図の解析結果から電気ショックが必要な場合は、自動的に充電が開始され、「ショックが必要です」等の音声で指示されます。

　充電が終わり電気ショックの準備が完了すると、「ショックボタンを押してください」等の音声指示があり、ショックボタンが点滅します。

　救助者は、誰も傷病者に触れていないことを確認し、ショックボタンを押します。ショックが行われると傷病者の体が、ピクッと動くことがあります。

（注　意）

　電気ショック実施時、傷病者に触れていると、感電の危険があります。誰も触れていないことを確認してください。

図 4 - 8 -24

・オートショック AED

　解析結果から電気ショックが必要な場合に、ショックボタンを押さなくても自動的に電気が流れる機種（オートショック AED）が2021年7月に認可され今後普及が見込まれます。

　オートショック AED の場合、自動的に電気ショックが行われることから、傷病者から離れるのが遅れると感電するおそれがあり、音声メッセージ等に従って傷病者から離れる必要があります。

　オートショック AED には、一般的な AED と判別できるようロゴマークが表示されています。

（画像提供：JEITA 電子情報技術産業協会）

オートショック AED に表示されているロゴマーク

図 4 - 8 -25

ト．電気ショックを実施した後の対応

　胸骨圧迫から心肺蘇生を再開します。AED の音声メッセージに従い、胸骨圧迫30回、人工呼吸 2 回の心肺蘇生を行ってください。

（判　断）

　機種の新旧により、「体に触れないでください」などの「心肺蘇生を実施してください」以外の音声メッセージが出ることがあります。その場合は音声メッセージどおりに行動してください。

＜心電図の自動解析＞

　心肺蘇生を再開して 2 分経過するごとに、自動的に心電図の解析が始まります。音声メッセージどおりに心肺蘇生を中断し、「ショックが必要です」等の音声指示が出た場合は、再度電気ショックを行います。「ショックは不要です」等の音声指示が出たら、直ちに心肺蘇生を再開します。

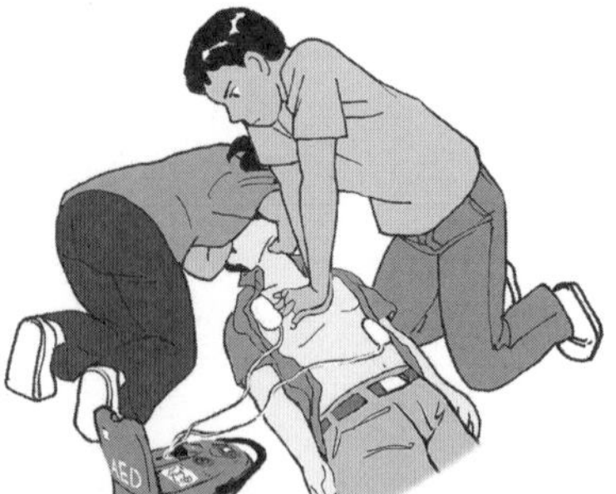

　心肺蘇生と AED の手順の繰り返しは、救急隊員等と交代するまでか、何らかの応答や目的のあるしぐさが出現したり、普段どおりの呼吸が出現するまで継続します。

図 4 - 8 -26

　何らかの応答や目的のあるしぐさが出現したり、普段どおりの呼吸が出現した場合は、呼吸が妨げられないよう体を横に向け回復体位（P.198参照）にします。

回復体位

図 4 - 8 -27

（ポイント）

・最初に行うことは、電源を入れることです。電源さえ入れば、音声メッセージにより指示が得られます。後は音声メッセージに従うだけです。

・協力者がいる場合は、「体に触れないでください、心電図を調べています」等の音声メッセージが出るまで心肺蘇生を継続しましょう。

・救急隊員等と交代するまで AED は電源 ON で、電極パッドは貼ったままにしておきます。

（ステップアップ）

・救急隊等が到着した場合は、実施した電気ショックの回数等、救命処置の内容を伝えてください。

② 　こんなときはどうするの？

イ．体が水で濡れているとき

　傷病者の胸を乾いたタオルなどで拭き取る必要があります。

　濡れたまま電極パッドを貼ると、電流が皮膚の表面を伝わり、電気ショックが十分に心臓へ伝わらないことがあります。

図 4 - 8 -28

ロ．ペースメーカー、ICD（自動植込み型除細動器）が確認されたとき

　電極パッドをペースメーカーや ICD のある場所を避けて貼ります。

　前胸部に、皮膚の出っ張り（こぶ）を確認できます。これらの上に電極パッドを貼ると、電気をブロックし十分な効果が得られない可能性があります。

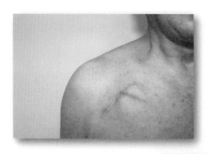
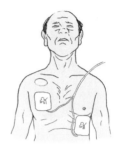

図4-8-29

## ハ．医療用貼付薬又は湿布薬が確認されたとき

　貼付薬等をはがして肌に残った薬剤を拭き取った後、電極パッドを貼ります。そのまま電極パッドを貼ると、電流が心臓に伝わらない、あるいはやけどを起こす危険などがあります。

医療用貼付剤

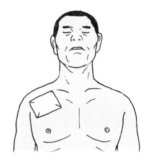

図4-8-30

## ニ．下着が邪魔をしているとき

　電極パッドを貼る位置に下着がある場合には、下着をずらして貼り付ける部位の肌を露出させ貼ります。電極パッドを正しく貼り付けることを優先するとともに、できるかぎり人目にさらさないように配慮しましょう。

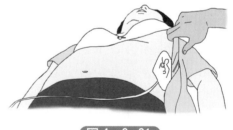

図4-8-31

### ③　回復体位

　横向きに寝かせた体位です。

　反応はないが普段どおりの呼吸がある場合は、回復体位という姿勢をとらせて救急隊等を待ちます。

　呼吸が妨げられないようにする体位です。体を横向きにし、頭を反らせて気道確保するとともに、嘔吐しても自然に流れ出るように口元を床に向

けます。

　回復体位にした場合は、傷病者の呼吸の変化に気づくのが遅れないように、救急隊等が到着するまで観察を続けます。

　長時間回復体位にするときは、下になった部分は血液の循環が悪くなることにより損傷をきたすことがあるので、約30分置きに反対向きの回復体位としてください。

図 4-8-32　回復体位

＜回復体位の手順＞

① 　傷病者の腰の位置に、膝を立てて座ります。
② 　傷病者の手前の腕を開きます。

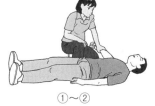

①〜②

③ 　傷病者の肩と腰を持ちます。
④ 　手前に静かに引き起こします。

※開いた腕と反対側の膝を立て、その膝と肩を持って引き起こすと、体重の重い傷病者でも、容易に引き起こすことができます。

③〜④

⑤ 　傷病者の上側の肘を曲げ、上になっている手の甲を顔の下に入れます。
⑥ 　頭部を後屈させ、あごを軽く突き出します。
⑦ 　口元が、床面に向いているか確認します。

⑤〜⑦

⑧ 　姿勢を安定させるため、上の足の膝を曲げ腹部に引き寄せるとともに上側の肘を床に付けます。

⑧

図 4-8-33

## 3　その他の応急手当（ファーストエイド）

　「ファーストエイド」とは、急な病気やけがをした人を助けるための最初の行動です。自分自身の急な病気やけがへの対応も含みます。

　その目的は、人の命を守り、苦痛を和らげ、それ以上の病気やけがの悪化を回避し、回復を促すことです。

　「応急手当」という言葉は、心肺蘇生などの心停止への対応を含めた意味に使われることが多いため、心停止への対応を含まないものとして「ファーストエイド」という言葉を使用しています。

　救命処置をすぐには必要としない場合でも、時間とともに悪化すれば、生命に関わることも十分考えられます。このような傷病者には、悪化防止を主な目的とした応急手当が必要です。

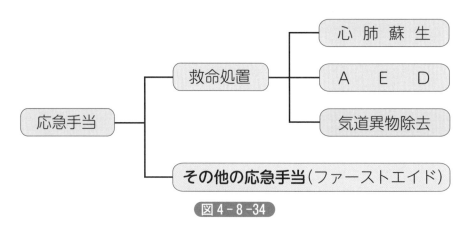

図4-8-34

### (1)　骨折の応急手当

　手や足の骨折だけでは、すぐに生命に直接重大な影響を及ぼすことはありません。しかし、骨折により、疼痛が持続したり、骨折により血管などを傷つけることもあります。骨折の固定などの応急手当を行うことにより、悪化防止と苦痛の軽減を図ることが期待できます。

### (a)　骨折の主な症状

- ・損傷部の痛み、損傷部を触った場合の激痛
- ・損傷部の変形
- ・損傷部の腫れ
- ・損傷部の隣接した関節を動かせない
- ・折れる音を聞いたり、骨折端が見えたりすることもある
- ・ショック症状を伴うことがある（骨折部位からの内もしくは外出血）

上記いずれかの症状があり、骨折の疑いがあれば、骨折しているものと

して手当を行います。

## （b）骨折の応急手当

心肺蘇生などの救命処置を優先します。

損傷部位を安静にします（固定処置）。

・傷病者を不用意に移動させたり、動かしたりしてはいけません。

・移動が必要ならば、できる限り固定処置を行った後に動かします。

・損傷部位に触れて、無用な痛みを与え、不安に陥らせることのないようにします。

・傷病者の訴えを聞きながら、顔色・表情を見ながら手当を行います。決して、手当を無理強いしてはいけません。

・氷水などで冷却してもよいですが、20分以上続けて冷却することは避けましょう。

どうしてよいかわからないときには、損傷部位はそのままにして医師や救急隊等が到着するまで傷病者を保温し、励ましの声をかけ元気付けます。

## （c）固定の原則

原則、傷病者の示している姿勢のまま固定します。たとえ変形していても矯正してはいけません。

**（ステップアップ）**

毛布やタオルなどを使うと、傷病者の示している姿勢のまま固定するのに役立ちます。

四肢の場合は、骨折部の上下の関節が動かないように副子などを用いて固定します。

副子と固定箇所に隙間がある場合には、間にタオルなど柔らかい物を入れ固定します。

開放性骨折（骨折部が体表面の傷とつながっている骨折）の場合

・傷口を滅菌ガーゼで被覆した後に固定します。

・骨折端に触れたり、動かしたり、戻したりしてはいけません。

## ＜副子の活用＞

・副子とは、四肢の骨折（脱臼）固定に用いるもので、骨折（脱臼）部の動揺を防止するための支持物であり、添え木ともいいます。

・副子は、骨折部の上下の関節を含めて固定できる十分な長さと幅、強度

を持つものを活用します。
・固い副子が直接皮膚に当たる場合には、副子に包帯や三角巾など巻いて
から活用します。

※身近なものとして、新聞紙を折りたたんだもの、ダンボールを切り重ねたもの、その
他雑誌や板、杖、傘、バット、ゴルフクラブ、また毛布や座布団も利用できます。


### (d) 固定の行い方
### ① 前腕部の固定

肘関節から指先までの長さの副子を用意します。

副子が1枚のときは、手の甲の側に当てます。2枚のときは、骨折部の
外側と内側から当てます。

**図4-8-35**のように三角巾で①②③の順に縛り（末梢の血行を妨げない程
度の強さ）、固定します。

三角巾で腕を吊ります（提肘固定三角巾）。

このとき、指先が見えるようにします。

体に固定すると更に効果的です。

① ② ③

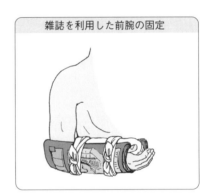
雑誌を利用した前腕の固定

副子：ダンボール、新聞紙、板など

図4-8-35

## ＜提肘固定三角巾の手順＞

上肢（腕）の骨折や脱臼のときなどに多く用いる方法です。

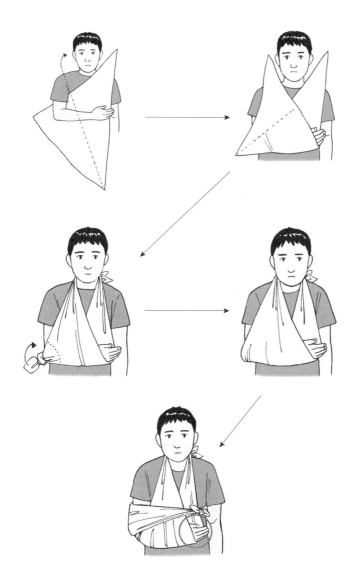

※　指先は、末梢の血行が障害されていないか確認するため必ず出しておきます。

**図4－8－36** 提肘固定三角巾の手順

### ②　下腿部の固定

　大腿から足先までの長さの副子を用意します。

　副子を骨折部の外側から当てます。

　三角巾で①②③④の順で縛り（末梢の血行を妨げない程度の強さ）、固定します。

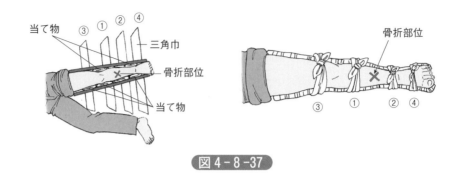

図 4 - 8 -37

<参考：下肢の健側固定>

　適当な副子がない場合、健康な側の下肢を副子として利用し、固定する方法です。

　両足の間に、三角巾や毛布などを入れます。

　三角巾で①②③④の順で縛り、固定します。

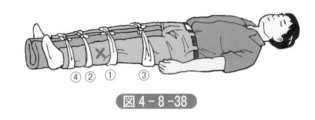

図 4 - 8 -38

③　大腿部の固定

　脇の下から足先までの長さの副子と大腿から足先の長さの副子を用意します。

　長い副子を体の外側に、短い副子を下肢の内側に当てます。皮膚と副子の間の隙間には当て物を当てておきます。

　三角巾で①②③④⑤⑥⑦⑧⑨の順で縛り（末梢の血行を妨げない程度の強さ）、固定します。

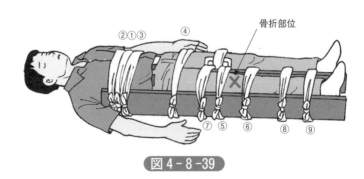

図 4 - 8 -39

④　**鎖骨固定**

　鎖骨を骨折した場合、搬送する際、また自ら歩行しようとする際、重力により肩が下がり、激しい痛みを伴います。

　上肢をつって（提肘固定三角巾）、肩にかかる重力をとるだけでも痛みはかなり軽くなりますが、それでも痛みがひどい場合には、固定が必要です。

図 4 - 8 -40

　三角巾の中心を背部に斜めに当てます。

　三角巾が骨折部位に当たらないように注意し、両肩に回し、たすき掛けにします。

　背中で三角巾の両端を結び固定します。

（ポイント）

　固定が緩まないように、三角巾を結ぶときは、傷病者に息を吐かせましょう。

図 4 - 8 -41

**(2)　熱傷（やけど）の応急手当**

**(a)　熱傷の重症度**

　熱傷の重症度は、熱傷の面積、深さ、部位、また年齢、受傷時の健康状態等の条件によって決定されます。

　一般的には、受傷者が乳児や高齢者の場合、気道を熱傷している場合、熱傷が深い場合、面積が広い場合ほど重症となります。

　熱傷の応急手当を行うことにより、熱傷の深さの軽減や感染防止など、悪化防止が期待できます。

① 熱傷の面積算定

傷病者の手のひらの面積が、体表面積の１％に相当しますので、患部に手のひらを触れないで面積を測りましょう。

傷病者の手のひらの面積が１％

図 4 - 8 -42 手掌法（しゅしょうほう）

② 熱傷の深さ

・Ⅰ度熱傷【表皮熱傷・紅斑性】
皮膚が赤くなり、少し腫れているもの。

・Ⅱ度熱傷【真皮熱傷・水疱性】
水疱（水ぶくれ）ができたり、糜爛（びらん）（ただれ）しているもの。

・Ⅲ度熱傷【全層熱傷・壊死性】
皮膚が硬く黒く壊死しているもの又は白色に変色しているもの。

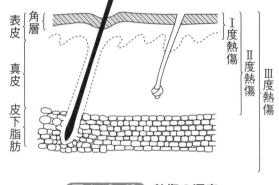

図 4 - 8 -43 熱傷の深度

Ⅰ度熱傷は、自然に治るので通常医療機関に行く必要はありません。

Ⅱ度熱傷は、指先などの小さなもの以外は治療が必要です。タオルなどで覆いきれないⅡ度熱傷又はⅢ度熱傷は、すぐに医療機関での診察が必要です。

<参考：気道熱傷>

気道熱傷とは、熱やガスを吸入した結果、気道内の気管支や声帯などが傷害された状態をいいます。熱やガスを吸入すると気道が腫れ、窒息の危険が生じることから、早期の医療機関での専門処置が必要となります。

まずは、受傷状況から気道熱傷を疑うことが大切です。顔面の熱傷、鼻毛の焼失、口腔内の発赤、嗄声（させい）（しゃがれ声）、喀痰（かくたん）中の炭の粒などを認めた場合は、気道熱傷を疑います。

(b) 熱傷の応急手当
① 救命処置を優先

反応、呼吸に異常があれば、救命処置を優先します。

　重症熱傷の場合や気道熱傷が疑われたとき、ショック症状がみられるときなど、急激な症状悪化を予想し、傷病者から目を離さないようにします。

### ②　冷却

　着火した衣類等を取り去るなど、熱が取り除かれれば直ちに熱傷の進行が停止するのではなく、熱に触れた組織温度が低下するまで熱傷は進行してしまいます。熱傷の進行を抑えるため、また苦痛を軽減するためにも冷却は効果的です。

　冷却は、水道水などの清潔な水で行います。

　水疱は、傷口を保護する効果があるので、破らないようにします。

**図4-8-44　冷却**

　着衣の上やガーゼなどで被覆した上から冷却しても支障はありません。

　ただし、冷やしすぎによる悪影響も考慮する必要があります。特に気温が低いとき、広範囲の熱傷のとき、また乳児では低体温になりやすく十分な注意が必要です。

　軽症で小範囲の熱傷は、痛みが和らぐまで10～20分程度冷却を継続します。

　広範囲の熱傷は、可能な限り速やかに冷却しますが、全身の体温が下がるほどの冷却は避けましょう。

### ＜体温低下の危険性＞

　熱傷を受けた皮膚は、正常な皮膚のもつ体温維持の機能が低下していることから、広範囲熱傷創を長時間冷却することは、体温低下を加速することになります。

　体温低下は、悪寒、不整脈を誘発し、ショックを助長するなど、さまざまな悪影響を招く結果となります。

### ③　被覆

　熱傷では、感染防御機能が低下することから、感染を防ぐためにできるだけ清潔に扱うとともに、被覆の手当が必要です。

　被覆材料は、できるだけ清潔なものを用います。

　熱傷面積が広い場合は、三角巾や清潔なタオル、シーツ等を用います。

（ポイント）
・熱傷を不潔に扱ってはいけません。
・水疱を破ってはいけません（焼けた衣服などは、無理に脱がせてはいけません。）。
・重症熱傷や広範囲熱傷のときは、早く専門医療機関の診療を受けることが重要です。
・傷に、油や味噌などをむやみに塗ってはいけません。
・医師の治療を受けるときには、薬を塗ることもよくありません。

＜化学薬品による熱傷の応急手当＞
・化学薬品が衣類や靴などに付着していた場合は、速やかに身体から取り除きます。
・化学薬品が身体に付着した場合は、速やかに水道水で洗い流します。
・目に入った場合も、速やかに水道水で洗い流します。
・薬品を洗い流す場合は、ブラシ等でこすってはいけません。

⑶　熱中症の応急手当
　　熱中症とは、熱や暑さにより体が障害を受けることの総称です。熱中症は屋外炎天下でのスポーツや仕事などの活動中に起きる「労作性熱中症」と屋内など日常の生活の中で暑い環境にいるだけで起きる「非労作性熱中症」に分類されます。
　　労作性熱中症では、特に夏場のスポーツ大会などで、傷病者を冷たい水風呂につけるため、氷水をはった子供用プールなどを準備しておくことも有効であるといわれます。
　　非労作性熱中症では、特に高齢者が運動や作業を伴わない自宅での安静時に、クーラーをつけていないことでも発生しています。
　　熱中症の症状には、以下のようなものがあります。
・痛みを伴う筋肉のけいれん
・喉の渇き
・吐き気、嘔吐
・全身の倦怠感
・めまい
・脱力感
・多量の発汗
・全身のけいれん
・皮膚の乾燥

・体温上昇

・意識障害

　反応、呼吸に異常があれば、救命処置を優先します。

　熱中症を予防するためには、炎天下や非常に暑い場所での長時間の作業やスポーツは避けましょう。また、こまめに休憩をとり、塩分と糖分を含んだ飲み物（経口補水液、スポーツドリンクなど）を補給しましょう。帽子をかぶったり、日傘をさすなどして、直接日光に当たらないようにしましょう。

　また、閉めきった自動車内に小児だけを残して離れるのは絶対にやめましょう。

　熱中症は、生命に危険を及ぼす場合もあります。少しでも熱中症が疑われたら応急手当を行います。

　衣服を緩め、風通しの良い日陰や、冷房の効いた所へ傷病者を移動させましょう。

　汗をかいていなければ、皮膚を水で濡らして、扇風機などで風を当てることが効果的です。

　氷のうや冷却パックなどを脇の下、太ももの付け根、首の他に頬、手のひら、足の裏などに当てて、体を冷やすことも有効です。

　自力で水分補給できない場合は、直ちに119番通報し、医療機関で受診しましょう。

　自分で飲めるようなら、水分補給（できればスポーツドリンクなど）をさせましょう。傷病者の意識がもうろうとしているなど、自力で飲めそうもない場合は無理に水分補給をするのは危険です。

## 4　新型コロナウイルス感染症流行期への対応

### ⑴　基本的な考え方

　新型コロナウイルス感染症は主に飛沫感染、接触感染、エアロゾル（ウイルスなどを含む微粒子が浮遊した空気）感染により伝播すると考えられています。心肺蘇生は、胸骨圧迫のみの場合でもエアロゾルを発生させる可能性があります。新型コロナウイルス感染症が流行している状況においては、すべての心停止傷病者に感染の疑いがあるものとして救命処置を実施します。

　救助者自身がマスクを装着するとともに、傷病者がマスクをしていなければエアロゾルの飛散を減らすため、胸骨圧迫を開始する前には傷病者の

鼻と口をハンカチ等で覆い感染防止に努めることが重要です。成人の心停止に対しては、人工呼吸は行わずに、胸骨圧迫と AED による電気ショックを行います。それだけでも、大きな救命効果が期待できます。ただし乳児・小児の心停止に対しては、講習を受けて人工呼吸の技術と行う意思がある場合には、人工呼吸も実施してください。

## (2) 新型コロナウイルス感染症流行期の心肺蘇生

### (a) 周囲の安全確認
まず自分がマスクを正しく装着できていることを確認します。

### (b) 反応の確認
自分の顔と傷病者の顔が近づきすぎないようにします。

### (c) 大声で応援を呼び、119番通報と AED の搬送を依頼する
反応がないと判断した場合、反応があるか判断に迷う場合又はわからなかった場合には、119番通報と AED の搬送依頼とともに窓を開けるなど部屋の換気を行い、人を指定して具体的に依頼します。

### (d) 呼吸の確認
自分の顔と傷病者の顔が近づきすぎないようにします。

### (e) 心肺蘇生
#### ① 胸骨圧迫
傷病者がマスクを装着していれば、外さずにそのままにして胸骨圧迫を開始します。マスクを装着していなければ、エアロゾルの飛散を防ぐため、胸骨圧迫を開始する前に、ハンカチやタオル、マスクや衣類などで傷病者の鼻と口を覆います。

#### ② 人工呼吸
成人に対しては、人工呼吸は行わずに胸骨圧迫だけを継続します。
乳児・小児に対しては、講習を受けて人工呼吸の技術を身に付けていて、人工呼吸を行う意思がある場合には、胸骨圧迫に人工呼吸を組み合わせます。もし人工呼吸用の感染防護具があれば使用してください。

### (f) AED の使用
AED の使用方法は、非流行時期と変更はありません。

## （g）救急処置後の対応

　傷病者を救急隊員等に引き継いだ後は、速やかに石鹸と流水で手と顔を十分に洗ってください。アルコールを用いた手の消毒も有効です。手洗い、手指消毒が完了するまでは、不用意に首から上や周囲を触らないようにしてください。傷病者に使用したハンカチ等は直接触れることがないようにして、廃棄することが望まれます。

　**出典**：「上級救命講習テキスト」（公益財団法人　東京防災救急協会発行）

# ・第9章・

# 災害防止（災害の事例）

> **講習のねらいとポイント**
> この章では実際に起こった感電災害の事例をとおして事故発生の原因と防止対策について学習します。

## 電気事故例No. 1

## キュービクル内未使用高圧コンデンサの撮影時の感電負傷事故

事　業　場　工場
事故発生個所　キュービクル内部高圧充電部

### 1　事故の発生場所

　事故の発生した事業場は、受電電圧6.6kV、設備容量が225kVA の工場で、電気設備の保安業務を外部に委託している不選任事業場である。この事故は、廃棄物保管状況届出書の作成のためキュービクル内部に保管中であったポリ塩化ビフェニル（以下 PCB）が混入している使用休止中の高圧コンデンサの銘板をカメラで撮影しようとキュービクル内部にカメラと右手を差し入れ、撮影後右手を抜こうとした際に誤って高圧充電部に触れ感電負傷した事例である。

### 2　事故の発生状況

　環境局産業廃棄物対策課より当該事業所へ PCB 廃棄物の保管状況等届出書の提出期限がせまっているとの連絡があったが、前年度まで報告していた担当者が退職していたため、届出書の作成方法や PCB 廃棄物自体の保管場所も不明であった。現担当者は新規に届出書の作成が必要であると判断した。その後、PCB 廃棄物の保管場所はキュービクル内部であるこ

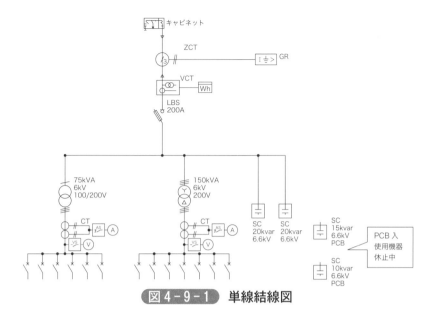

**図4-9-1**　単線結線図

**図4-9-2**　キュービクル内保管中の高圧コンデンサ

第4編 高圧又は特別高圧の活線作業および活線近接作業

とが判明したが、型式が不明であったためキュービクルの銘板を撮影する
こととなった。

① 　事故当日、被災者はPCBが混入している高圧コンデンサの銘板を撮
　影するため、キュービクル正面の左側扉を開けた。目の前に電灯変圧器
　の銘板が見え、これがPCB入り高圧コンデンサだと誤認し撮影を行っ
　た。撮影はキュービクル基礎部の枠下部分に足をかけて、カメラを右手
　に持ち、その右手をキュービクルの内部に差し入れた状況で実施した。

撮影が終了し、右手に持っていたカメラを左手に持ち替え、右手を
キュービクル内部から抜こうとした際に電撃を感じ、左手に持っていたカ
メラを後方へ投げ出した。その際、左手が高圧充電部分に触れ感電負傷
し、地中引込線用地絡継電器付高圧交流負荷開閉器（以下 UGS）が動作
し停電した。なお、最初の右手への電撃は、低圧充電部分に触れたことに
よるものであった。(**図4-9-3**)

② 　被災者は自力でキュービクルが設置されている屋上から事務所まで降
　り、停電の理由は自らが感電したことによるものであることを事務員に
　伝えた。直ちに救急車を要請し、病院へ搬送となった。

③ 　当該事業所から、外部委託先へ従業員が感電し全停電となっていると
　の連絡があった。

④ 　当該事業所に外部委託先職員が到着し、状況の聞き取り及び UGS の
　動作確認と絶縁抵抗測定を実施した。

⑤ 　電気設備に異常がないことを確認し送電した。

⑥ 　被災者は事故当日入院となったが、翌日に退院した。

 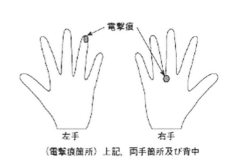

**図4-9-3** 被災状況

## 3 事故原因と事故防止対策

＜事故原因＞

① 　PCB の保管状況等届出書提出期限がせまっていたことに加え、届出
　書類の作成方法を知っている担当者が退職しており、現担当者が書類を
　新規に作成しなければならなくなり自己判断で今回の撮影を実施せざる
　を得なかった。

② 　被災者は、今回の作業を危険な作業だという認識がなかった。

③ 　高圧充電部への活線近接作業にもかかわらず保護具・防具を使用せず

　作業を実施した。

④　高圧充電部への活線近接作業を単独で実施した。

⑤　電気主任技術者等への立会い要請をせずに作業を実施した。

＜事故防止対策＞

①　電気に関する知識は、従業員全員が持っているわけではないので、定期的に電気に関する講習会等を実施し、電気の安全な使用方法や危険性について認識してもらう。

②　キュービクルの鍵の管理方法を変更し、特定者のみが持出し及び貸出しが可能なようにする。

③　電気設備の近接での作業が発生するような場合には、作業者が安全か否かの判断をせず、必ず電気担当者（電気主任技術者等）へ連絡し、必要に応じて安全処置や立会いを求めるようにする。

④　高圧充電部への活線近接作業の際は、保護具・防具を使用し、作業を実施する。

# 事業場従業員の感電負傷事故

事　業　場　食品加工
事故発生個所　屋外キュービクル内ヒューズ充電部

## 1　事故の発生場所

　事故の発生した事業場は、受電電圧6.6kV、設備容量150kVA の食品加工業であり、電気設備の保安業務を外部に委託している不選任事業場である。

　当該事業場の保安規程には、電気工作物に関する事故が発生した場合、電気保安責任者は主任技術者に迅速に連絡し、指導・助言を受けて適切な応急措置をとることになっている。

　この従業員の感電負傷事故は、主任技術者が到着する前にキュービクルの扉を開け、内部を覗き込んだときに高圧充電部に頭部が接触し、感電負傷したものである。

## 2　事故の発生状況

① 　事務所内の警報盤及びキュービクル内に設置されたブザーが鳴動したため，外部委託先へ出向依頼の電話を入れた。
② 　工場長は事務所内警報盤のブザーを停止し、キュービクル前面の扉を開けて鍵を置きに事務所へ戻った。（キュービクルは事務所入り口近くの地上に設置されている）
③ 　工場長がキュービクルに戻った時に被災者がいたので、二人でキュービクル内のブザーが鳴動している原因を調査したが分からなかった。
④ 　工場長が再度キュービクルの鍵を取りに事務所に戻ったとき、突然停電したため後ろを振り返ると被災者が後方に倒れていく姿を目撃した。
⑤ 　被災者は一人でキュービクル内のブザーを確認しようとして、ビールカートンの上に立ち、キュービクルの枠に両手を掛けて内部を覗き込んだところ（**図4-9-5**「再現写真」参照）足場がふらつき誤って電力ヒューズ中相充電部に頭部が接触し感電負傷した。（**図4-9-4**「単線結線図」参照）
⑥ 　救急車が到着し病院へ搬送された。

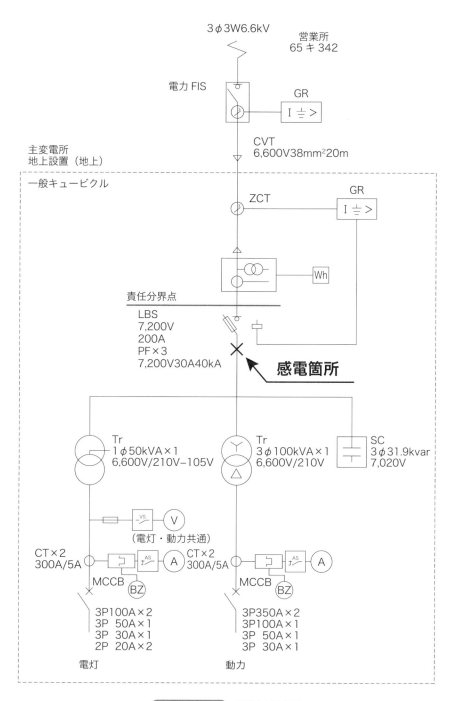

**図4-9-4**　単線結線図

⑦　外部委託先の職員が到着。キュービクル内の高圧気中負荷開閉器及び
　電力会社引込用開閉器が地絡動作により開放していた。

図4-9-5　再現写真

## 3　事故の原因と事故防止対策

＜事故の原因＞
　高圧の充電部に頭部が接触した直接の原因は、ビールカートンの上の足
場がふらついたことであるが、通電中のキュービクル内に頭部を入れ覗き
込むといった無謀な行動を取ったことがすでに誤りであり、被災者の電気
に対する知識不足からきた行動である。
＜事故防止対策＞
　今回の感電負傷事故に対する再発防止対策は、アクリル板を大きなもの
に取り替えるという物理的な対策と、従業員への教育というヒューマンエ
ラーに対する対策を実施した。

① アクリル板の取り付け

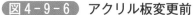

図4-9-6　アクリル板変更前

図4-9-7　アクリル板変更後

② 電気保安教育の実施

　工場の従業員、関係者全員に対して電気保安講習会を開催し、感電災害の恐ろしさと電気の安全な取り扱い方法等の電気保安教育を実施するとともに、今回のように電気の異常が発生した場合は、「緊急時の連絡体制」により必ず電気主任技術者等へ連絡し、その指導・助言に従うまで絶対に手を出さないことを再徹底した。

# 建設作業者の感電死亡事故

事　業　場　テナントビル
事故発生個所　高圧引込開閉器（PAS）

---

## 1　事故の発生場所

　事故の発生した事業場は、受電電圧6.6kV、設備容量250kVA のテナントビルであり、電気設備の保安業務を外部に委託している不選任事業場である。

## 2　事故の発生状況

　当該ビルは、繁華街にある飲食業を中心としたテナントビルで、外装がタイル張りであったが老朽化によりタイルが剥がれて落下するので、全面的にタイルを剥ぎ取りモルタルを塗りなおして全面塗装を行う事になっていた。

　当初、塗装工事に当たっては、電気主任技術者への連絡は無く、電気主任技術者である点検従事者がビルの近くを通りがかった際に塗装工事のための足場工事が始まった事に気付いた。

　点検従事者は、現場監督を尋ねて、感電事故防止のため足場近くにある高圧架空電線への防護管の取付要請を電力会社へ行う事と、自家用設備側高圧引込部の感電防止の養生を行うよう指導を行った。（当該地域の電力ではホームページで「電線の下方で約３m 以内，側方で２m 以内に接近する場合は防護管（ポリ管）の取り付けが必要です」と呼びかけている。）

　その後、点検従事者が現場を確認したところ指示どおり、高圧配電線路には防護管が取り付けられ、自家用設備側高圧引込部には防護管と絶縁シートで被い、高圧ケーブルの端末部は、絶縁シートと絶縁ネットで養生がなされていた。

　現場監督者から「高圧引込部はどこまで接近したら危険なのか」との質問を受け、「絶縁防護を行っても、すべて安全が保たれた訳ではないので、養生ネット内に絶対入らないよう」指導を行った。

① 突然、消防の救急指令から電話があり、当該ビルで感電事故が発生し、作業員が心肺停止状態で病院へ救急搬送されたと連絡があった。

② 電気主任技術者を含め関係者が現場で確認を行ったところ、高圧引込ケーブルの端末部を覆っていた養生ネットが外され、作業者が一人で中に入り壁のモルタル塗り作業を行う際にケーブルの端末の充電部に触れて感電した事が判明した。

③ 設備の感電事故に対する保護状況は、高圧引込負荷開閉器（PAS）に地絡継電器（GR）が設置されており、感電の際、正常に動作してPASは切れていた。

④ 事故当時の天候は晴れで、気温は31℃でかなり暑い中での作業であった。作業者は、汗をかいていた状況で感電し、電流の感電経路は右手先から左肩と左臀部に抜け、内臓等に電撃を受けたため、保護装置が動作して停電したにも関わらず、死亡事故に至ったものと考えられる。

## 3　事故原因と事故防止対策

＜事故原因＞

感電防止の対策が行われていたにもかかわらず、作業者がそれを取り外して作業を行った結果、感電死亡事故に至った。

作業者が、入所教育等で現場での感電に関する認識があれば防げた事故である。

＜再発防止対策＞

作業者への入所教育を必ず実施し感電防止に努める。

高圧接近作業を行う場合は，必ず停電して行う。

**図4-9-8**
養生ネットで覆ったケーブル

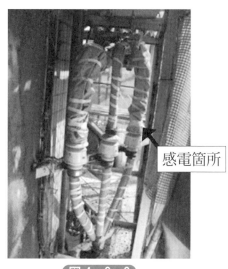

感電箇所

**図4-9-9**
養生ネットを外したケーブル

## 電気事故例№4

## 作業者感電死亡事故

事　業　場　ホテル業

事故発生個所　高圧引込ケーブル端末

### 1　事故の発生場所

　災害はちょっとした油断や慣れ、不注意、勘違いなどから発生することが多々あるが、この事故は、自家用設備の高圧ケーブル張替え工事中に発生した事例である。

　この事故の原因は、指揮命令系統の不明確さと事前の打合せ工程の不徹底などが事故を発生させる要因になった残念な事故といえる。

　事故の発生した事業場は、受電電圧6.6kV、設備容量183kVA のホテル業であり、電気設備の保安業務を外部に委託している不選任事業場である。

### 2　事故の発生状況

　当ホテルのキュービクルは屋上に設置されており、分岐柱から架空ケーブルにて引き込んでいる。市道の拡張により分岐柱の移動に伴って、引込みケーブルが短くなるためケーブルの取替え工事の準備作業を電気工事会社の被害者（54才・男）のほか1名で実施していた。

　工程計画では当工事は後日3時間の停電を取り実施する予定であったが、被害者などの単独判断により事故当日計画外の準備作業を行ったもので、当日は設置者（電気責任者）の立会いや電気保安業務委託先への事前連絡がなかった。

　被害者は、キュービクル内で取替ケーブルの引き上げの作業を実施し、（**図4-9-10**参照）他の1名は高所作業車に乗り建物外側からケーブルを送り込む作業中であった。作業開始約3時間後に被害者が何かの拍子に右足をキュービクル下部フレームに引っ掛け横転し、誤って通電中のケーブル端末（赤相）端子部の高

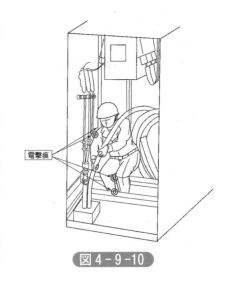

電撃痕

図4-9-10

圧充電部に右上肢が接触し感電したものである。（**図4-9-11**参照）

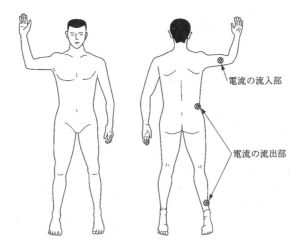

○感電経路：ケーブル端末接続部分→右上肢→右腰背部、右下肢
○服　装：安全帽、作業服、作業手袋（軍手）、安全作業靴

**図 4 - 9 -11**　**感電経路図**

　近くにいたホテル従業員が異音を聞きつけ駆けつけたところ、被害者がキュービクル内にうつ伏せに倒れているのを発見し、直ちにキュービクルから搬出し病院へ搬入したが1時間後に死亡したものである。なお、被害者の服装は安全帽、作業服、作業手袋（軍手）、安全作業靴等決められた正規の服装であった。

## 3　事故原因と事故防止対策

**(1)　事故原因**

　短時間で終わる簡易な作業と思う慣れなどや十分な打合せと安全に関する注意事項の基本ルール厳守の欠如などが原因と思われる。

①　突発的な計画外の準備作業とはいえ、本作業および事前準備作業工程の検討が不十分であった。

②　設置者、工事業者、電気主任技術者（電気保安法人）間の連絡体制が不備であった。

**(2)　事故防止対策**

①　思いつき作業の禁止

　事前に作業工程を十分に検討し、思いつきの作業を無くすことが重要である。

今回のように突発的な計画外の工事であっても、事前の作業工程検討の段階で工期なども加味し関係者で十分に打合せをすることが肝要である。

　途中の工程が変更になった時は、より連絡を密にすることが必要である。

② 　現場責任者および電気主任技術者などの立会い

　工事を伴う作業にあたっては、事前に設置者および電気保安業務委託先に作業の内容を連絡し安全上の指示を受けるとともに、状況により立会いを求め単独作業は絶対に避ける。

## 電気事故例№. 5

## 活線近接作業中における感電死亡事故

事　業　場　　断熱建材製造業
事故発生個所　　電気室高圧母線

### 1　事故の発生場所

　この事故例は、電気主任技術者選任事業場において、変圧器の増設工事のための活線近接作業中に発生した事故で最も多発している被害者の過失による事故の一例である。

　事故の発生した事業場は、比較的規模の大きい受電電圧6.6kV、最大電力2,050kW（発電電力2,000kW、受電電力50kW）のグラスウール断熱材製造工場である。

　電気主任技術者は、電気保安の責任者である他工場長として工場全体の総括責任者でもある。

　当事業場は、最近、より高断熱のグラスウールの要望が高まって来たためグラスウール生産設備を改善することとなり、送風機など動力用負荷設備の増設に伴い、三相変圧器（200kVA　6,600V/210V）1台を電気室に設置することになった。

　電気工事は大手電気工事会社に発注されたが、実際の工事は協力業者である電設会社が施工することとなった。作業前打合せを作業当日の1週間前に行い、事業場側から電気主任技術者の現場代務者である担当係長、電気工事会社から工事監督に当たるM、電気工事を直接携ることとなった電設会社から代表で被害者であるA及び作業員B、Cらが出席し、停電なしでできる旨とASの移動は今回行わず、年末に停電して移動することを確認した。

### 2　事故の発生状況

　事故の前日、1日目のツールボックス・ミーティング（以下「TBM」という。）を、作業指揮者Mを中心に作業者全員参加のもとで行い、16時に予定の作業を終了した。

　事故当日、9時半からTBMにより電気室高圧活線近接作業の説明を作業指揮者Mが行った。指示した作業内容、作業分担は次のとおりである。

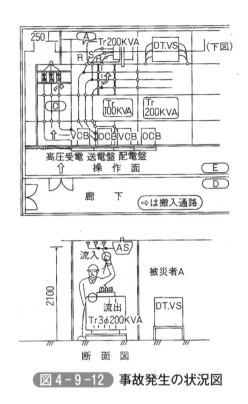

図4-9-12 事故発生の状況図

① 変圧器ベース金物取付、変圧器据付け……（A、B、C担当）
② 換気扇取付、配管入線……（D、E担当）
③ LBS取付………（A、B、C担当）
④ 200kVA変圧器の一次、二次配線………（A、B、C担当）

　TBMを終え、各作業分担に従い、作業に入り、①の変圧器の据付け作業が10時50分に終了したので、CはAの指示により床配管支持クリップの復旧作業を、作業指揮者Mは電気室の外で事業場の担当係長と次の工事の打合せを行っていた。こうした状況の中で、手のあいたAとBの二人はLBSの配線工事を容易に行えるようASを3cm移動させる予定外の作業を行い11時30分に終了した。

　その時点で、作業指揮者Mは予定していた午前中の作業（①及び②）を終了したと思い込み、所用があったこともあり現場の点検をしないまま事業場を離脱した。

　BがAの指示により、午前中作業終了のため後片付けを行おうと電気室外へ出た後、DはAがスパナを持って変圧器の方へ行くところを見た2～3分後にドーンという音とともに停電した。

　DとEが現場に駆けつけたところ、Aは増設した変圧器にもたれる様に倒れ、作業服から炎が出ていたため、電気室常備の消火器で消火し、直

ちに電話にて消防署へ救急車の出動を要請、2分後に到着したものの即死状態であった。

　現場の状況から感電の様子を推測すると、被害者は以前にも現場の電気工事を行っており、危険箇所も十分熟知していたと思われ、スパナを所持していたことから増設した変圧器のアンカーボルト締め付けをチェックするため、被災場所に行きスパナを振り上げたところ誤って高さ2.1mの位置にあるAS一次側リード線と高圧引下用絶縁電線の接続部にボルコン（エフコテープにビニールテープ巻）に接触させ感電したものと推測される。

　なお、被害者の事故時の服装は、電気安全帽、軍手、安全靴を着用しており、スパナを持っていた左手から流入し変圧器に接触していた腹部に流出していた。

## 3　事故原因と事故防止対策

(1)　**事故原因**

　事故調査の結果、事故の原因として次のことが考えられる。

①　作業員Aが計画外作業（ASの移動）を作業指揮者に無断で実施したこと。

②　作業指揮者が午前中の作業終了について点検、確認を行わないで現場を離れたこと。

③　ボルトの締め付けチェック（活線近接作業）を単独で行ったこと。

④　電気室内の高圧充電部（絶縁テープ処理部も含む）の絶縁保護が不十分であったこと。

(2)　**事故防止対策**

　事故の発生状況及び事故原因から、事業場と施工業者側の両面で次の事故防止対策を講じた。

①　作業手順は、現場代理人が安全作業指示書により作業指揮者へ、作業指揮者から作業者へ、現場ミーティングにて徹底し、危険予知活動の実施を定着化させ、危険に対する予知能力の向上を図る。

②　作業指揮者及び作業者全員に検電器の携帯を徹底させ、活線近接作業時の防護処置は現場代理人が立会い確認し、作業は2名以上で行い、どんな簡易な作業でも、保護具を着用し、相互に監視して安全を確かめ合う。

③　現場代理人及び作業指揮者に対し、再教育を行い安全作業意識の向上を図る。

④　電気室内の高圧充電部の絶縁保護を改善する。
　　a　高圧引下線接続部の絶縁カバー取付
　　b　変圧器端子部の保護キャップ取付
　　c　リアクトルブッシング部のカバー取付
　　d　不要な高圧カットアウトの撤去
⑤　外注工事業者に対する管理、監督を強化する。
　　この事故の被害者は、作業経験年数30年（年齢46歳）のベテランで当該事業の電気設備に関しても非常に精通しているということから、慣れからくる安全意識の欠如もみられ、電気工事関係者には作業手順の厳守、安全用具の使用の徹底、という基本的事項及びKYTの活用による作業員の安全意識向上を日常教育の中で反復訓練する。また、事業場側には、仮にヒューマン・エラーが起きても事故に結びつかないよう露出充電部の改善等ハード面での安全管理を進めることを徹底させ、不幸な事故が1件でも発生しないよう未然防止に努めていただきたい。

## 電気事故例№6

# 材料を取りに行き感電死亡事故

事　業　場　機械器具製造業

事故発生個所　電気室内高圧断路器

## 1　事故の発生場所

感電死亡事故の発生した事業場は、受電電圧6.6kV、受電電力295kW の不選任承認の電気主任技術者と契約している機械器具を製造する工場である。

被害者である A さんは、電気工事数十年のベテランで、工場の依頼により、保全雑工事を行うため、よくこの工場に出入りしていた。

そのせいか、自分で使用する工事資材を電気室内に棚を設けて保管していた。

電気主任技術者としてこの事業場を担当している B さんは、以前よりその事が気にかかっており、顔を合わせる度に、「A さん、電気室の中は物置じゃないし、危険だから早く片付けて下さい。」と注意していたが、A さんは、「私はこの道、何十年のベテランだよ。絶対大丈夫だから、まかせておいて下さいよ。」と、B さんの注意に耳を傾けようとはしなかった。

## 2　事故の発生状況

事故の当日、A さんは工場から連絡を受け、いつものように工場へ出向いた。

工場の設備担当者から、「この機械は、スイッチを入れても動かなかったり、途中で運転が止まってしまうことがあるんだよ。ちょっと見てもらえないかなあ。」と依頼された。

A さんは、「たぶん、どこかの接触が悪いに違いない。」と考え、機械のスイッチから調べ始めた。徐々に調べていくうちに、配線用電線が一部押しつぶされているのがわかった。「ああ、これが原因だ。たぶん断線しているに違いない。」と思い、電気室内の棚に保管してある配線用の電線を取りに向かった。

その棚は、電気室内のパイプフレームを利用して、その上に板を置いただけの簡単なもので、箱を足場にしなければならないような高くて狭い所

に設置されており、付近には高圧断路器（DS）などがあり、非常に危険な場所であった。

　Aさん自身も、日頃からBさんや工場長にも注意されており、「危ない」とは感じながらも、「いつもやっているから大丈夫だろう」と思い、電気室の隅から足場にするための箱を持ってくると、その上に乗り、必要な電線を取ろうとした。ところが、欲しいと思う電線には届かなかった。しかたなく、左手でフレームをつかむと、一段上のフレームに乗り、再び電線を取ろうとした。それでも届かず、もう少しと思い、背伸びをした。

　その瞬間、頭部が高圧断路器の刃に触れ、フレームを握っていた左手に6.6kVの高圧電流が流出した。

　この事故で、電気室内の地絡継電器（GR）が動作して、油入遮断器（OCB）がトリップしたため、工場は停電となった。思わぬ停電に不審を持った工場の従業員（電気保安責任者）が電気室へ駆けつけたところ、倒れているAさんを発見した。

　Aさんはすぐに救急車で病院に運ばれ、手当てを受けたが、手当てのかいなく、とうとう帰らぬ人となってしまった。

　Aさんの被害時の服装は、作業用ジャンパー、ズボン着用で、運動靴に無帽、素手であった。

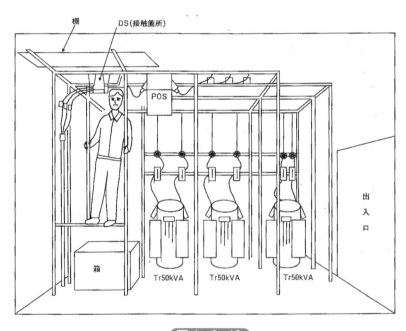

図4-9-13

## 3　事故原因と事故防止対策

### (1)　事故原因

　事故の原因について検討してみると、

① 　Aさんが、露出充電箇所が多く存在する電気室の中を物置代わりに使用していたこと。

② 　日頃から危ないと感じていたBさんや工場長も、Aさんに口頭注意しただけで、何も対策を取らなかったこと。

③ 　充電部の接近作業にもかかわらず、危険意識を持つことなく、作業用ジャンパー、ズボン、運動靴、素手といった十分な安全対策もしないまま、作業を行ったこと。

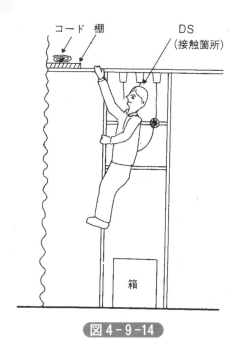

図4-9-14

④ 　本来なら電気室には錠を掛けて、むやみに出入りできないような管理がなされているはずなのに、それがなされていなかったこと。

　以上がこの事故の要因として考えられる。

### (2)　事故防止対策

　電気室の中には、充電されている多数の機器が置かれ、配線が張りめぐらされている。

　このような屋内パイプフレーム方式の電気室では、ほとんどの充電部が露出しているため、作業者に危険が及ばないように、電気機器の保守に必要な通路の幅、高さ等が定められているが、取扱いを誤れば、キュービクルタイプの電気室に比べると、危険なものになりえる。

　このような危険な場所、それも箱に乗らなければならないような高くて狭い場所に棚を作り、電材品置場にしていたこと自体、無謀な事といえる。しかも、電気工事に数十年も従事し、危険については十分認識していたはずでありBさんや工場長に注意を受けた時に、なぜすぐに改善しなかったのかと考えさせられてしまう。また、Bさんも電気主任技術者として、はっきりAさんにやめさせるべきであったことは明白であろう。

　電気主任技術者は、Aさんのようによく出入りする者に対しても、従業員と同じように安全に対する教育を行い、慣れによるミスを防ぎ、安全意

識の向上を図るべきである。

　また、日頃から電気室にはしっかりと錠を掛け、むやみに人が立入ることのないようにし、どうしても入室が必要な時には、電気主任技術者ないしは代務者とともに入室すべきである。

　過去の感電事故例をみても、このような作業にあたっての基本的事項のルール違反によるものが数多く発生している。

　いくら保安教育の強化や徹底をしても、いくら安全作業の見直し、整備を実施しても、最終的には作業者一人一人の考え方が誤っていれば、事故は未然に防ぐことはできないものである。また、便利で使い易い電気であっても、その取扱いを誤れば、いかに危険なものであるかということを、取扱者本人が自覚しないことには、他人ではどうすることもできないという人間の悲しい一面を見せられたこの事故であった。

## 電気事故例No. 7

# 変電所の改良工事中に工事関係者感電死亡事故

事　業　場　鉄道事業
事故発生個所　受電用遮断器

## 1　事故の発生場所

この事故は、変電所において発生した。

同社の電気保安体制は、各支社の工務部電力課長が電気主任技術者に選任されており、同支社所管の各電力所において変電所等電気設備の改良工事は実施されている。（**図4-9-15**参照）

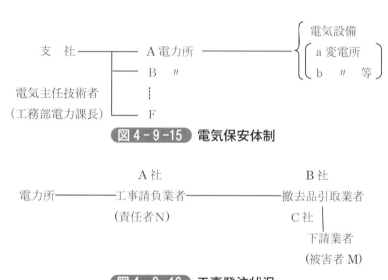

**図4-9-15**　電気保安体制

**図4-9-16**　工事発注状況

## 2　事故の発生状況

⑴　事故発生前の状況

同社は、各地にある変電所の老朽化した受電用遮断器の取り替え等改良工事（以下工事という。）を順次実施することとしていた。

当該変電所の工事は約1カ月の期間で電気工事会社と請負契約により実施していた。工事に伴う既設の受電用遮断器、配電盤機器等はスクラップとして売却予定であった。（**図4-9-16**参照）

⑵　事故発生時の状況

被害者（M）は同工事の撤去品（受電用遮断器、配電盤機器等）の引取

業者（Ｂ社）の下請（Ｃ社）の現地引取り責任者として工事に従事していた。

　当日、工事の責任者（Ａ社）のＮは、９時５分頃同変電所に到着した。そこで、９時40分まで停電しないので、それまでは作業できないこと及び作業上の注意事項を建築関係の作業員５名（建屋修繕作業担当〉とＣ社の社員に説明した後、安全な場所（変電所入口付近）に集積してある撤去品の搬出を許可した。９時20分頃Ｃ社のＭが入所し、作業責任者のＮに「オハヨウゴザイマス」と声を掛けた。Ｎは撤去品搬出作業の進捗状況を見にきたと思い特に気にとめなかった。Ｎは修繕作業の指示をするため屋内に入った。その時Ｍは、翌日の作業の下見をするため受電用遮断器（売却予定）の近くにおもむいたと推定される。

　変電所建屋内で床面の張替工事の指示をしていたＮが９時25分頃瞬時停電があったので不審に思い屋外に出ようとした時、外にいた作業員が誰か落ちたといって屋内に入ってきたので急いで外に出たところ、Ｍが受電用遮断器の下に仰向けに倒れていた。Ｍを発見したＮは、直ちに人工呼吸を実施し、救急車の手配をし病院に収容したが事故発生35分後に死亡した。

　なお、Ｍが感電した時の状況はＣ社の社員をはじめ誰も見ていなかった。

　Ｍは、私服、ヘルメットなしで受電用遮断器の架台の上に昇り、誤って左肩が充電部に接触、感電したものと推定される。（**図4-9-17**、**図4-9-18**参照）

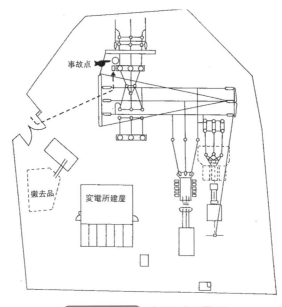

事故点

撤去品

変電所建屋

**図４-９-17**　変電所配置図

　また、感電した時間は、予定の停電作業に入る前だったので、変電所構内の安全ロープによる区分けはなされていなかった。

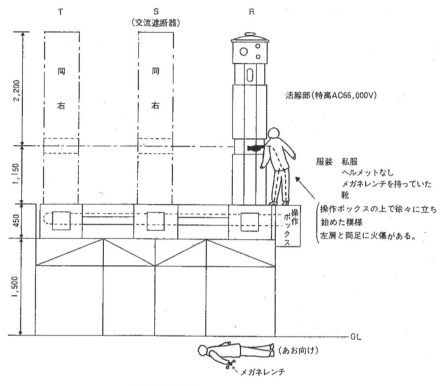

**図 4－9－18**　事故発生時の状況図

## 3　事故原因と事故防止対策

(1)電力所、工事業者及び引取業者等関係者による事前の「作業打合わせ」
　が充分なされていなかった。
(2)撤去品の引取りの際、立会業務が行われていなかった。
(3)工事請負業者に対して、関係者の構内立入の際の安全指導が充分なされ
　ていなかった。
　同社では、この事故発生後、ただちに「事故調査委員会」を開くととも
に、その検討結果を踏まえて次のような事故防止対策を実施した。
(1)受電中の変電所構内には撤去品の引取業者は原則立入らせない。
(2)撤去品の引取業者を受電中の変電所構内に立ち入らせる時は必ず監視人
　をつけ、安全ネット等で充電部分を完全に区画する。
(3)撤去品の搬出はできる限り変電所構外まで電気関係の業者が搬出する。
(4)変電所に出入りする時以外は門扉は必ず施錠する。

なお、これらのことを周知徹底するため、支社工務部電力課長（電気主任技術者）から各電力所長あて下請、孫請会社の指導を強化するよう文書で通知が行われた。

⑴撤去品の引取業者と電力所との「作業打合わせ」の徹底を図ること。

⑵撤去品の引取りの際に立会業務を確実に行うこと。

⑶工事請負業者に対し関係者が構内に立ち入る際の安全指導を徹底させること。

⑷構内作業の際は安全ロープを使用し、充電箇所への立入を禁止すること。

　さらに、各請負工事会社に対しても同様に通知が行われた。

⑴充電部に近づく恐れのある作業は事前に電力所へ連絡し許可を受けてから行うこと。

⑵撤去品の引取業者等は電力所との作業打合わせを確実に行うこと。

⑶変電所構内は通常充電状態であることの認識をすること。

⑷電力所の指示がない限り、機器等には触れないこと。

　以上、変電所における撤去品回収業者の感電死亡事故を紹介した。

　この事故は、工事関係者の「事前打合わせ」、「作業責任者等の監視」が不十分であったために起きたものである。

　日頃から、電気工事等に携わる者は関係者との連絡体制を密にし、安全対策を徹底することが必要であろう。

## 電気事故例№. 8

# 配電盤けい光灯取替作業中の感電死亡事故

事　業　場　公民館
事故発生個所　高圧動力盤上部の断路器

### 1　事故の発生場所

ある公民館の電気室において感電死亡事故が発生した。

当該事業場は、受電電圧6.6kV、受電電力318kW で、電気設備の維持管理は主任技術者と被災者の２名が担当していた。

### 2　事故の発生状況

① 受電室は、地下１階に機械室と隣り合わせて設置されており、両名の作業机は機械室の一画に設置されている。

② 事故当日、主任技術者が執務中、その机の前方を被災者が「けい光灯を取替えてきます」と声をかけながら横切り、機械室を出て行った。

③ 主任技術者は、執務を続けていたが、約７分後に事業場が全停となったため電気室に急行したところ、高圧動力盤前のコンクリート床に、被災者が仰向けに倒れているのが発見された。

④ 被災者は脚立に昇り、盤名表示灯のけい光ランプ交換作業中、誤って頭上の断路器に頭部を接触し感電した。

⑤ そのはずみで脚立から転落、頭部をコンクリート床で強打し、脳挫傷のため３日後に死亡した。

⑥ 事故時の被災者の服装は、無帽、ポリエステル綿混紡の作業服、ゴム底紐付運動靴着用。また、当事業場の電気室は、**図4-9-19**のとおりであり、高圧動力盤と断路器の位置関係は**図4-9-20**に示すとおりである。

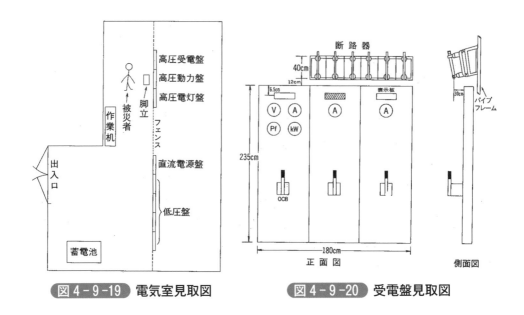

図4-9-19　電気室見取図　　　　　図4-9-20　受電盤見取図

## 3　事故原因と事故防止対策

### (1)　事故原因

感電事故の場合、事故原因そのものは通常、単純な事実であり、この事故の場合一次原因は充電部に異常に接近したか接触したことであり、二次原因は頭部を強打したことである。

しかし、重要なのは、こうした原因を発生させるに至った原因、すなわち、事故の要因の方であろう。原因と要因の関係を簡単に図示すると、**図4-9-21**のようになる。（この図においては、原因と事故を継ぐスイッチがONになれば事故発生となり、そのスイッチをONにさせるものが要因である。）

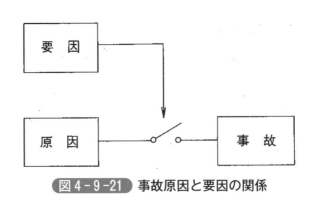

図4-9-21　事故原因と要因の関係

こうした要因は通常一つではなく、多数存在しており、しかもそれらの間に、一次要因、二次要因というように階層が形成されている。従って、これらの要因が総て抽出され、検討がなされなければ事故防止対策は完全なものとはならない。

この事故の場合には、次のような一次要因が考えられる。

① 作業に関して主任技術者の指示を仰がず、被災者が単独行動を取った。

② 本来、停電作業とするか活線近接作業とすべき作業を、停電せずに無防備で実施した。

③ 主任技術者が被災者の行動をチェックしなかった。

さらに、こうした要因が発生する以前には、その下地となる別の要因が存在するのが普通である。

④ 被災者に対する教育の不足、身体の不調、適性の欠如

⑤ 作業要領や規則の不備

⑥ 職場環境や作業スケジュールの問題

⑦ 電気工作物設計における人間工学的な不備

当該事業場においても、主任技術者及び従業者の行う作業の区別化、共同作業を行う際の安全管理者の設定、活線近接作業時の安全保護具の着用義務等について未確立な部分の有ることが、事故後の検討で指摘されている。

## (2) 事故防止対策

事故の再発を防止するためには、前述の事故要因を総て洗い出し、対策を立てねばならない。これらは、事故要因そのものを発生させないこと、もし要因が発生したとしてもそれがチェックできることをポイントに検討し、その結果を作業要領や規則の中に織り込んで行くことになる。

しかし、私たち生身の人間にとって、がんじがらめの作業要領や、きびし過ぎる規則は、それを守り通し、常時緊張を維持することは困難なことであり、当然、ソフトウェア面でのフェイルセーフ機構の導入や、人間工学的な配慮を行うことも必要であろう。さらに、できあがったソフトウェア（作業要領や規則等）に対するデバッグ（問題点を取り除く作業）が必要となるが、これには化学プラント等で使われるセーフティーアセスメントの手法が役に立つと思われる。

当該事業場においては、安全作業を徹底するため、作業要領を明文化し、危険作業は複数で行い、そのうち1名以上を安全管理者とすること、活線近接作業には必ず保護具を着用することなどが規定された。

しかし、これらは当たり前の事を規定したに過ぎず、もう一歩進んだ対

策が必要であると思われる。

　通常、事故が発生してから急遽こうした作業が行われるが、これらは平常時にこそ実施すべきものであると思う。

## 電気事故例№. 9

# 暗きょ内の高圧トロリー線による感電死亡事故

事　業　場　造船所

事故発生個所　マンホール内の裸トロリー線

## 1　事故の発生場所

　この事故は、暗きょ内に排水用ポンプを据え付けるため、新たにその配管用のさく孔作業をしているとき発生したものである。マンホールの蓋には、リミットスイッチをつけ蓋を開くと、マンホール内のクレーン用裸トロリー線の電源を遮断するような保護回路を設置しているが、事故時には、当該工事のためインターロックを解除していたので、マンホールの蓋を開いても電源は、遮断されないようになっていた。

## 2　事故の発生状況

　この事故は、海と山とに囲まれた風光明媚な港町のある造船所で発生した。

　この造船所構内の修繕用ドックには、大形のクレーンがあり、地下式の6.6kV トロリー線（図1）から電力を供給していた。地下式のトロリー線は、暗きょ式になっており、必要に応じて、点検のための空間としてマンホールを設置していた。暗きょ内は、雨が降ったときなど内部への浸水が多いので、水中ポンプを設置して対応してきたが、更にその排水能力を向上させるため、新たに1台を増設することになった。

　土曜日と翌日曜日の両日で、排水ポンプ用配水管を埋設するための地上の側溝掘削工事と配管工事の作業を行い、月曜日には、暗きょ内の配管に関連したさく孔工事を停電で実施するという計画になっていた。地上での側溝掘削及び配管は、予定以上に進捗し、土曜日のうちに作業が終ったので、日曜日は作業を休むことになった。（トロリー線の停電日は、月曜日の予定であったため。）

　ところが、土木工事請負業者の作業員2名は、日曜日は休業するという打合せを行っていたにもかかわらず、さく孔の作業を行うこととした。作業準備の後、作業員の1名が、危険表示及び進入防止用の区画ロープを取除いて、マンホールから内部へ入り、検電等の安全行為を全く行わずに、

砕岩機にてさく孔作業を開始した。しばらくして、もう一人の作業者（被災者）も、マンホール内へ下りて来た。さく孔作業をしていた作業員が、そのまま作業を続けていたとき、後方からせん光が発したのを感じたので、作業を中止して振り返ってみると、被災者がトロリー線の前で、うずくまって倒れているのを発見した。1人では救助できなかったので、近くの事務所へ連絡し、救急車の依頼を行うと共にトロリー線を停電した後、被災者をマンホール内から救出し、酸素吸入を続けながら救急車で病院へ運び込んだが、間もなく死亡した。

　被災者が感電した場所は、**図4-9-22**のようになっており、作業を行っていた場所が暗きょ式のトロリー線を点検するための通路側であり、また、

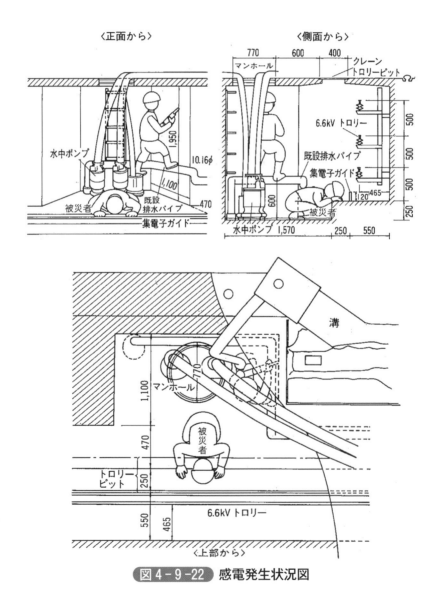

**図4-9-22** 感電発生状況図

既に水中ポンプを、臨時配管にて据え付けた状態になっていた。被災者は、6.6kV の裸トロリー線で感電したことは間違いないと思われるが、なぜマンホール内へ入ってきたのか、どのような状態で感電したのかは、近くにいた同僚も見ていなかったため不明である。

## 3　事故原因と事故防止対策

今回の工事は、クレーン用トロリー線を布設している暗きょ内の排水を行うために、水中ポンプを増設していたということは、既に述べたとおりであるが、この工事に当たっては、次のような安全対策を実施することとしていた。

工期は、土、日、月曜日の三日間の予定で、土曜日と日曜日で、水中ポンプ設置場所から海までの地上での配管を行い、水中ポンプへの配管工事は、高圧裸線のトロリー線を布設している暗きょ内での作業が必要なため、停電日を月曜日と定めて、この時に作業を行う工程となっていた。

工事に当たっては、作業を開始する前日の金曜日に安全対策会議を実施した。

関係者の出席は、施設者側より動力の担当者３名と当該設備の管理者及び工事請負業者とその下請業者の代表者などで、工事内容及び工事中の安全管理について協議した。また、翌土曜日には、作業開始前にミーティングを行い、請負業者の代表者が、会議で協議した注意事項を作業員に伝えた後、作業に取りかかった。

作業は予定以上に進んで、日曜日の作業分まで土曜日に終ったため、業者の代表者は、作業員に日曜日は休むことを指示し、その日は作業区画内及びマンホールの周囲を整理した後、マンホールの囲りにロープを張って、危険表示と立入禁止の表示を取り付け安全を確認した。

今回の工事に当たっては、安全対策会議や作業前のミーティングなども行われており、一通りの安全対策の配慮はうかがえる。

事故当日、作業を行った２人は、前日の打合せでその日は休むことになっていたことを無視し、月曜日に停電して行うことになっていたさく孔工事を始めた。さらに、このとき、安全対策会議で定めたチェックリストによる停電の確認や酸欠防止対策を行わずにマンホール内へ入るなどしており、作業者の過失は大きい。

しかし、土木業者であっても、高圧の裸線が危険なことくらいは充分に知っていると思われ、マンホール内に高圧の裸トロリー線が施設してあって、これが『充電状態である。』ということを理解しておれば、容易にマ

ンホール内へ入ることもなかったと思われる。

　推定ではあるが、このようなことを考えてみる。会議やミーティングの内容の伝達が、充分に作業員まで徹底していたのか、また作業員が理解して作業を行っていたのか非常に疑問である。

　これらの観点から、当事業場の事故防止対策としては、工事業者の教育のみならず、指示伝達を徹底し、作業の安全確保をはかってから作業を実施する習慣を身につけさせる。また、例え工事中といえども、マンホールの蓋を施錠、仮溶接などを行って、業者が勝手に内部へ入れない措置を講じ作業の安全を確保することとした。

　一般に、ミーティング等を行っても、末端の人達まで充分に内容が伝わっていないことが往々にしてある。ミーティング等の数だけいくら多くても、その内容や伝達が充分でなかったら、全く意味のないものとなってしまう。また、伝達を充分に行おうとしても、聞く者の体調・注意力・内容などによっては、伝達しようとしたことと違ったものになる可能性すらあるので、文書と口頭で確実に伝達しなければならない。要は、伝達方法の問題である。作業の安全というものは、充分な対策を立案するとともに、作業員全員に対し、安全を認識させるため、作業ごとのきめ細い内容をよく把握させる体制を確立することであると思われる。

　人身事故絶滅のため、関係者各位が一丸となって常に細心の注意と努力によって対処しなければならない。

## 電気事故例№.10

# 受電用高圧断路器の接触による感電死亡事故

　　事　業　場　生命会社ビル
　　事故発生個所　受電室

## 1　事故の発生場所

　この事故は、ある生命会社ビル（受電電圧6.6kV、受電電力900kW）の受電室で発生した。当ビルの電気設備も含めた設備管理は外部に委託されており、設備主任1人、副主任（電気主任技術者）1人、係員2名の計4名で行われていた。被災者は、係員2名のうちの1名で、電気設備管理の経験を充分有していた者であるが、受電室の日常巡視点検中誤って受電用高圧断路器（DS）に接触、感電死亡したものである。

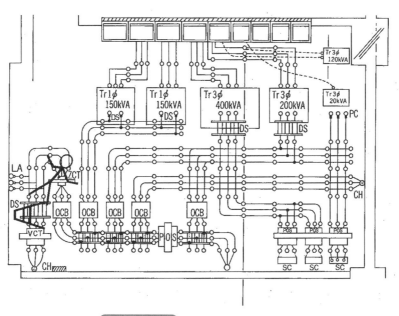

**図4-9-23** 事故発見時の状況図

## 2　事故の発生状況

事故当日の状況は、次のとおりである。

8：30　朝礼後、定例のミーティングがあり、当日の作業分担の確認があった。

8：55　電気主任技術者は、定例の空調機の運転状態確認のため塔屋に行く。

　　　　被害者は、中央監視室（地下2階）で監視業務につくと共に、当日の点検予定機器の点検表、運転日誌などの用紙を準備していた。

9：10　塔屋の機器確認を終えた電気主任技術者と被災者は、ともに非常用発電機室に入り、日常巡視点検を行った後、中央監視室に戻り、チェックリストの結果の検討をしていたところ、設備主任から「8階の湯沸し器が故障しているので修理に行くよう」命令されたので、電気主任技術者は修理に行った。

9：30　湯沸し器の修理を終えた電気主任技術者が、中央監視室に戻ったところ、被災者はいなかった。電気主任技術者は、日常巡視点検が継続されていると思い、被災者に合流しようとして、受電室の扉をあけたところ受電用DSの下に脚立と共に倒れている被災者を発見した。

以上のとおり、事故の目撃者はいないが、

①　被災者のそばに脚立が倒れていた。

②　受電用DSのヒンジ部分に髪の毛が付着していた。

③　左手のひらに火傷の跡があり、更にパイプフレームの支柱部分に左手で握った跡があった。

などから推定すると、被災者は受電用DS、又はその周囲に異常を認めたか、更に詳細な状態を調べるため機械室の工具置場から脚立を持込み、左手でパイプフレームの支柱を握り脚立に昇ったところ目測を誤り、受電用DSのヒンジ部分に頭部が接触、感電したものと思われる。

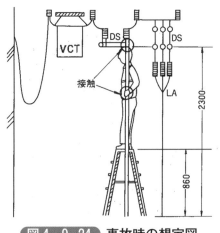

図4-9-24　事故時の想定図

## 3　事故原因と事故防止対策

　この事故の原因は、被災者が電気主任技術者に何ら連絡することなく脚立を受電室に持込み、更に無防備で高圧の裸充電部に接近しようとしたことである。

　受電室は裸充電部が多く、ヘルメット等をかぶることなく足場が不安定な脚立に昇ることは危険であり、電気取扱者であれば誰れもが承知していることである。被災者は几帳面で、物事を徹底的に納得するまで追求する性格であり、このような性格から異常の調査に夢中になり、安全に対する配慮が失われていたのかもしれない。それとも、自分だけは大丈夫と思い込んでいたのだろうか。いずれにしても、感電防止の基本が履行されていなかったことは間違いない。

　また、受電室は地下2階にあり、中央監視室を通らないと出入りできないため施錠がされてなく、このため職場全体に受電室に対する危険区域の認識が薄らいでいたことが充分考えられ、今回の事故の一因となっていたものと思われる。

　これに対して、当事業場では、①保安教育の再教育による安全作業の強化、②社員教育の強化（独善的行為の戒め）、③朝礼のマンネリ化の防止、④安全帽着用の義務化、⑤受電室の施錠等、対策が打出されたが、これらはどれをとっても常日頃から実施されていなければならないものばかりである。

　日常同じことをくり返していると、人間の常として安全に対する意欲は除々に低下していくことは充分考えられる。これに対しては、常に職場全体に安全の確保は最重要事項であるとの認識を行渡らせることが必要であり、従業員の協力はもちろんであるが、特に現場の管理監督者の熱意と姿勢に負うところ大といえる。

# 高圧絶縁電線の接触による感電死亡事故

事　業　場　養鶏所

事故発生個所　高圧架空電線路

## 1　事故の発生場所

　海岸地帯のところに、のどかな農村がありその一郭に養鶏場がある。その養鶏場の構内の高圧架空電線路において事故は発生した。養鶏場は受電電圧6.6kV、受電電力65kW であり、**図4-9-25**に示すような経路で高圧架空配電線路が引込まれ屋外キュービクルで受電されている。この養鶏場は事故発生の前日に受電を開始したばかりであり、構内では飼料タンクの据え付け工事等が進行中であった。

　事故はこの高圧配電線路の屋外キュービクルへの引込み部分で発生した。

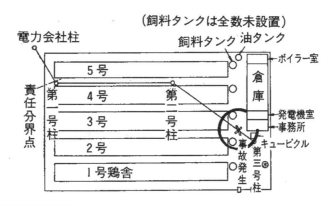

**図4-9-25**　事故時の高圧引込線経路及び事故発生場所

## 2　事故の発生状況

　天候晴、6時39分、養鶏場では前日の10時30分に受電を開始し、電灯に明かりがともり、動力も運転を開始し、建設も順調に進んでいた。6時30分頃、発注してあった飼料タンクが2トンのクレーン車で運ばれていた。

　飼料タンクの据付け工事はK商事会社が請負い、NとIがそれを担当していた。2人は運搬通路の上空にある高圧架空配電線路に気付き、Nはクレーン車から降り、「前へ、前へ、」と車を誘導し、高圧線の手前で車を停車させ飼料タンクを吊っているクレーンのアームが高圧線に接触しないよ

うに通過させようとした。だが、アームが高かったのでNはアームを下げるためクレーンの操作レバーを動かした。クレーンのアームを下げたNは再び飼料タンクの所に行き、高圧線の下をなんとか通過させようと飼料タンクの脚を持って動かしていた。この時、クレーンのワイヤロープが高圧線に接触していたのだが、Nはそれに気付かなかった様である。

　動かしているうちに、高圧絶縁電線（屋外用ポリエチレン絶縁電線5㎜）の被覆が破れ、高圧絶縁電線が断線するとともにNは感電死亡した。（**図4-9-26**）

　この事故により1,200kW、1253軒が1分間停電したが、再送電は成功している。

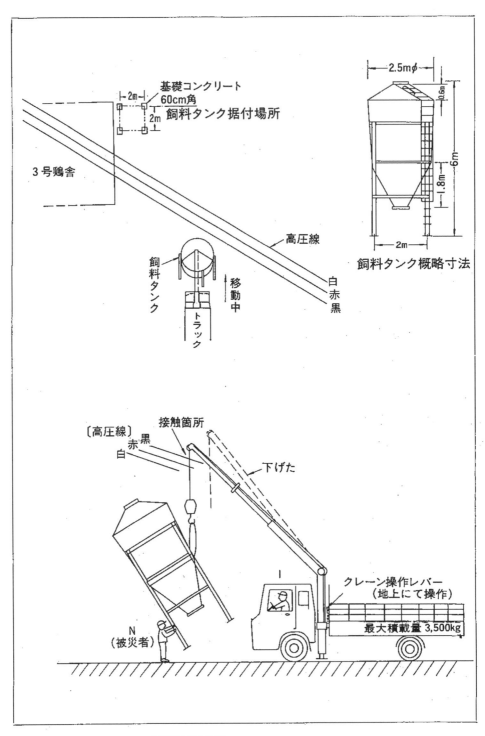

図4-9-26 感電事故時の想像図

## 3　事故原因と事故防止対策

　同養鶏場では、当初**図4-9-27**の様な経路で高圧線を引込む計画であったが、高圧架空配電線路が通過する経路の地主が承知せず、どうしても了解が得られなかったため、配電線路の経路を変更し、構内の境界に沿って施設しようとしたが、建設その他から高圧架空配電線路の離隔距離をとる事が困難であったので、止むを得ず**図4-9-25**の様な経路としたものであった。

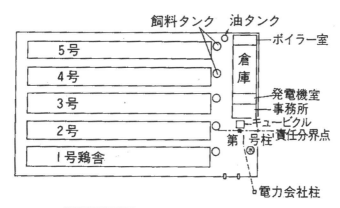

**図4-9-27**　当初計画の高圧引込経路

　Ｋ商事会社のＮは、当初、高圧線に触れないよう車を誘導しており、高圧配電線の危険性は充分承知していた事と思うが、クレーンのアームを操作する時点で目測を誤ったものと考えられる。また、飼料タンクが大きかったため上部の見通しが悪かった事も事実であるが、高圧絶縁電線に対する過信があった事も事実である。だが、基本的には計画のとおり**図4-9-27**のように高圧架空配電線路が引込まれていればこの事故は発生しなかったものと考えられる。

　現在はこのように用地交渉が難航する事が多く、配電線路にしろ、送電線路にしろ、予定の経路を変更しなければならないことが多い時代である。相手がある事で何ともいえないが、このような事故が発生しないようお互いに考究する事は必要である。

　なお、高圧架空配電線路の地上高は7.2mであり技術基準上も問題はなく、経路部分も他物との離隔も充分にあった。電線は絶縁被覆の部分が溶けており、電線は完全に溶断している。ワイヤロープも素線が切断されており、事故の生々しさを物語っている。

□ ■ □ ■ 第5編 ■ □ ■ □

実技教育

> 講習のねらいとポイント

　ここでは、1時間の実技教育の例として、高圧充電電路の操作業務について学習します。

　労働安全衛生特別教育規程第5条では、実技に関する具体的な教育項目についての記述はありません。

　本テキストでは、実技教育の「充電電路の操作」の業務を安全に遂行できるように、必要な作業項目（検電器の取扱、通電禁止札の取付け、ゴム手袋の着用等）を織り込んだ実技教育を記載しています。

　なお、「高圧若しくは特別高圧の充電電路又は当該充電電路の支持物の敷設、点検又は修理の業務」に従事される場合は、15時間以上の実技教育が義務付けられています。


〔実技教育例〕

## 1　受電室施設などの停電作業を行う場合の操作手順

(1)　停電作業時の留意事項

　受電施設の点検、改修などのため停電作業を実施するときは、作業指揮者を定め次の点に留意して実施しなければならない。（安衛則第350条）

① 　作業計画

・実施内容を検討のうえ停電区域を決定する。（必要により現場調査を行う。）

　なお、電力会社所有の分岐開閉器の開閉操作を必要とする場合は、電力会社へ事前に連絡し、操作を依頼する。

・必要な人員、保護具、防具、工具、計測器などの必要数量を決定する。

・停電時間を決定する。（関係部署と打ち合わせを行い、ゆとりをもつこと。）

② 　作業準備

・作業内容、手順、作業分担、安全確保上の留意点などについて全員で打ち合わせる。（TBM：ToolboxMeeting）

・直前に関係部署に停電を通知し、関係者全員に周知する。

・不時の事故に備え応急処置法を打ち合わせる。

・保護具、防具の点検、作業標識などの確認をする。

③ 　作業着手

・作業指揮者（作業指揮者については第6編第1章5「電気工事作業指

揮者に対する安全教育について」P.348参照）

・人員の配置を定め、作業の分担を指示する。

・安全措置を講じた場合は、作業指揮者自らが確認し、作業の着手を指示する。

・作業を直接指揮し、作業者の動作を見守って危険防止に努める。

＜作業者＞

・指揮者の指示に従って正しい手順で作業する。

・作業中は勝手な行動はせず、必ず指揮者の指示を受ける。

・連絡、報告は正確に行う。

・使用する保護具、安全作業用具、防具は必ず良否を点検したのち、使用する。

(2)　停電作業時の措置

　停電作業を実施するときは、当該電路を開路した後に、次の措置を講じなければならない。（安衛則第339条）

①　開路した開閉器に、作業中施錠し、若しくは通電禁止に関する所要事項を表示し、又は監視人を置くこと。

②　開路した電路が電力ケーブル、電力コンデンサなどを有する電路で、残留電荷による危険を生ずるおそれのあるものについては、安全な方法により当該残留電荷を確実に放電させること。

③　開路した電路が高圧又は特別高圧であったものについては、検電器具により停電を確認し、かつ、誤通電、他の電路との混触又は他の電路からの誘導による感電の危険を防止するため、短絡接地器具を用いて確実に短絡接地すること。

　また、作業中又は作業を終了した場合において、開路した電路に通電しようとするときは、あらかじめ当該作業に従事する労働者について感電の危険が生ずるおそれのないこと及び短絡接地器具を取り外したことを確認した後でなければ、行ってはならない。

## 2　停電操作順序

### (1)　オープン式受電設備の場合（例）

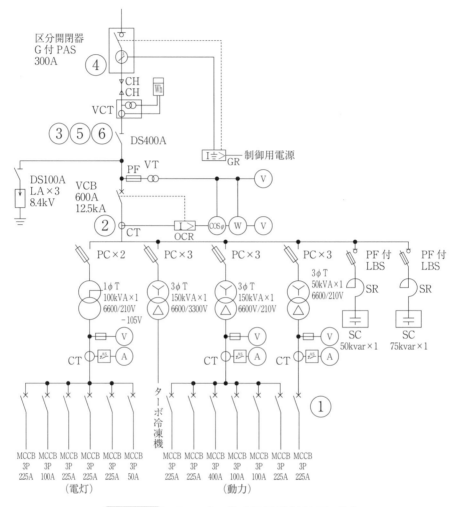

図5-1　オープン式受電設備結線図（例）

・操作順序（停電）

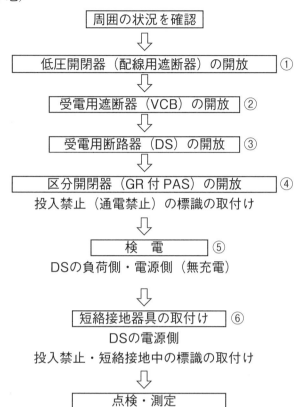

周囲の状況を確認

⬇

低圧開閉器（配線用遮断器）の開放　①

⬇

受電用遮断器（VCB）の開放　②

⬇

受電用断路器（DS）の開放　③

⬇

区分開閉器（GR 付 PAS）の開放　④
投入禁止（通電禁止）の標識の取付け

⬇

検　電　⑤
DSの負荷側・電源側（無充電）

⬇

短絡接地器具の取付け　⑥
DSの電源側
投入禁止・短絡接地中の標識の取付け

⬇

点検・測定

・停電操作手順

| 手順 | ポイント | 補足説明 |
|---|---|---|
| 停電範囲を決める | 作業予定区域を完全停電できるか確認する。 | 作業区域が、充電部に接近する場合は活線作業とする。 |
| 開閉器を開放する | 低圧側（負荷側）から高圧側（電源側）に開放する。 | ・柱上開閉器の場合は、直下作業しないこと。<br>・各機器の操作手順は、第４編第６章「開閉装置の操作」参照。 |
| 検電する | ・作業区域に最も近い開閉器などの電源側、負荷側の各々の無充電を確認する。<br>・検電箇所の接地体から徐々に検知部を近づけ、被検電箇所に完全に接触させる。 | ・保護具を着用する。<br>・最も電源に近い区分開閉器で、これの負荷側以降を停電する場合は、電源側の検電確認は行わない。<br>・各相（各線）を検電する。<br>・近づける途上で検電器が発光（音）すれば充電されているのでこれ以上近づかないとともに作業指揮者の指示をあおぐ。 |
| 通電禁止札を取り付ける | 開閉器の操作部又は下部の見やすい位置に取り付ける。 | 通電禁止札（例）（図5-2参照） |

| | | |
|---|---|---|
| 短絡接地器具を取り付ける | ・誤送電があっても作業区域内には流入しない箇所を選定して取り付ける。<br>・接地極側から取り付ける。<br>・フック部を身近な相から1相ずつ順に確実に取り付ける。 | ・保護具を着用する。<br>・短絡接地器具を取り付けるまで、活線として取り扱う。<br>・リード線を身体に触れないようにする。<br>・ケーブル、コンデンサなど静電容量の大きいものは、フックを確実に接触面にあて残留電荷を放電させた後取り付ける。 |
| 作業標識を取り付ける | 充電部との安全距離を確保する。 | 立入ると危険なところ、うっかり触れやすいところ、誤りやすいところに取り付ける。 |
| 作業開始 | 作業指揮者の指示に従う。 | |

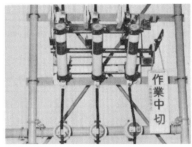

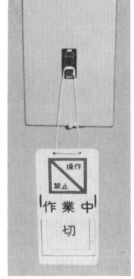

図5-2 通電禁止札（例）

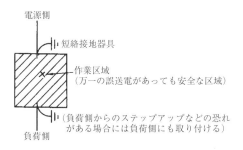

図 5－3　短絡接地器具の取付箇所

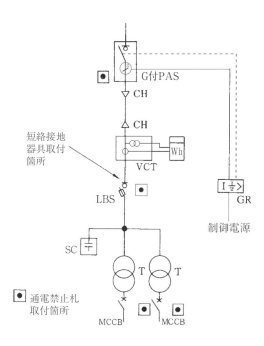

図 5－4　短絡接地器具取付け及び残留電荷放電箇所（例）

(2) ケーブル引込みの場合（例1）

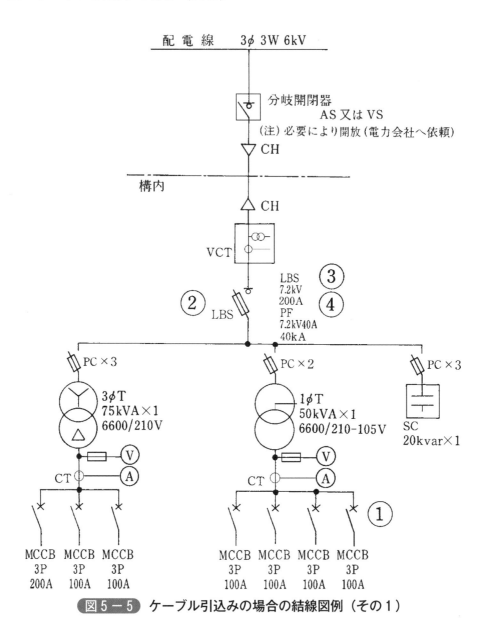

配電線　3φ 3W 6kV

分岐開閉器
AS又は VS
（注）必要により開放（電力会社へ依頼）

CH

構内

CH

VCT

LBS
7.2kV
200A
PF
7.2kV40A
40kA

② LBS　③ ④

PC×3　PC×2　PC×3

3φT
75kVA×1
6600/210V

1φT
50kVA×1
6600/210-105V

SC
20kvar×1

CT　Ⓥ Ⓐ

CT　Ⓥ Ⓐ

①

MCCB MCCB MCCB
3P　3P　3P
200A 100A 100A

MCCB MCCB MCCB MCCB
3P　3P　3P　3P
100A 100A 100A 100A

**図5-5 ケーブル引込みの場合の結線図例（その1）**

操作順序（停電）

① 低圧開閉器（配線用遮断器）の開放
② 高圧交流負荷開閉器（LBS）の開放、通電禁止の標識の取付け
③ 検電
④ 短絡接地器具の取付け（停電した電路の電源側に最も近い部分）

(3) ケーブル引込みの場合（例2）

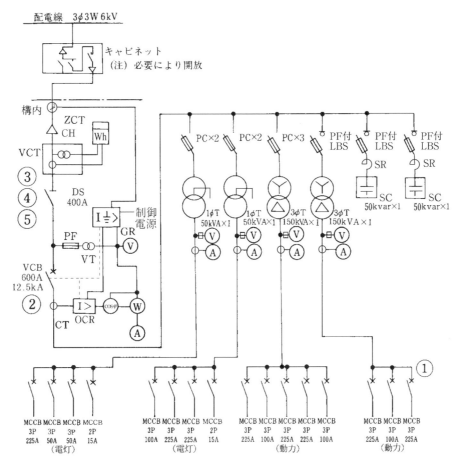

**図5-6** ケーブル引込みの場合の結線図例（その2）

操作順序（停電）

① 低圧開閉器（配線用遮断器）の開放
② 受電用遮断器（VCB）の開放
③ 受電用断路器（DS）の開放、通電禁止の標識の取付け
④ 検電
⑤ 短絡接地器具の取付け（停電した電路の電源側に最も近い部分）

(4) 架空引込みの場合（例1）

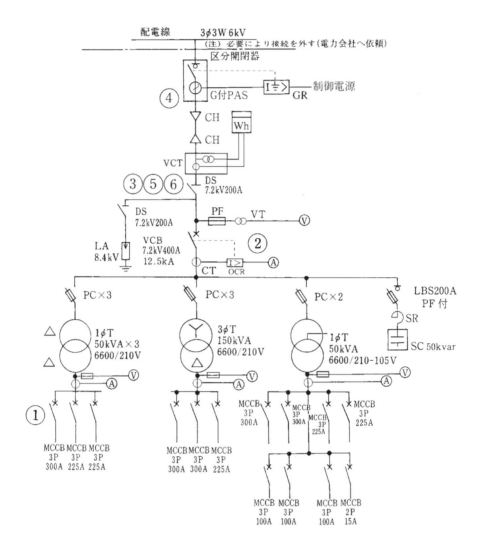

**図5−7** 架空引込みの場合の結線図例（その1）

操作順序（停電）
① 低圧開閉器（配線用遮断器）の開放
② 受電用遮断器（VCB）の開放
③ 受電用断路器（DS）の開放
④ 高圧区分開閉器（GR付PAS）の開放、通電禁止の標識の取付け
⑤ 検電
⑥ 短絡接地器具の取付け（DSの電源側）

(5) 架空引込みの場合（例2）

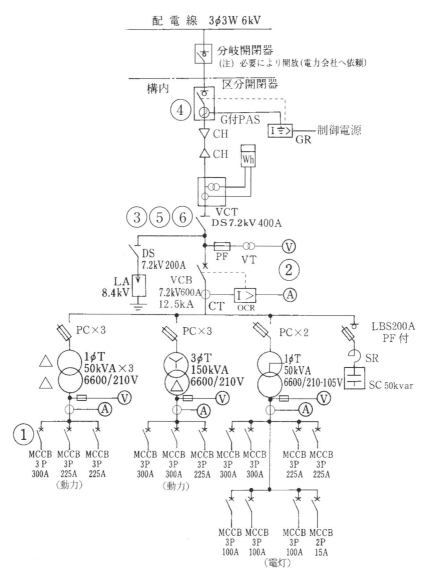

**図5−8** 架空引込みの場合の結線図例（その2）

操作順序（停電）

① 低圧開閉器（配線用遮断器）の開放

② 受電用遮断器（VCB）の開放

③ 受電用断路器（DS）の開放

④ 高圧区分開閉器（GR付PAS）の開放、通電禁止の標識の取付け

⑤ 検電

⑥ 短絡接地器具の取付け（DSの電源側）

## 3 送電操作順序

(1) オープン式受電設備の場合（例）

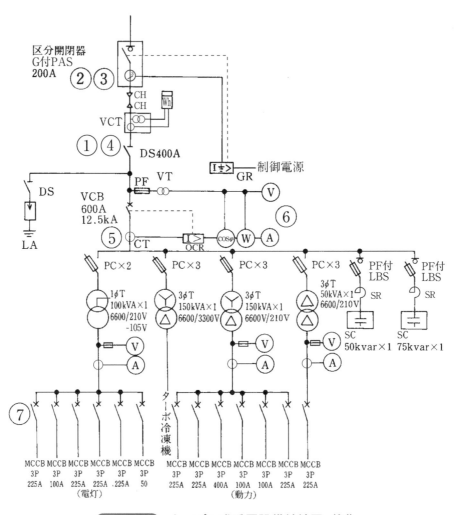

**図5－9** オープン式受電設備結線図（例）

・操作順序（送電）

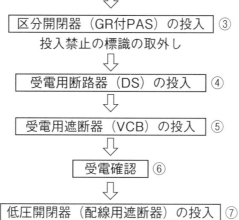

作業終了（送電準備）

⇩

短絡接地器具の取外し ①
投入禁止（通電禁止）・短絡接地中の標識の取外し ②

⇩

区分開閉器（GR付PAS）の投入 ③
投入禁止の標識の取外し

⇩

受電用断路器（DS）の投入 ④

⇩

受電用遮断器（VCB）の投入 ⑤

⇩

受電確認 ⑥

⇩

低圧開閉器（配線用遮断器）の投入 ⑦

・送電操作手順

| 手順 | ポイント | 補足説明 |
|---|---|---|
| 作業終了 | 作業後を点検する。 | 工具、保護具、防具、計測器、材料などの置忘れがないか、数を確認する。 |
| 作業標識を取り外す | | |
| 送電通知をする | ・作業員全員を集合させる。<br>・作業員以外の人にも周知させる。 | 関係部署にも通知する。 |
| 短絡接地器具を取り外す | フック側から取り外す。 | ・作業指揮者の指示により行う。<br>・保護具を着用する。<br>・取り外した後は活線として取り扱う。 |
| 通電禁止札を取り外す | | |
| 高圧開閉器を投入する | 高圧側（電源側）の開閉器を投入する。 | |
| 受電を確認する | 電圧計で各相の電圧を確認する。 | 必要により、検相する。 |
| 低圧開閉器を投入する | | |

(2) ケーブル引込みの場合（例1）

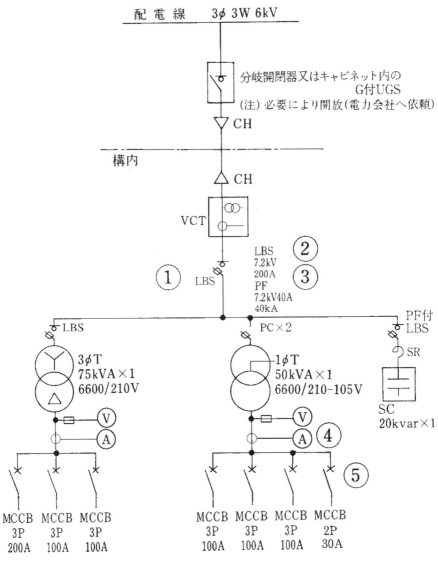

配電線　3φ 3W 6kV

分岐開閉器又はキャビネット内の
G付UGS
(注) 必要により開放(電力会社へ依頼)

CH

構内

CH

VCT

① LBS

② ③ LBS
7.2kV
200A
PF
7.2kV40A
40kA

LBS　　　　　PC×2

PF付
LBS

SR

3φT
75kVA×1
6600/210V

1φT
50kVA×1
6600/210-105V

SC
20kvar×1

Ⓥ　　　　　Ⓥ
Ⓐ　　　　　Ⓐ ④
⑤

MCCB　MCCB　MCCB
3P　　3P　　3P
200A　100A　100A

MCCB　MCCB　MCCB　MCCB
3P　　3P　　3P　　2P
100A　100A　100A　30A

**図5-10**　ケーブル引込みの場合の結線図（例1）

操作順序（送電）

① 　短絡接地器具の取外し

② 　通電禁止の標識の取外し

③ 　高圧交流負荷開閉器（LBS）の投入

④ 　受電確認

⑤ 　低圧開閉器（配線用遮断器）の投入

(3)　ケーブル引込みの場合（例2）

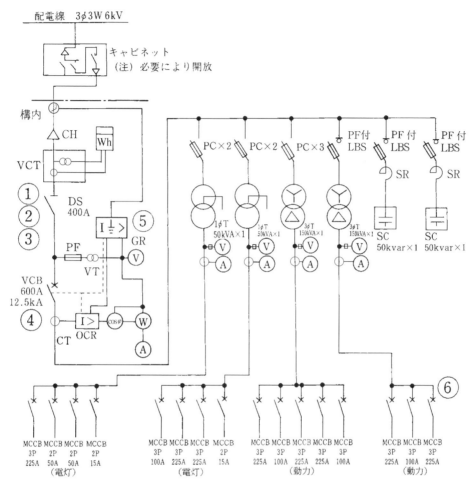

**図5-11** ケーブル引込みの場合の結線図（例2）

操作順序（送電）

① 短絡接地器具の取外し

② 通電禁止の標識の取外し

③ 受電用断路器（DS）の投入

④ 受電用遮断器（VCB）の投入

⑤ 受電確認

⑥ 低圧開閉器（配線用遮断器）の投入

(4) 架空引込みの場合 (例1)

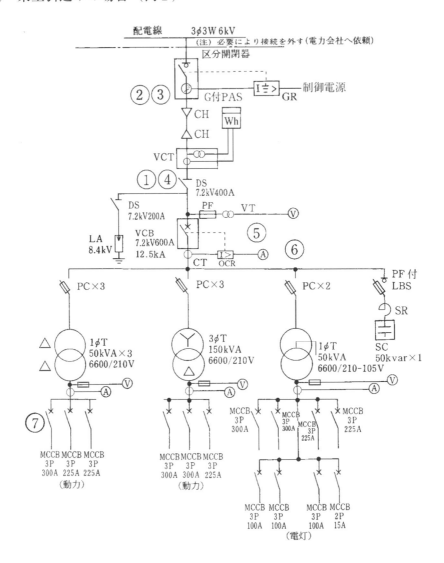

図5−12 架空引込みの場合の結線図 (例1)

操作順序 (送電)

① 短絡接地器具の取外し

② 通電禁止の標識の取外し

③ 高圧区分開閉器 (GR付PAS) の投入

④ 受電用断路器 (DS) の投入

⑤ 受電用遮断器 (VCB) の投入

⑥ 受電確認

⑦ 低圧開閉器 (配線用遮断器) の投入

(5)架空引込みの場合（例2）

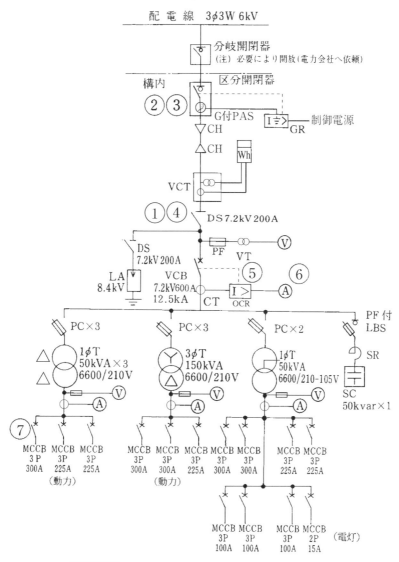

**図5−13** 架空引込みの場合の結線図（例2）

操作順序（送電）

① 短絡接地器具の取外し

② 通電禁止の標識の取外し

③ 高圧区分開閉器（GR付PAS）の投入

④ 受電用断路器（DS）の投入

⑤ 受電用遮断器（VCB）の投入

⑥ 受電確認

⑦ 低圧開閉器（配線用遮断器）の投入

# □ ■ □ ■ 第6編 ■ □ ■ □

---

## 関係法令

# ·第 1 章·

# 関係法令

講習のねらいとポイント

　この章では労働安全衛生法の大要とその中で高圧・特別高圧電気取扱特別教育が
どのように定められているかを知り、厚生労働省令に基づく電気による危険防止の
基準について学習します。

## 労働安全衛生法の制定について

　戦後、日本は驚異的な経済成長を遂げました。多くの企業が新たな技術
を次々と取り入れ機械や設備の大型化、高速化、自動化が進みました。し
かし、それに伴い、労働災害が著しく増え、大きな社会問題となったので
す。そこで労働災害を防止するため、昭和47年（1972年）に労働基準法か
ら分離独立し、労働安全衛生法が制定され国を挙げた取り組みにより、労
働災害の死傷者数は劇的に減少しました。

　労働災害による死亡者数の推移は**図6-1-1**のとおりです。

出典：厚生労働省「労働災害発生状況」を参考に作成

**図6-1-1**　労働災害による死亡者数の推移

## 1　労働安全衛生法（抄）

昭和47年6月8日法律第57号

最終改正　令和4年6月17日法律第68号

# 第1章　総則（第1条～第5条）

　第1章では、労働安全衛生法の目的、使われる用語の意味・内容を示す定義など、この法律全体に適用される一般的、包括的な事項を規定しています。

（目的）

**第1条**　この法律は、労働基準法（昭和22年法律第49号）と相まって、労働災害の防止のための危害防止基準の確立、責任体制の明確化及び自主的活動の促進の措置を講ずる等その防止に関する総合的計画的な対策を推進することにより職場における労働者の安全と健康を確保するとともに、快適な職場環境の形成を促進することを目的とする。

（定義）

**第2条**　この法律において、次の各号に掲げる用語の意義は、それぞれ当該各号に定めるところによる。

一　労働災害

　　労働者の就業に係る建設物、設備、原材料、ガス、蒸気、粉じん等により、又は作業行動その他業務に起因して、労働者が負傷し、疾病にかかり、又は死亡することをいう。

二　労働者

　　労働基準法第9条に規定する労働者（同居の親族のみを使用する事業又は事務所に使用される者及び家事使用人を除く。）をいう。

三　事業者

　　事業を行う者で、労働者を使用するものをいう。

三の二　化学物質

　　元素及び化合物をいう。

四　作業環境測定

　　作業環境の実態をは握するため空気環境その他の作業環境について行うデザイン、サンプリング及び分析（解析を含む。）をい

う。

**（事業者等の責務）**

第3条　事業者は、単にこの法律で定める労働災害の防止のための最低基準を守るだけでなく、快適な職場環境の実現と労働条件の改善を通じて職場における労働者の安全と健康を確保するようにしなければならない。また、事業者は、国が実施する労働災害の防止に関する施策に協力するようにしなければならない。

2　機械、器具その他の設備を設計し、製造し、若しくは輸入する者、原材料を製造し、若しくは輸入する者又は建設物を建設し、若しくは設計する者は、これらの物の設計、製造、輸入又は建設に際して、これらの物が使用されることによる労働災害の発生の防止に資するように努めなければならない。

3　建設工事の注文者等仕事を他人に請け負わせる者は、施工方法、工期等について、安全で衛生的な作業の遂行をそこなうおそれのある条件を附さないように配慮しなければならない。

---

解説

※1　「建設物を建設する者」とは、当該建設物の建設を発注した者をさすものであること。

※2　「建設工事の注文者等」には、建設工事以外の注文者も含まれること。

※3　「工期等」には、工程、請負金の費目等が含まれるものであること。

（昭和47年9月18日基発第602号）

---

第4条　労働者は、労働災害を防止するため必要な事項を守るほか、事業者その他の関係者が実施する労働災害の防止に関する措置に協力するように努めなければならない。

## 第2章　労働災害防止計画（第6条～第9条）

第2章では、労働災害を減少させるために、国が労働災害防止計画について定めています。

## 第3章　安全衛生管理体制（第10条～第19条の3）

第3章では、安全管理者、衛生管理者、産業医、作業主任者などの選任や安全衛生委員会の設置といった事業場での安全衛生管理体制について定

めています。

　また、建設業や造船業などの下請が混在して作業を行う事業場における安全衛生管理体制については、統括安全衛生責任者、元方安全衛生、店社安全衛生管理者および安全衛生責任者の選任などについて定めています。

---

**（総括安全衛生管理者）**

**第10条**　事業者は、政令で定める規模の事業場ごとに、厚生労働省令で定めるところにより、総括安全衛生管理者を選任し、その者に安全管理者、衛生管理者又は第25条の２第２項の規定により技術的事項を管理する者の指揮をさせるとともに、次の業務を統括管理させ<sup>※1</sup>なければならない。

　一　労働者の危険又は健康障害を防止するための措置に関すること。

　二　労働者の安全又は衛生のための教育の実施に関すること。

　三　健康診断の実施<sup>※2</sup>その他健康の保持増進のための措置に関すること。

　四　労働災害の原因の調査及び再発防止対策に関すること。

　五　前各号に掲げるもののほか、労働災害を防止するため必要な業務で、厚生労働省令で定めるもの

２　総括安全衛生管理者は、当該事業場においてその事業の実施を統<sup>※3</sup>括管理する者をもつて充てなければならない。

３　都道府県労働局長は、労働災害を防止するため必要があると認めるときは、総括安全衛生管理者の業務の執行について事業者に勧告することができる。

---

【解説】

※１　「業務を統括管理する」とは、第１項各号に掲げる業務が適切かつ円滑に実施されるよう所要の措置を講じ、かつ、その実施状況を監督する等当該業務について責任をもって取りまとめることをいうこと。

※２　「その他健康の保持増進のための措置に関すること」には、健康診断の結果に基づく事後措置、作業環境の維持管理、作業の管理及び健康教育、健康相談その他

労働者の健康の保持増進を図るため必要な措置が含まれること。

※３　「事業の実施を統括管理する者」とは、工場長、作業所長等名称の如何を問わず、当該事業場における事業の実施について実質的に統括管理する権限および責任を有する者をいうものであること。

（昭和47年９月18日基発第602号、昭和63年９月16日基発第601号の１）

---

**（安全管理者）**

**第11条**　事業者は、政令で定める業種及び規模の事業場ごとに、厚生

労働省令で定める資格を有する者のうちから、厚生労働省令で定めるところにより、安全管理者を選任し、その者に前条第1項各号の業務（第25条の2第2項の規定により技術的事項を管理する者を選任した場合においては、同条第一項各号の措置に該当するものを除く。）のうち安全に係る技術的事項<sup>※1</sup>を管理させなければならない。

2　労働基準監督署長は、労働災害を防止するため必要があると認めるときは、事業者に対し、安全管理者の増員又は解任を命ずることができる。

解説

※1 「安全に係る技術的事項」とは、必ずしも安全に関する専門技術的事項に限る趣旨ではなく、総括安全衛生管理者が統括管理すべき第10条第1項の業務のうち安全に関する具体的事項をいうものと解すること。

（昭和47年9月18日基発第602号）

（衛生管理者）

**第12条**　事業者は、政令で定める規模の事業場ごとに、都道府県労働局長の免許を受けた者その他厚生労働省令で定める資格を有する者のうちから、厚生労働省令で定めるところにより、当該事業場の業務の区分に応じて、衛生管理者を選任し<sup>※1</sup>、その者に第10条第1項各号の業務（第25条の2第2項の規定により技術的事項を管理する者を選任した場合においては、同条第1項各号の措置に該当するものを除く。）のうち衛生に係る技術的事項<sup>※2</sup>を管理させなければならない。

2　前条第2項の規定は、衛生管理者について準用する。

解説

※1 「当該事業場の業務の区分に応じて、衛生管理者を選任し」とは、その事業場において行なわれる坑内労働その他労働衛生上有害な特定の業務については一般の衛生管理者のほかに衛生工学衛生管理者を置くべきこととした趣旨であること。

※2 「衛生に係る技術的事項」とは、必ずしも衛生に関する専門技術的事項に限る趣旨ではなく、総括安全衛生管理者が統括管理すべき第10条第1項の業務のうち、衛生に関する具体的事項をいうものと解すること。

（昭和47年9月18日基発第602号）

（安全衛生推進者等）

**第12条の2**　事業者は、第11条第1項の事業場及び前条第一項の事業

場以外の事業場で、厚生労働省令で定める規模のものごとに、厚生労働省令で定めるところにより、安全衛生推進者（第11条第１項の政令で定める業種以外の業種の事業場にあつては、衛生推進者）を選任し、その者に第10条第１項各号の業務（第25条の２第２項の規定により技術的事項を管理する者を選任した場合においては、同条第１項各号の措置に該当するものを除くものとし、第11条第１項の政令で定める業種以外の業種の事業場にあつては、衛生に係る業務に限る。）を担当させなければならない。

（産業医等）

**第13条**　事業者は、政令で定める規模の事業場ごとに、厚生労働省令で定めるところにより、医師のうちから産業医を選任し、その者に労働者の健康管理その他の厚生労働省令で定める事項（以下「労働者の健康管理等」という。）を行わせなければならない。

２〜６　略

（作業主任者）

**第14条**　事業者は、高圧室内作業その他の労働災害を防止するための管理を必要とする作業で、政令で定めるものについては、都道府県労働局長の免許を受けた者又は都道府県労働局長の登録を受けた者が行う技能講習を修了した者のうちから、厚生労働省令で定めるところにより、当該作業の区分に応じて、作業主任者を選任し、その者に当該作業に従事する労働者の指揮その他の厚生労働省令で定める事項を行わせなければならない。

（統括安全衛生責任者）

**第15条**　事業者で、一の場所において行う事業の仕事の一部を請負人に請け負わせているもの（当該事業の仕事の一部を請け負わせる契約が二以上あるため、その者が二以上あることとなるときは、当該請負契約のうちの最も先次の請負契約における注文者とする。以下「元方事業者」という。）のうち、建設業その他政令で定める業種に属する事業（以下「特定事業」という。）を行う者（以下「特定元方事業者」という。）は、その労働者及びその請負人（元方事業者の当該事業の仕事が数次の請負契約によつて行われるときは、当該請負人の請負契約の後次のすべての請負契約の当事者である請負人を含む。以下「関係請負人」という。）の労働者が当該場所において作業を行うときは、これらの労働者の作業が同一の場所において行われることによつて生ずる労働災害を防止するため、統括安全衛生責任者を選任し、その者に元方安全衛生管理者の指揮をさせると

ともに、第30条第1項各号の事項を統括管理させなければならない。ただし、これらの労働者の数が政令で定める数未満であるときは、この限りでない。

2　統括安全衛生責任者は、当該場所においてその事業の実施を統括管理する者をもつて充てなければならない。

3　第30条第4項の場合において、同項のすべての労働者の数が政令で定める数以上であるときは、当該指名された事業者は、これらの労働者に関し、これらの労働者の作業が同一の場所において行われることによつて生ずる労働災害を防止するため、統括安全衛生責任者を選任し、その者に元方安全衛生管理者の指揮をさせるとともに、同条第1項各号の事項を統括管理させなければならない。この場合においては、当該指名された事業者及び当該指名された事業者以外の事業者については、第1項の規定は、適用しない。

4　第1項又は前項に定めるもののほか、第25条の2第1項に規定する仕事が数次の請負契約によつて行われる場合においては、第1項又は前項の規定により統括安全衛生責任者を選任した事業者は、統括安全衛生責任者に第30条の3第5項において準用する第25条の2第2項の規定により技術的事項を管理する者の指揮をさせるとともに、同条第1項各号の措置を統括管理させなければならない。

5　第10条第3項の規定は、統括安全衛生責任者の業務の執行について準用する。この場合において、同項中「事業者」とあるのは、「当該統括安全衛生責任者を選任した事業者」と読み替えるものとする。

### （元方安全衛生管理者）

**第15条の2**　前条第1項又は第3項の規定により統括安全衛生責任者を選任した事業者で、建設業その他政令で定める業種に属する事業を行うものは、厚生労働省令で定める資格を有する者のうちから、厚生労働省令で定めるところにより、元方安全衛生管理者を選任し、その者に第30条第1項各号の事項のうち技術的事項[※1]を管理させなければならない。

2　第11条第2項の規定は、元方安全衛生管理者について準用する。この場合において、同項中「事業者」とあるのは、「当該元方安全衛生管理者を選任した事業者」と読み替えるものとする。

---

解説

※1　「技術的事項」とは、法第30条第1項各　　　号の事項のうち安全又は衛生に関する具

体的事項をいうものであり、専門技術的
事項に限る趣旨のものではないこと。

（昭和55年11月25日基発第647号）

**（安全衛生責任者）**

**第16条**　第15条第1項又は第3項の場合において、これらの規定により統括安全衛生責任者を選任すべき事業者以外の請負人で、当該仕事を自ら行うものは、安全衛生責任者を選任し、その者に統括安全衛生責任者との連絡その他の厚生労働省令で定める事項を行わせなければならない。

2　前項の規定により安全衛生責任者を選任した請負人は、同項の事業者に対し、遅滞なく、その旨を通報しなければならない。

**（安全委員会）**

**第17条**　事業者は、政令で定める業種及び規模の事業場ごとに、次の事項を調査審議させ、事業者に対し意見を述べさせるため、安全委員会を設けなければならない。

　一　労働者の危険を防止するための基本となるべき対策に関すること。

　二　労働災害の原因及び再発防止対策で、安全に係るものに関すること。

　三　前二号に掲げるもののほか、労働者の危険の防止に関する重要事項

2　安全委員会の委員は、次の者をもつて構成する。ただし、第一号の者である委員（以下「第一号の委員」という。）は、一人とする。

　一　総括安全衛生管理者又は総括安全衛生管理者以外の者で当該事業場においてその事業の実施を統括管理するもの若しくはこれに準ずる者のうちから事業者が指名した者

　二　安全管理者のうちから事業者が指名した者

　三　当該事業場の労働者で、安全に関し経験を有するもののうちから事業者が指名した者

3　安全委員会の議長は、第一号の委員がなるものとする。

4　事業者は、第一号の委員以外の委員の半数については、当該事業場に労働者の過半数で組織する労働組合があるときにおいてはその労働組合、労働者の過半数で組織する労働組合がないときにおいては労働者の過半数を代表する者の推薦に基づき指名しなければならない。

5　前二項の規定は、当該事業場の労働者の過半数で組織する労働組

合との間における労働協約に別段の定めがあるときは、その限度において適用しない。

※1 「総括安全衛生管理者以外の者で当該事業場においてその事業の実施を統括管理するもの」とは、第10条に基づく総括安全衛生管理者の選任を必要としない事業場について規定されたものであり、同号の「これに準ずる者」とは、当該事業場において事業の実施を統括管理する者以外の者で、その者に準じた地位にある者（たとえば副所長、副工場長など）をさすものであること。

※2 「安全に関し経験を有するもの」は、狭義の安全に関する業務経験を有する者のみをいうものではなく、当該事業における作業の実施またはこれらの作業に関する管理の面において、安全確保のために関係した経験を有する者を広く総称したものであること。

※3 「推薦に基づき指名」するとは、第17条から第19条までに定めるところにより、適法な委員の推せんがあった場合には、事業者は第1号の委員以外の委員の半数の限度において、その者を委員として指名しなければならない趣旨であること。
（昭和47年9月18日基発第602号、昭和63年9月16日基発第601号の1）

**（安全管理者等に対する教育等）**

第19条の2　事業者は、事業場における安全衛生の水準の向上を図るため、安全管理者、衛生管理者、安全衛生推進者、衛生推進者その他労働災害の防止のための業務に従事する者に対し、これらの者が従事する業務に関する能力の向上を図るための教育、講習等を行い、又はこれらを受ける機会を与えるように努めなければならない。

2　厚生労働大臣は、前項の教育、講習等の適切かつ有効な実施を図るため必要な指針を公表するものとする。

3　厚生労働大臣は、前項の指針に従い、事業者又はその団体に対し、必要な指導等を行うことができる。

※1 「その他労働災害の防止のための業務に従事する者」には、作業主任者及び元方安全衛生管理者が含まれること。
（昭和63年9月16日基発第601号の1）

# 第4章　労働者の危険又は健康障害を防止するための措置（第20条〜第36条）

　第4章では、危害防止基準について規定するとともに、元方事業者、特

定元方事業者、注文者、請負人、機械等貸与者、建築物貸与者などの講ず
べき措置について規定しています。

---

**（事業者の講ずべき措置等）**

**第20条**　事業者は、次の危険を防止するため必要な措置を講じなけれ
ばならない。

一　機械、器具その他の設備（以下「機械等」という。）による危
険

二　爆発性の物、発火性の物、引火性の物[※1]等による危険

三　電気、熱その他のエネルギー[※2]による危険

---

解説

※1「引火性の物等」の「等」には、酸化性
の物、可燃性のガスまたは粉じん、硫酸
その他の腐食性液体等が含まれること。

※2「その他のエネルギー」には、アーク等

の光、爆発の際の衝撃波等のエネルギー
が含まれること。

（昭和47年9月18日基発第602号）

---

**第21条**　事業者は、掘削、採石、荷役、伐木等の業務における作業方
法から生ずる危険を防止するため必要な措置を講じなければならな
い。

2　事業者は、労働者が墜落するおそれのある場所、土砂等が崩壊す[※1]
るおそれのある場所等に係る危険を防止するため必要な措置を講じ
なければならない。

---

解説

※1「土砂等が崩壊するおそれのある場所
等」の「等」には、物体の落下するおそ

れのある場所等が含まれること。

（昭和47年9月18日基発第602号）

---

**第22条**　事業者は、次の健康障害を防止するため必要な措置を講じな
ければならない。

一　原材料、ガス、蒸気、粉じん、酸素欠乏空気、病原体等による
健康障害

二　放射線、高温、低温、超音波、騒音、振動、異常気圧[※1]等による
健康障害

三　計器監視、精密工作等の作業による健康障害

四　排気、排液又は残さい物による健康障害

**第23条** 事業者は、労働者を就業させる建設物その他の作業場について、通路、床面、階段等の保全並びに換気、採光、照明、保温、防湿、休養、避難及び清潔に必要な措置その他労働者の健康、風紀及び生命の保持のため必要な措置を講じなければならない。

**第24条** 事業者は、労働者の作業行動から生ずる労働災害を防止するため必要な措置を講じなければならない。

**第25条** 事業者は、労働災害発生の急迫した危険があるときは、直ちに作業を中止し、労働者を作業場から退避させる等必要な措置を講じなければならない。

**第25条の2** 建設業その他政令で定める業種に属する事業の仕事で、政令で定めるものを行う事業者は、爆発、火災等が生じたことに伴い労働者の救護に関する措置がとられる場合における労働災害の発生を防止するため、次の措置を講じなければならない。

一 労働者の救護に関し必要な機械等の備付け及び管理を行うこと。

二 労働者の救護に関し必要な事項についての訓練を行うこと。

三 前二号に掲げるもののほか、爆発、火災等に備えて、労働者の救護に関し必要な事項を行うこと。

2 前項に規定する事業者は、厚生労働省令で定める資格を有する者のうちから、厚生労働省令で定めるところにより、同項各号の措置のうち技術的事項を管理する者を選任し、その者に当該技術的事項を管理させなければならない。

**第26条** 労働者は、事業者が第20条から第25条まで及び前条第1項の規定に基づき講ずる措置に応じて、必要な事項を守らなければならない。

**第27条** 第20条から第25条まで及び第25条の2第1項の規定により事業者が講ずべき措置及び前条の規定により労働者が守らなければならない事項は、厚生労働省令で定める。

2　前項の厚生労働省令を定めるに当たつては、公害（環境基本法（平成５年法律第91号）第２条第３項 に規定する公害をいう。）その他一般公衆の災害で、労働災害と密接に関連するものの防止に関する法令の趣旨に反しないように配慮しなければならない。

**（事業者の行うべき調査等）**

**第28条の２**　事業者は、厚生労働省令で定めるところにより、建設物、設備、原材料、ガス、蒸気、粉じん等による、又は作業行動その他業務に起因する危険性又は有害性等（第57条第１項の政令で定める物及び第57条の２第１項に規定する通知対象物による危険性又は有害性等を除く。）を調査し、その結果に基づいて、この法律又はこれに基づく命令の規定による措置を講ずるほか、労働者の危険又は健康障害を防止するため必要な措置を講ずるように努めなければならない。ただし、当該調査のうち、化学物質、化学物質を含有する製剤その他の物で労働者の危険又は健康障害を生ずるおそれのあるものに係るもの以外のものについては、製造業その他厚生労働省令で定める業種に属する事業者に限る。

2　厚生労働大臣は、前条第１項及び第３項に定めるもののほか、前項の措置に関して、その適切かつ有効な実施を図るため必要な指針を公表するものとする。

3　厚生労働大臣は、前項の指針に従い、事業者又はその団体に対し、必要な指導、援助等を行うことができる。

**（元方事業者の講ずべき措置等）**

**第29条**　元方事業者は、関係請負人及び関係請負人の労働者が、当該仕事に関し、この法律又はこれに基づく命令の規定に違反しないよう必要な指導を行なわなければならない。

2　元方事業者は、関係請負人又は関係請負人の労働者が、当該仕事に関し、この法律又はこれに基づく命令の規定に違反していると認めるときは、是正のため必要な指示を行なわなければならない。

3　前項の指示を受けた関係請負人又はその労働者は、当該指示に従わなければならない。

**第29条の２**　建設業に属する事業の元方事業者は、土砂等が崩壊するおそれのある場所、機械等が転倒するおそれのある場所その他の厚生労働省令で定める場所において関係請負人の労働者が当該事業の仕事の作業を行うときは、当該関係請負人が講ずべき当該場所に係

る危険を防止するための措置が適正に講ぜられるように、技術上の
指導その他の必要な措置を講じなければならない。

元方事業者の講ずべき技術上の指導その他の必要な措置には、技術上の指導のほか、危険を防止するために必要な資材等の提供、元方事業者が自ら又は関係請負人と共同して危険を防止するための措置を講じること等が含まれる。なお、具体的に元方事業者がどのような措置を講じる必要があるかについては、元方事業者と関係請負人との間の請負契約等においてどのような責任分担となっているか、また、どの程度の危険防止措置が必要であるかにより異なるものであり、当該建設現場における状況に応じて適切な措置がとられるよう必要な指導を行うこと。

（平成4年8月24日基発第480号）

### （特定元方事業者等の講ずべき措置）

**第30条** 特定元方事業者は、その労働者及び関係請負人の労働者の作業が同一の場所において行われることによつて生ずる労働災害を防止するため、次の事項に関する必要な措置を講じなければならない。

一　協議組織の設置及び運営を行うこと。

二　作業間の連絡及び調整を行うこと。

三　作業場所を巡視すること。

四　関係請負人が行う労働者の安全又は衛生のための教育に対する指導及び援助を行うこと。

五　仕事を行う場所が仕事ごとに異なることを常態とする業種で、厚生労働省令で定めるものに属する事業を行う特定元方事業者にあつては、仕事の工程に関する計画及び作業場所における機械、設備等の配置に関する計画を作成するとともに、当該機械、設備等を使用する作業に関し関係請負人がこの法律又はこれに基づく命令の規定に基づき講ずべき措置についての指導を行うこと。

六　前各号に掲げるもののほか、当該労働災害を防止するため必要な事項

2　特定事業の仕事の発注者（注文者のうち、その仕事を他の者から請け負わないで注文している者をいう。以下同じ。）で、特定元方事業者以外のものは、一の場所において行なわれる特定事業の仕事を2以上の請負人に請け負わせている場合において、当該場所において当該仕事に係る2以上の請負人の労働者が作業を行なうときは、厚生労働省令で定めるところにより、請負人で当該仕事を自ら行なう事業者であるもののうちから、前項に規定する措置を講ずべ

き者として１人を指名しなければならない。一の場所において行なわれる特定事業の仕事の全部を請け負つた者で、特定元方事業者以外のもののうち、当該仕事を２以上の請負人に請け負わせている者についても、同様とする。

3　前項の規定による指名がされないときは、同項の指名は、労働基準監督署長がする。

4　第２項又は前項の規定による指名がされたときは、当該指名された事業者は、当該場所において当該仕事の作業に従事するすべての労働者に関し、第１項に規定する措置を講じなければならない。この場合においては、当該指名された事業者及び当該指名された事業者以外の事業者については、第１項の規定は、適用しない。

**第30条の2**　製造業その他政令で定める業種に属する事業（特定事業を除く。）の元方事業者は、その労働者及び関係請負人の労働者の作業が同一の場所において行われることによつて生ずる労働災害を防止するため、作業間の連絡及び調整を行うことに関する措置その他必要な措置を講じなければならない。

2　前条第２項の規定は、前項に規定する事業の仕事の発注者について準用する。この場合において、同条第２項中「特定元方事業者」とあるのは「元方事業者」と、「特定事業の仕事を二以上」とあるのは「仕事を二以上」と、「前項」とあるのは「次条第１項」と、「特定事業の仕事の全部」とあるのは「仕事の全部」と読み替えるものとする。

3　前項において準用する前条第２項の規定による指名がされないときは、同項の指名は、労働基準監督署長がする。

4　第２項において準用する前条第２項又は前項の規定による指名がされたときは、当該指名された事業者は、当該場所において当該仕事の作業に従事するすべての労働者に関し、第１項に規定する措置を講じなければならない。この場合においては、当該指名された事業者及び当該指名された事業者以外の事業者については、同項の規定は、適用しない。

---

解説

※１　「その他政令で定める業種」は、定められていないこと。

※２　「作業間の連絡及び調整」とは、混在作業による労働災害を防止するために、次に掲げる一連の事項の実施等により行う

ものであること。

①　各関係請負人が行う作業についての段取りの把握

②　混在作業による労働災害を防止するための段取りの調整

③ ②の調整を行った後における当該段　　　（平成18年2月24日基発第0224003号）
　取りの各関係請負人への指示

第30条の3　第25条の2第1項に規定する仕事が数次の請負契約によ
つて行われる場合（第4項の場合を除く。）においては、元方事業
者は、当該場所において当該仕事の作業に従事するすべての労働者
に関し、同条第1項各号の措置を講じなければならない。この場合
においては、当該元方事業者及び当該元方事業者以外の事業者につ
いては、同項の規定は、適用しない。
2　第30条第2項の規定は、第25条の2第1項に規定する仕事の発注
者について準用する。この場合において、第30条第2項中「特定元
方事業者」とあるのは「元方事業者」と、「特定事業の仕事を2以
上」とあるのは「仕事を2以上」と、「前項に規定する措置」とあ
るのは「第25条の2第1項各号の措置」と、「特定事業の仕事の全
部」とあるのは「仕事の全部」と読み替えるものとする。
3　前項において準用する第30条第2項の規定による指名がされない
ときは、同項の指名は、労働基準監督署長がする。
4　第2項において準用する第30条第2項又は前項の規定による指名
がされたときは、当該指名された事業者は、当該場所において当該
仕事の作業に従事するすべての労働者に関し、第25条の2第1項各
号の措置を講じなければならない。この場合においては、当該指名
された事業者及び当該指名された事業者以外の事業者については、
同項の規定は、適用しない。
5　第25条の2第2項の規定は、第1項に規定する元方事業者及び前
項の指名された事業者について準用する。この場合においては、当
該元方事業者及び当該指名された事業者並びに当該元方事業者及び
当該指名された事業者以外の事業者については、同条第2項の規定
は、適用しない。
（注文者の講ずべき措置）
第31条　特定事業の仕事を自ら行う注文者は、建設物、設備又は原材
料（以下「建設物等」という。）を、当該仕事を行う場所において
その請負人（当該仕事が数次の請負契約によつて行われるときは、
当該請負人の請負契約の後次のすべての請負契約の当事者である請
負人を含む。第31条の4において同じ。）の労働者に使用させると
きは、当該建設物等について、当該労働者の労働災害を防止するた
め必要な措置を講じなければならない。

2　前項の規定は、当該事業の仕事が数次の請負契約によつて行なわれることにより同一の建設物等について同項の措置を講ずべき注文者が二以上あることとなるときは、後次の請負契約の当事者である注文者については、適用しない。

**（請負人の講ずべき措置等）**

**第32条**　第30条第１項又は第４項の場合において、同条第１項に規定する措置を講ずべき事業者以外の請負人で、当該仕事を自ら行うものは、これらの規定により講ぜられる措置に応じて、必要な措置を講じなければならない。

2　第30条の２第１項又は第４項の場合において、同条第１項に規定する措置を講ずべき事業者以外の請負人で、当該仕事を自ら行うものは、これらの規定により講ぜられる措置に応じて、必要な措置を講じなければならない。

3　第30条の３第１項又は第４項の場合において、第25条の２第１項各号の措置を講ずべき事業者以外の請負人で、当該仕事を自ら行うものは、第30条の３第１項又は第４項の規定により講ぜられる措置に応じて、必要な措置を講じなければならない。

4　第31条第１項の場合において、当該建設物等を使用する労働者に係る事業者である請負人は、同項の規定により講ぜられる措置に応じて、必要な措置を講じなければならない。

5　第31条の２の場合において、同条に規定する仕事に係る請負人は、同条の規定により講ぜられる措置に応じて、必要な措置を講じなければならない。

6　第30条第１項若しくは第４項、第30条の２第１項若しくは第４項、第30条の３第１項若しくは第４項、第31条第１項又は第31条の２の場合において、労働者は、これらの規定又は前各項の規定により講ぜられる措置に応じて、必要な事項を守らなければならない。

7　第１項から第５項までの請負人及び前項の労働者は、第30条第１項の特定元方事業者等、第30条の２第１項若しくは第30条の３第１項の元方事業者等、第31条第１項若しくは第31条の２の注文者又は第１項から第５項までの請負人が第30条第１項若しくは第４項、第30条の２第１項若しくは第４項、第30条の３第１項若しくは第４項、第31条第１項、第31条の２又は第１項から第５項までの規定に基づく措置の実施を確保するためにする指示に従わなければならない。

**（機械等貸与者等の講ずべき措置等）**

第33条　機械等で、政令で定めるものを他の事業者に貸与する者で、厚生労働省令で定めるもの（以下「機械等貸与者」という。）は、当該機械等の貸与を受けた事業者の事業場における当該機械等による労働災害を防止するため必要な措置を講じなければならない。

2　機械等貸与者から機械等の貸与を受けた者は、当該機械等を操作する者がその使用する労働者でないときは、当該機械等の操作による労働災害を防止するため必要な措置を講じなければならない。

3　前項の機械等を操作する者は、機械等の貸与を受けた者が同項の規定により講ずる措置に応じて、必要な事項を守らなければならない。

**（建築物貸与者の講ずべき措置）**

第34条　建築物で、政令で定めるものを他の事業者に貸与する者（以下「建築物貸与者」という。）は、当該建築物の貸与を受けた事業者の事業に係る当該建築物による労働災害を防止するため必要な措置を講じなければならない。ただし、当該建築物の全部を一の事業者に貸与するときは、この限りでない。

**（厚生労働省令への委任）**

第36条　第30条第1項若しくは第4項、第30条の2第1項若しくは第4項、第30条の3第1項若しくは第4項、第31条第1項、第31条の2、第32条第1項から第5項まで、第33条第1項若しくは第2項又は第34条の規定によりこれらの規定に定める者が講ずべき措置及び第32条第6項又は第33条第3項の規定によりこれらの規定に定める者が守らなければならない事項は、厚生労働省令で定める。

# 第5章　機械等並びに危険物及び有害物に関する規制（第37条～第58条）

　第5章では、危険な作業を必要とする機械等や危険物、有害物などに関して、製造、流通過程などでの規制について規定しています。

## 第1節　機械等に関する規制

**（譲渡等の制限等）**

第42条　特定機械等以外の機械等で、別表第二に掲げるものその他危険若しくは有害な作業を必要とするもの、危険な場所において使用

するもの又は危険若しくは健康障害を防止するため使用するもののうち、政令で定めるものは、厚生労働大臣が定める規格又は安全装置を具備しなければ、譲渡し、貸与し、又は設置してはならない。

> **別表第2　（第42条関係）**
> 　1.〜 5.略
> 　6.防爆構造電気機械器具
> 　7.〜11.略
> 　12.交流アーク溶接機用自動電撃防止装置
> 　13.絶縁用保護具
> 　14.絶縁用防具
> 　15.保護帽
> 　16.略

**第43条**　動力により駆動される機械等で、作動部分上の突起物[※1]又は動力伝導部分若しくは調速部分に厚生労働省令で定める防護のための措置が施されていないものは、譲渡し、貸与し、又は譲渡若しくは貸与の目的で展示[※2]してはならない。

---

**解説**

※1 「作動部分上の突起物」とは、セットスクリュー、ボルト、キーのごとく機械の作動部分に取り付けられた止め具等をいうものであること。

※2 「譲渡もしくは貸与の目的での展示」に

は、店頭における陳列のほか、機械展における展示等も含まれるものであること。

（昭和47年9月18日基発第602号）

---

**第43条の2**　厚生労働大臣又は都道府県労働局長は、第42条の機械等を製造し、又は輸入した者が、当該機械等で、次の各号のいずれかに該当するものを譲渡し、又は貸与した場合には、その者に対し、当該機械等の回収又は改善を図ること、当該機械等を使用している者へ厚生労働省令で定める事項を通知することその他当該機械等[※1]が使用されることによる労働災害を防止するため必要な措置を講ずることを命ずることができる。

一　次条第5項の規定に違反して、同条第四項の表示が付され、又はこれと紛らわしい表示が付された機械等

二　第44条の2第3項に規定する型式検定に合格した型式の機械等で、第42条の厚生労働大臣が定める規格又は安全装置（第四号において「規格等」という。）を具備していないもの

三　第44条の2第6項の規定に違反して、同条第5項の表示が付され、又はこれと紛らわしい表示が付された機械等

> 四　第44条の２第１項の機械等以外の機械等で、規格等を具備して
> いないもの

解説

※１ 「その他当該機械等が使用されることに
　　よる労働災害を防止するため必要な措
　　置」には、当該機械等が本条各号のいず

れかに該当する旨の広報を行うこと等が
あること。

（昭和63年９月16日基発第601号の１）

---

## （型式検定）

**第44条の２**　第42条の機械等のうち、別表第四に掲げる機械等で政令
で定めるものを製造し、又は輸入した者は、厚生労働省令で定める
ところにより、厚生労働大臣の登録を受けた者（以下「登録型式検
定機関」という。）が行う当該機械等の型式についての検定を受け
なければならない。ただし、当該機械等のうち輸入された機械等
で、その型式について次項の検定が行われた機械等に該当するもの
は、この限りでない。

２　前項に定めるもののほか、次に掲げる場合には、外国において同
項本文の機械等を製造した者（以下この項及び第44条の４において
「外国製造者」という。）は、厚生労働省令で定めるところにより、
当該機械等の型式について、自ら登録型式検定機関が行う検定を受
けることができる。

一　当該機械等を本邦に輸出しようとするとき。

二　当該機械等を輸入した者が外国製造者以外の者（以下この号に
おいて単に「他の者」という。）である場合において、当該外国
製造者が当該他の者について前項の検定が行われることを希望し
ないとき。

３　登録型式検定機関は、前２項の検定（以下「型式検定」という。）
を受けようとする者から申請があつた場合には、当該申請に係る型
式の機械等の構造並びに当該機械等を製造し、及び検査する設備等
が厚生労働省令で定める基準に適合していると認めるときでなけれ
ば、当該型式を型式検定に合格させてはならない。

４　登録型式検定機関は、型式検定に合格した型式について、型式検
定合格証を申請者に交付する。

５　型式検定を受けた者は、当該型式検定に合格した型式の機械等を
本邦において製造し、又は本邦に輸入したときは、当該機械等に、
厚生労働省令で定めるところにより、型式検定に合格した型式の機

械等である旨の表示を付さなければならない。型式検定に合格した型式の機械等を本邦に輸入した者（当該型式検定を受けた者以外の者に限る。）についても、同様とする。

6　型式検定に合格した型式の機械等以外の機械等には、前項の表示を付し、又はこれと紛らわしい表示を付してはならない。

7　第1項本文の機械等で、第5項の表示が付されていないものは、使用してはならない。

---

**別表第4　（第44条の2関係）**

1.〜2.略

3.防爆構造電気機械器具

4.〜8.略

9.交流アーク溶接機用自動電撃防止装置

10.絶縁用保護具

11.絶縁用防具

12.保護帽

13.略

---

**安衛令第13条第13項（厚生労働大臣が定める規格又は安全装置を具備すべき機械等）**

1.〜4.　略

5.　活線作業用装置（その電圧が、直流にあつては750Vを、交流にあつては600Vを超える充電電路について用いられるものに限る。）

6.　活線作業用器具（その電圧が、直流にあつては750Vを、交流にあつては300Vを超える充電電路について用いられるものに限る。）

7.　絶縁用防護具（対地電圧が50Vを超える充電電路に用いられるものに限る。）

8.〜27.　略

28.　墜落制止用器具

29.〜33.　略

34.　作業床の高さが2メートル以上の高所作業車

---

**解説**

※1　「製造し」た者には、当該機械等の構成部分の一部を他の者から購入し、これを加工し又は組み合わせて完成品とする者が含まれるものであること。

※2　「型式」とは、機械等の種類、形状、性能等の組み合わせにおいて共通の安全性能を持つ一つのグループに分けられるものをいうこと。

※3　「構造」には、材料及び性能が含まれること。

※4　「製造し、及び検査する設備等」の「等」には、工作責任者、検査組織、検査のための規程が含まれるものであること。

（昭和53年2月10日基発第77号）

（型式検定合格証の有効期間等）

**第44条の3**　型式検定合格証の有効期間<sup>※1</sup>（次項の規定により型式検定
合格証の有効期間が更新されたときにあつては、当該更新された型
式検定合格証の有効期間）は、前条第1項本文の機械等の種類に応
じて、厚生労働省令で定める期間とする。

2　型式検定合格証の有効期間の更新を受けようとする者は、厚生労
働省令で定めるところにより、型式検定を受けなければならない。

---

**解説**

※1　「型式検定合格証の有効期間」とは、製
造し、又は輸入する機械等に係る型式に
ついての有効期間をいうもので、型式検
定に合格した型式の機械等であって現に
使用しているものについて使用の有効期
間をいうものではないこと。
（昭和53年2月10日基発第77号）
　本条の「型式検定合格証の有効期間」
とは、昭和53年2月10日付け基発第77号

の法律関係の4の(2)〈前掲通達〉に示し
たとおりであり、これはあくまで、型式
検定に合格した機械等の製造又は輸入に
ついての有効期間をいうものであって、
型式検定合格証の有効期間内に製造され
た機械等の販売についての有効期間、汎
用部品の交換等による一部の補修の有効
期間をいうものではないこと。
（平成7年12月27日基発第417号）

---

（定期自主検査）

**第45条**　事業者は、ボイラーその他の機械等で、政令で定めるものに
ついて、厚生労働省令で定めるところにより、定期に自主検査を行
ない、及びその結果を記録しておかなければならない。

2　事業者は、前項の機械等で政令で定めるものについて同項の規定
による自主検査のうち厚生労働省令で定める自主検査（以下「特定
自主検査」という。）を行うときは、その使用する労働者で厚生労
働省令で定める資格を有するもの又は第54条の3第1項に規定する
登録を受け、他人の求めに応じて当該機械等について特定自主検査
を行う者（以下「検査業者」という。）に実施させなければならな
い。

3　厚生労働大臣は、第1項の規定による自主検査の適切かつ有効な
実施を図るため必要な自主検査指針を公表するものとする。

4　厚生労働大臣は、前項の自主検査指針を公表した場合において必
要があると認めるときは、事業者若しくは検査業者又はこれらの団
体に対し、当該自主検査指針に関し必要な指導等を行うことができ
る。

# 第6章　労働者の就業に当たつての措置（第59条～第63条）

　第6章では、安全衛生教育、就業制限などについて規定しています。労働災害を防止するためには、労働者においても業務に含まれる危険性を理解し適切な対応方法を熟知しておくことが重要です。

---

**（安全衛生教育）**

**第59条**　事業者は、労働者を雇い入れたときは、当該労働者に対し、厚生労働省令で定めるところにより、その従事する業務に関する安全又は衛生のための教育を行なわなければならない。

2　前項の規定は、労働者の作業内容を変更したとき<sup>※1</sup>について準用する。

3　事業者は、危険又は有害な業務で、厚生労働省令で定めるものに労働者をつかせるときは、厚生労働省令で定めるところにより、当該業務に関する安全又は衛生のための特別の教育を行なわなければならない。

---

解説

※1　「作業内容を変更したとき」とは、異なる作業に転換をしたときや作業設備、作業方法等について大幅な変更があったときをいい、これらについての軽易な変更　があったときは含まない趣旨であること。

（昭和47年9月18日基発第602号）

---

**第60条**　事業者は、その事業場の業種が政令で定めるものに該当するときは、新たに職務につくこととなつた職長その他の作業中の労働者を直接指導又は監督する者（作業主任者を除く。）に対し、次の事項について、厚生労働省令で定めるところにより、安全又は衛生のための教育を行なわなければならない。

一　作業方法の決定及び労働者の配置に関すること。

二　労働者に対する指導又は監督の方法に関すること。

三　前二号に掲げるもののほか、労働災害を防止するため必要な事項で、厚生労働省令で定めるもの

**第60条の2**　事業者は、前2条に定めるもののほか、その事業場における安全衛生の水準の向上を図るため、危険又は有害な業務に現に就いている者に対し、その従事する業務に関する安全又は衛生のた

めの教育を行うように努めなければならない。

2　厚生労働大臣は、前項の教育の適切かつ有効な実施を図るため必要な指針を公表するものとする。

3　厚生労働大臣は、前項の指針に従い、事業者又はその団体に対し、必要な指導等を行うことができる。

## 第7章　健康の保持増進のための措置（第64条〜第71条）

第7章では、作業環境測定、健康診断、健康管理手帳、健康教育などについて規定しています。

## 第8章　免許等（第72条〜第77条）

第8章では、免許、免許試験、技能講習などについて規定しています。

## 第9章　事業場の安全又は衛生に関する改善措置等（第78条〜第87条）

第9章では、特別安全衛生改善計画、安全衛生改善計画、労働安全コンサルタント、労働衛生コンサルタントなどについて規定しています。

## 第10章　監督等（第88条〜第100条）

第10章では、計画の届出、労働基準監督官とその権限、産業安全専門官とその権限、労働衛生専門官とその権限、使用停止命令、国への報告などについて規定しています。

**（計画の届出等）**

**第88条**　事業者は、機械等で、危険若しくは有害な作業を必要とするもの、危険な場所において使用するもの又は危険若しくは健康障害を防止するため使用するもののうち、厚生労働省令で定めるものを設置し、若しくは移転し、又はこれらの主要構造部分を変更しようとするときは、その計画を当該工事の開始の日の30日前までに、厚生労働省令で定めるところにより、労働基準監督署長に届け出なければならない。ただし、第28条の2第1項に規定する措置その他の

厚生労働省令で定める措置を講じているものとして、厚生労働省令で定めるところにより労働基準監督署長が認定した事業者については、この限りでない。

２～５　略

6　労働基準監督署長は第１項又は第３項の規定による届出があつた場合において、厚生労働大臣は第２項の規定による届出があつた場合において、それぞれ当該届出に係る事項がこの法律又はこれに基づく命令の規定に違反すると認めるときは、当該届出をした事業者に対し、その届出に係る工事若しくは仕事の開始を差し止め、又は当該計画を変更すべきことを命ずることができる。

7　厚生労働大臣又は労働基準監督署長は、前項の規定による命令（第２項又は第３項の規定による届出をした事業者に対するものに限る。）をした場合において、必要があると認めるときは、当該命令に係る仕事の発注者（当該仕事を自ら行う者を除く。）に対し、※1労働災害の防止に関する事項について必要な勧告又は要請を行うことができる。

---

解説

※１「労働災害の防止に関する事項」及び第98条第４項の「労働災害を防止するため必要な事項」には、命令に基づく事業者の改善措置が迅速に講ぜられるよう配慮すること、今後、労働安全衛生法違反を惹起させる条件を付さないよう留意すること等があること。

（昭和63年９月16日基発第601号の１）

---

（使用停止命令等）

**第98条**　都道府県労働局長又は労働基準監督署長は、第20条から第25条まで、第25条の２第１項、第30条の３第１項若しくは第４項、第31条第１項、第31条の２、第33条第１項又は第34条の規定に違反する事実があるときは、その違反した事業者、注文者、機械等貸与者又は建築物貸与者に対し、作業の全部又は一部の停止、建設物等の全部又は一部の使用の停止又は変更その他労働災害を防止するため必要な事項を命ずることができる。

2　都道府県労働局長又は労働基準監督署長は、前項の規定により命じた事項について必要な事項を労働者、請負人又は建築物の貸与を受けている者に命ずることができる。

3　労働基準監督官は、前２項の場合において、労働者に急迫した危険があるときは、これらの項の都道府県労働局長又は労働基準監督

署長の権限を即時に行うことができる。

4　都道府県労働局長又は労働基準監督署長は、請負契約によつて行われる仕事について第1項の規定による命令をした場合において、必要があると認めるときは、当該仕事の注文者（当該仕事が数次の請負契約によつて行われるときは、当該注文者の請負契約の先次のすべての請負契約の当事者である注文者を含み、当該命令を受けた注文者を除く。）に対し、当該違反する事実に関して、労働災害を防止するため必要な事項について勧告又は要請を行うことができる。[※1]

解説

※1　第88条の解説※1を参照。

# 第11章　雑則（第101条〜第115条の2）

第11章では、第1章から第10章までの範疇に入らないさまざまな内容のものが規定されています。

（ガス工作物等設置者の義務）

第102条　ガス工作物その他政令で定める工作物を設けている者は、当該工作物の所在する場所又はその附近で工事その他の仕事を行なう事業者から、当該工作物による労働災害の発生を防止するためにとるべき措置についての教示を求められたときは、これを教示しなければならない。

（書類の保存等）

第103条　事業者は、厚生労働省令で定めるところにより、この法律又はこれに基づく命令の規定に基づいて作成した書類（次項及び第3項の帳簿を除く。）を、保存しなければならない。

2　登録製造時等検査機関、登録性能検査機関、登録個別検定機関、登録型式検定機関、検査業者、指定試験機関、登録教習機関、指定コンサルタント試験機関又は指定登録機関は、厚生労働省令で定めるところにより、製造時等検査、性能検査、個別検定、型式検定、特定自主検査、免許試験、技能講習、教習、労働安全コンサルタント試験、労働衛生コンサルタント試験又はコンサルタントの登録に関する事項で、厚生労働省令で定めるものを記載した帳簿を備え、

これを保存しなければならない。

3　コンサルタントは、厚生労働省令で定めるところにより、その業務に関する事項で、厚生労働省令で定めるものを記載した帳簿を備え、これを保存しなければならない。

## 第12章　罰則（第115条の３ ～第123条）

第12章では、安衛法に違反した場合の罰則について規定されています。

## 2　労働安全衛生法施行令（抄）

昭和47年 8 月19日　政令第318号

最終改正　令和 5 年 9 月 6 日　政令第276号

（総括安全衛生管理者を選任すべき事業場）

**第 2 条**　労働安全衛生法（以下「法」という。）第10条第 1 項の政令で定める規模の事業場は、次の各号に掲げる業種の区分に応じ、常<sup>※1</sup>時当該各号に掲げる数以上の労働者を使用する事業場とする。

　一　林業、鉱業、建設業、運送業及び清掃業　100人

　二　製造業（物の加工業を含む。）、電気業、ガス業、熱供給業、水道業、通信業、各種商品卸売業、家具・建具・じゅう器等卸売業、各種商品小売業、家具・建具・じゅう器小売業、燃料小売業、旅館業、ゴルフ場業、自動車整備業及び機械修理業　300人

　三　その他の業種　1,000人

---

解説

※ 1　「常時当該各号に掲げる数以上の労働者を使用する」とは、日雇労働者、パートタイマー等の臨時的労働者の数を含めて、常態として使用する労働者の数が本条各号に掲げる数以上であることをいうものであること。

※ 2　「物の加工業」に属する事業は、給食の事業が含まれるものであること。

（昭和47年 9 月18日基発第602号）

---

（安全管理者を選任すべき事業場）

**第 3 条**　法第11条第 1 項の政令で定める業種及び規模の事業場は、前条第一号又は第二号に掲げる業種の事業場で、常時50人以上の労働者を使用するものとする。

（衛生管理者を選任すべき事業場）

**第 4 条**　法第12条第 1 項の政令で定める規模の事業場は、常時50人以上の労働者を使用する事業場とする。

（統括安全衛生責任者を選任すべき業種等）

**第 7 条**　法第15条第 1 項の政令で定める業種は、造船業とする。

2　法第15条第 1 項ただし書及び第 3 項の政令で定める労働者の数は、次の各号に掲げる仕事の区分に応じ、当該各号に定める数とする。

　一　ずい道等の建設の仕事、橋梁の建設の仕事（作業場所が狭いこと等により安全な作業の遂行が損なわれるおそれのある場所とし

　て厚生労働省令で定める場所において行われるものに限る。）又
　は圧気工法による作業を行う仕事　常時30人

二　前号に掲げる仕事以外の仕事　常時50人[※1]

---

**解説**

※1　「常時50人」とは、建築工事において　　　　　人であることをいうこと。
　　は、初期の準備工事、終期の手直し工事　　　　　（昭和47年9月18日基発第602号）
　　等の工事を除く期間、平均一日当たり50

---

**（安全委員会を設けるべき事業場）**

**第8条**　法第17条第1項の政令で定める業種及び規模の事業場は、次
の各号に掲げる業種の区分に応じ、常時当該各号に掲げる数以上の
労働者を使用する事業場とする。

一　林業、鉱業、建設業、製造業のうち木材・木製品製造業、化学
　　工業、鉄鋼業、金属製品製造業及び輸送用機械器具製造業、運送
　　業のうち道路貨物運送業及び港湾運送業、自動車整備業、機械修
　　理業並びに清掃業　50人

二　第2条第一号及び第二号に掲げる業種（前号に掲げる業種を除
　　く。）　100人

**（厚生労働大臣が定める規格又は安全装置を具備すべき機械等）**

**第13条**　1〜2　略

3　法第42条の政令で定める機械等は、次に掲げる機械等（本邦の
地域内で使用されないことが明らかな場合を除く。）とする。

一〜四　略

五　活線作業用装置[※1]（その電圧が、直流にあつては750ボルトを、
　　交流にあつては600ボルトを超える充電電路について用いられる
　　ものに限る。）

六　活線作業用器具[※2]（その電圧が、直流にあつては750ボルトを、
　　交流にあつては300ボルトを超える充電電路について用いられる
　　ものに限る。）

七　絶縁用防護具[※3]（対地電圧が50ボルトを超える充電電路に用いら
　　れるものに限る。）

八〜二十七　略

二十八　墜落制止用器具

二十九〜三十三　略

三十四　作業床の高さが2メートル以上の高所作業車[※4]

4 　法別表第二に掲げる機械等には、本邦の地域内で使用されないことが明らかな機械等を含まないものとする。

5 　次の表の左欄に掲げる機械等には、それぞれ同表の右欄に掲げる機械等を含まないものとする。

| （略） | （略） |
|---|---|
| 法別表第二第六号に掲げる防爆構造電気機械器具 | 船舶安全法の適用を受ける船舶に用いられる防爆構造電気機械器具 |
| （略） | （略） |
| 法別表第二第十三号に掲げる絶縁用保護具 | その電圧が、直流にあつては750ボルト、交流にあつては300ボルト以下の充電電路について用いられる絶縁用保護具 |
| 法別表第二第十四号に掲げる絶縁用防具 | その電圧が、直流にあつては750ボルト、交流にあつては300ボルト以下の充電電路に用いられる絶縁用防具 |
| 法別表第二第十五号に掲げる保護帽 | 物体の飛来若しくは落下又は墜落による危険を防止するためのもの以外の保護帽 |

解説

※1 「活線作業用装置」とは、活線作業用車、活線作業用絶縁台等のように対地絶縁を施した絶縁かご、絶縁台等を有するものをいうこと。

※2 「活線作業用器具」とは、ホットステックのように、その使用の際に手で持つ部分が絶縁材料で作られた棒状の絶縁工具をいうこと。

※3 「絶縁用防護具」とは、建設用防護管、建設用防護シート等のように、建設工事（電気工事を除く。）等を充電電路に近接して行なうときに、電路に取り付ける感電防止のための装具で、7,000V 以下の充電電路に用いるものをいうこと。

（昭和47年９月18日基発第602号、昭和50年２月24日基発第110号、平成３年11月25日基発第666号）

※4 「高所作業車」とは、高所における工事、点検、補修等の作業に使用される機械であって作業床（各種の作業を行うために設けられた人が乗ることを予定した「床」をいう。）及び昇降装置その他の装置により構成され、当該作業床が昇降装置その他の装置により上昇、下降等をする設備を有する機械のうち、動力を用い、かつ、不特定の場所に自走することができるものをいうものであること。

なお、消防機関が消防活動に使用するはしご自動車、屈折はしご自動車等の消防車は高所作業車に含まないものであること。

（平成２年９月26日基発第583号）

**（型式検定を受けるべき機械等）**

**第14条の２** 　法第44条の２第１項の政令で定める機械等は、次に掲げる機械等（本邦の地域内で使用されないことが明らかな場合を除く。）とする。

一～二 略

三 防爆構造電気機械器具（船舶安全法 の適用を受ける船舶に用いられるものを除く。）

四～八 略

九 交流アーク溶接機用自動電撃防止装置<sup>※1</sup>

十 絶縁用保護具<sup>※2</sup>（その電圧が、直流にあつては750ボルトを、交流にあつては300ボルトを超える充電電路について用いられるものに限る。）

十一 絶縁用防具<sup>※3</sup>（その電圧が、直流にあつては750ボルトを、交流にあつては300ボルトを超える充電電路に用いられるものに限る。）

十二 保護帽<sup>※4</sup>（物体の飛来若しくは落下又は墜落による危険を防止するためのものに限る。）

十三 略

**解説**

※1 「交流アーク溶接機用自動電撃防止装置」とは、交流アーク溶接機のアークの発生を中断させたとき、短時間内に、当該交流アーク溶接機の出力側の無負荷電圧を自動的に30V以下に切り替えることができる電気的な安全装置をいうこと。

※2 「絶縁用保護具」とは、電気用ゴム手袋、電気用安全帽等のように、充電電路の取扱いその他電気工事の作業を行なうときに、作業者の身体に着用する感電防止のための保護具で、7,000V以下の充電電路について用いるものをいうこと。

※3 「絶縁用防具」とは、電気用絶縁管、電気用絶縁シート等のように、充電電路の取扱いその他電気工事の作業を行なうときに、電路に取り付ける感電防止のための装具で、7,000Vの充電電路に用いるものをいうこと。

（昭和47年9月18日基発第602号、昭和50年2月24日基発第110号、平成3年11月25日基発第666号）

※4 「物体の飛来若しくは落下による危険を防止するための」保護帽とは、帽体、着装体、あごひも及びこれらの附属品により構成され、主として頭頂部を飛来物又は落下物から保護する目的で用いられるものをいい、同号の「墜落による危険を防止するための」保護帽とは、帽体、衝撃吸収ライナー、あごひも及びこれらの附属品により構成され、墜落の際に頭部に加わる衝撃を緩和する目的で用いられるものをいうこと。従って、乗用車安全帽、バンプキャップ等は、本号には該当しないものであること。

なお電気用安全帽であって物体の飛来又は落下による危険をも防止するためのものについては、第15号〔現行＝第14条の2第10号〕の「絶縁用保護具」に該当するほか、本号にも該当するものであること。

（昭和50年2月24日基発第110号、昭和50年12月17日基発第746号）

**（定期に自主検査を行うべき機械等）**

**第15条** 法第45条第1項の政令で定める機械等は、次のとおりとする。

一　第12条第1項各号に掲げる機械等、第13条第3項第五号、第六号、第八号、第九号、第十四号から第十九号まで及び第三十号から第三十四号までに掲げる機械等、第14条第二号から第四号までに掲げる機械等並びに前条第十号及び第十一号に掲げる機械等

二〜十一　略

2　法第45条第2項の政令で定める機械等は、第13条第3項第八号、第九号、第三十三号及び第三十四号に掲げる機械等並びに前項第二号に掲げる機械等とする。

**（職長等の教育を行うべき業種）**

**第19条** 法第60条の政令で定める業種は、次のとおりとする。

一　建設業

二　製造業。ただし、次に掲げるものを除く。

　　イ　たばこ製造業

　　ロ　繊維工業（紡績業及び染色整理業を除く。）

　　ハ　衣服その他の繊維製品製造業

　　ニ　紙加工品製造業（セロファン製造業を除く。）

三　電気業

四　ガス業

五　自動車整備業

六　機械修理業

**（法第102条の政令で定める工作物）**

**第25条** 法第102条の政令で定める工作物は、次のとおりとする。

一　電気工作物

二　熱供給施設

三　石油パイプライン

## 3　労働安全衛生規則（抄）

昭和47年９月30日　　　労働省令第32号

最終改正　令和５年９月29日厚生労働省令第121号

# 第１編　通則

## 第２章　安全衛生管理体制

### 第１節　総括安全衛生管理者

---

（総括安全衛生管理者の選任）

**第２条**　法第10条第１項の規定による総括安全衛生管理者の選任は、総括安全衛生管理者を選任すべき事由が発生した日[※1]から14日以内に行なわなければならない。

２　事業者は、総括安全衛生管理者を選任したときは、遅滞なく、様式第三号による報告書[※2]を、当該事業場の所在地を管轄する労働基準監督署長（以下「所轄労働基準監督署長」という。）に提出しなければならない。

---

解説

※1　「選任すべき事由が発生した日」とは、当該事業場の業種に応じて、その規模が政令で定める規模に達した日、総括安全衛生管理者に欠員が生じた日等を示すものであること。

※2　「報告書」は、旧規則により選任されている者については、改めて提出の必要がないこと。

　　　　　　　（昭和47年９月18日基発第601号の１）

---

（総括安全衛生管理者の代理者）

**第３条**　事業者は、総括安全衛生管理者が旅行、疾病、事故その他やむを得ない事由によつて職務を行なうことができないときは、代理[※1]者を選任しなければならない。

※1 「代理者の選任」とは、例示の事故等が　　　ものであること。
　　生ずる以前に行なっても差しつかえない　　　（昭和47年9月18日基発第601号の1）

---

**（総括安全衛生管理者が統括管理する業務）**

**第3条の2**　法第10条第1項第五号の厚生労働省令で定める業務は、次のとおりとする。

一　安全衛生に関する方針の表明に関すること。

二　法第28条の2第1項の危険性又は有害性等の調査及びその結果に基づき講ずる措置に関すること。

三　安全衛生に関する計画の作成、実施、評価及び改善に関すること。

## 第2節　安全管理者

**（安全管理者の選任）**

**第4条**　法第11条第1項の規定による安全管理者の選任は、次に定めるところにより行わなければならない。

一　安全管理者を選任すべき事由が発生した日から14日以内に選任[※1]すること。

二　その事業場に専属の者を選任すること。ただし、2人以上の安全管理者を選任する場合において、当該安全管理者の中に次条第二号に掲げる者がいるときは、当該者のうち1人については、この限りでない。

三　化学設備（労働安全衛生法施行令（以下「令」という。）第9条の3第一号に掲げる化学設備をいう。以下同じ。）のうち、発熱反応が行われる反応器等異常化学反応又はこれに類する異常な[※2]事態により爆発、火災等を生ずるおそれのあるもの（配管を除く。以下「特殊化学設備」という。）を設置する事業場であつて、当該事業場の所在地を管轄する都道府県労働局長（以下「所轄都道府県労働局長」という。）が指定するもの（以下「指定事業場」という。）にあつては、当該都道府県労働局長が指定する生産施[※3,4]設の単位について、操業中、常時、法第10条第1項 各号の業務[※5]　　[※6]のうち安全に係る技術的事項を管理するのに必要な数の安全管理[※7]者を選任すること。

四　次の表の中欄に掲げる業種に応じて、常時同表の右欄に掲げる数以上の労働者を使用する事業場にあつては、その事業場全体について法第10条第1項各号の業務のうち安全に係る技術的事項を管理する安全管理者のうち少なくとも1人を専任の安全管理者とすること。ただし、同表4の項の業種にあつては、過去3年間の労働災害による休業1日以上の死傷者数の合計が100人を超える事業場に限る。

| 1 | 建設業<br>有機化学工業製品製造業<br>石油製品製造業 | 300人 |
|---|---|---|
| 2 | 無機化学工業製品製造業<br>化学肥料製造業<br>道路貨物運送業<br>港湾運送業 | 500人 |
| 3 | 紙・パルプ製造業<br>鉄鋼業<br>造船業 | 1,000人 |
| 4 | 令第2条第一号及び第二号に掲げる業種（1の項から3の項までに掲げる業種を除く。） | 2,000人 |

2　第2条第2項及び第3条の規定は、安全管理者について準用する。

### 解説

※1 「安全管理者を選任すべき事由が発生した日」とは、当該事業場の業種に応じて、その規模が政令で定める規模に達した日、安全管理者に欠員が生じた日等をさすものであること。
　（昭和47年9月18日基発第601号の1）

※2 「これに類する異常な事態」とは、化学反応、蒸留等の化学的又は物理的処理が行われる化学設備内部の異常高圧、異常高温等をいうこと。

※3 「生産施設」とは、配合、反応、蒸留、精製等化学的又は物理的処理により物を製造するために必要な設備、配管及びこれらの附属設備であって、特殊化学設備を含むものをいうこと。

※4 「生産施設の単位」としては、例えば、原料から製品となるまでの製造設備一式、同一場所で生産管理が行われ、かつ、同種反応等同種操作が行われる設備群等があること。
　なお、本号の指定は、生産施設の規模、生産管理方法の実情、同種施設の災害発生状況、安全委員会、労働組合等の意見等を勘案して行うものとすること。

※5 「操業中」とは、指定された生産施設が本来の目的のために運転されている間をいうこと。

※6 「常時」とは、夜間、休日をも含む趣旨であること。

※7 「必要な数」とは、指定された単位ごとに、各直について、常時、配置することのできる数をいうこと。
　（昭和49年6月25日基発第332号）

**（安全管理者の資格）**

**第5条** 法第11条第1項の厚生労働省令で定める資格を有する者は、次のとおりとする。

一 次のいずれかに該当する者で、法第10条第1項各号の業務のうち安全に係る技術的事項を管理するのに必要な知識についての研修であつて厚生労働大臣が定めるものを修了したもの

イ 学校教育法（昭和22年法律第26号）による大学（旧大学令（大正7年勅令第388号）による大学を含む。以下同じ。）又は高等専門学校（旧専門学校令（明治36年勅令第61号）による専門学校を含む。以下同じ。）における理科系統の正規の課程<sup>※1</sup>を修めて卒業した者（独立行政法人大学改革支援・学位授与機構（以下「大学改革支援・学位授与機構」という。）により学士の学位を授与された者（当該課程を修めた者に限る。）若しくはこれと同等以上の学力を有すると認められる者又は当該課程を修めて同法による専門職大学の前期課程（以下「専門職大学前期課程」という。）を修了した者を含む。第18条の4第一号において同じ。）で、その後2年以上産業安全の実務<sup>※2</sup>に従事した経験を有するもの

ロ 学校教育法 による高等学校（旧中等学校令（昭和18年勅令第36号 ）による中等学校を含む。以下同じ。）又は中等教育学校において理科系統の正規の学科<sup>※3</sup>を修めて卒業した者で、その後4年以上産業安全の実務に従事した経験を有するもの

二 労働安全コンサルタント

三 前二号に掲げる者のほか、厚生労働大臣が定める者

---

解説

※1 「理科系統の正規の課程」とは、学校教育法（昭和22年法律第26号）および国立学校設置法（昭和24年法律第150号）に基づいて設置された理学または工学に関する課程、たとえば機械工学科、土木工学科、農業土木科、化学科等を指す趣旨であること。

※2 「産業安全の実務」とは、必ずしも安全

関係専門の業務に限定する趣旨ではなく、生産ラインにおける管理業務を含めて差しつかえないものであること。

※3 「理科系統の正規の学科」とは、学校教育法に基づいて設置された理学または工学に関する学科たとえば機械科、金属工学科、造船科等をいう趣旨であること。

（昭和47年9月18日基発第601号の1）

## 第3節　衛生管理者

（衛生管理者の選任）

**第7条**　法第12条第1項の規定による衛生管理者の選任は、次に定めるところにより行わなければならない。

一　衛生管理者を選任すべき事由が発生した日から14日以内に選任すること。[※1]

二　その事業場に専属の者を選任すること。ただし、2人以上の衛生管理者を選任する場合において、当該衛生管理者の中に第10条第三号に掲げる者がいるときは、当該者のうち1人については、この限りでない。

三　次に掲げる業種の区分に応じ、それぞれに掲げる者のうちから選任すること。

　　イ　農林畜水産業、鉱業、建設業、製造業（物の加工業を含む。）、電気業、ガス業、水道業、熱供給業、運送業、自動車整備業、機械修理業、医療業及び清掃業　第一種衛生管理者免許若しくは衛生工学衛生管理者免許を有する者又は第10条各号に掲げる者

　　ロ　その他の業種　第一種衛生管理者免許、第二種衛生管理者免許若しくは衛生工学衛生管理者免許を有する者又は第10条各号に掲げる者

四　次の表の左欄に掲げる事業場の規模に応じて、同表の右欄に掲げる数以上の衛生管理者を選任すること。

| 事業場の規模（常時使用する労働者数） | 衛生管理者数 |
|---|---|
| 50人以上200人以下 | 1人 |
| 200人を超え500人以下 | 2人 |
| 500人を超え1,000人以下 | 3人 |
| 1,000人を超え2,000人以下 | 4人 |
| 2,000人を超え3,000人以下 | 5人 |
| 3,000人を超える場合 | 6人 |

五〜六　略

2　第2条第2項及び第3条の規定は、衛生管理者について準用する。

※1 「選任すべき事由が発生した日」とは、当該事業場の規模が第一項第三号ないし第五号〔現行＝第四号ないし第六号〕に定める規模に達した日、衛生管理者に欠員が生じた日を指すものであること。

(昭和47年9月18日基発第601号の1)

### (衛生管理者の資格)

**第10条** 法第12条第1項の厚生労働省令で定める資格を有する者は、次のとおりとする。

一　医師

二　歯科医師

三　労働衛生コンサルタント

四　前三号に掲げる者のほか、厚生労働大臣の定める者

本条は衛生管理者の免許を受けることなく衛生管理者となりうる資格を有する者を規定したもので、第三号〔現行＝第四号〕については、労働省告示「衛生管理者規程」により定められるものであること。

(昭和47年9月18日基発第601号の1)

### (衛生工学に関する事項の管理)

**第12条** 事業者は、第7条第1項第六号の規定により選任した衛生管理者に、法第10条第1項各号の業務のうち衛生に係る技術的事項で衛生工学に関するものを管理させなければならない。

## 第3節の2　安全衛生推進者及び衛生推進者

### (安全衛生推進者等を選任すべき事業場)

**第12条の2** 法第12条の2の厚生労働省令で定める規模の事業場は、常時10人以上50人未満の労働者を使用する事業場とする。

### (安全衛生推進者等の選任)

**第12条の3** 法第12条の2の規定による安全衛生推進者又は衛生推進者(以下「安全衛生推進者等」という。)の選任は、都道府県労働局長の登録を受けた者が行う講習を修了した者その他法第10条第1項各号の業務(衛生推進者にあつては、衛生に係る業務に限る。)を担当するため必要な能力を有すると認められる者のうちから、次に定めるところにより行わなければならない。

一　安全衛生推進者等を選任すべき事由が発生した日から14日以内に選任すること。※2

二　その事業場に専属の者を選任すること。ただし、労働安全コンサルタント、労働衛生コンサルタントその他厚生労働大臣が定める者のうちから選任するときは、この限りでない。

2　次に掲げる者は、前項の講習の講習科目（安全衛生推進者に係るものに限る。）のうち厚生労働大臣が定めるものの免除を受けることができる。

一　第5条各号に掲げる者

二　第10条各号に掲げる者

解説

※1「必要な能力を有すると認められる者」の範囲は、「安全衛生推進者等の選任に関する基準」で定められたこと。

※2「選任すべき事由が発生した日」とは、当該事業場の規模が前条に定める規模に達した日、安全衛生推進者等に欠員が生じた日等を指すものであること。

（昭和63年9月16日基発第602号）

## 第6節　統括安全衛生責任者、元方安全衛生管理者、店社安全衛生管理者及び安全衛生責任者

**（令第7条第2項第一号 の厚生労働省令で定める場所）**

**第18条の2の2**　令第7条第2項第一号の厚生労働省令で定める場所は、人口が集中している地域内における道路上若しくは道路に隣接した場所又は鉄道の軌道上若しくは軌道に隣接した場所とする。※1

解説

※1「人口が集中している地域」とは、最新の国勢調査における「人口集中地区」をいうものであること。

（平成4年8月24日基発第480号）

**（元方安全衛生管理者の選任）**

**第18条の3**　法第15条の2第1項の規定による元方安全衛生管理者の選任は、その事業場に専属の者を選任して行わなければならない。

**（元方安全衛生管理者の資格）**

**第18条の4**　法第15条の2第1項の厚生労働省令で定める資格を有する者は、次のとおりとする。

一　学校教育法 による大学又は高等専門学校における理科系統の

正規の課程を修めて卒業した者で、その後3年以上建設工事の施工[^※1]における安全衛生の実務に従事した経験を有するもの

二　学校教育法 による高等学校又は中等教育学校において理科系統の正規の学科を修めて卒業した者で、その後5年以上建設工事の施工における安全衛生の実務に従事した経験を有するもの

三　前二号に掲げる者のほか、厚生労働大臣が定める者

---

**解説**

※1　第一号及び第二号の「建設工事の施工における安全衛生の実務」とは、建設工事現場において、当該工事の施工管理とともに行われる安全衛生の実務をいうものであり、現場事務所における事故報告書の作成等の事務処理等の実務は含まない趣旨であること。

（昭和55年11月25日基発第648号）

---

### （安全衛生責任者の職務）

**第19条**　法第16条第1項の厚生労働省令で定める事項は、次のとおりとする。

一　統括安全衛生責任者との連絡

二　統括安全衛生責任者から連絡を受けた事項の関係者[^※1]への連絡

三　前号の統括安全衛生責任者からの連絡に係る事項のうち当該請負人に係るものの実施についての管理[^※2]

四　当該請負人がその労働者の作業の実施に関し計画を作成する場合[^※3]における当該計画と特定元方事業者が作成する法第30条第1項第五号 の計画との整合性の確保を図るための統括安全衛生責任者との調整

五　当該請負人の労働者の行う作業及び当該労働者以外の者の行う作業によつて生ずる法第15条第1項の労働災害に係る危険の有無[^※4]の確認

六　当該請負人がその仕事の一部を他の請負人に請け負わせている場合における当該他の請負人の安全衛生責任者との作業間の連絡及び調整

---

**解説**

※1　「関係者」とは、当該安全衛生責任者を選任した請負人、その労働者等をいうものであること。

（昭和47年9月18日基発第601号の1）

※2　「実施についての管理」には、安全衛生責任者が統括安全衛生責任者からの連絡に係る事項を自ら実施することが含まれるものであること。

※3　「当該請負人がその労働者の作業の実施に関し作成する計画」には、第155条の

---

310

作業計画、第380条の施工計画、第517条の6の作業計画、第517条の20の作業計画及びクレーン等安全規則第66条の2第1項の作業の方法等の事項があること。

※4　「危険の有無の確認」は、作業前のツー

ルボックスミーティングの際等において労働者から意見を聴くこと等によって確認することでも差し支えないこと。

（平成4年8月24日基発第480号）

## 第7節　安全委員会、衛生委員会等

（危険性又は有害性等の調査）

**第24条の11**　法第28条の2第1項の危険性又は有害性等の調査は、次に掲げる時期に行うものとする。

一　建設物を設置し、移転し、変更し、又は解体するとき。

二　設備、原材料等を新規に採用し、又は変更するとき。

三　作業方法又は作業手順を新規に採用し、又は変更するとき。

四　前三号に掲げるもののほか、建設物、設備、原材料、ガス、蒸気、粉じん等による、又は作業行動その他業務に起因する危険性又は有害性等について変化が生じ、又は生ずるおそれがあるとき。

2　法第28条の2第1項ただし書の厚生労働省令で定める業種は、令第2条第一号に掲げる業種及び同条第二号に掲げる業種（製造業を除く。）とする。

解説

※1　「設備」には機械、器具が含まれ、「設備、原材料等を新規に採用」することには設備等を設置することが含まれ、「変更」には設備の配置換えが含まれること。

※2　「作業方法若しくは作業手順を新規に採

用するとき」には、建設業等の仕事を開始しようとするとき、新たな作業標準又は作業手順書等を定めるときが含まれること。

（平成18年2月24日基発0224003号）

# 第3章 機械等並びに危険物及び有害物に関する規制

## 第1節 機械等に関する規制

（規格に適合した機械等の使用）

**第27条** 事業者は、法別表第二に掲げる機械等及び令第13条第3項各号に掲げる機械等については、法第42条の厚生労働大臣が定める規格又は安全装置を具備したものでなければ、使用してはならない。

（通知すべき事項）

**第27条の2** 法第43条の2の厚生労働省令で定める事項は、次のとおりとする。

一 通知の対象である機械等であることを識別できる事項

二 機械等が法第43条の2各号のいずれかに該当することを示す事実

（安全装置等の有効保持）

**第28条** 事業者は、法及びこれに基づく命令により設けた安全装置、覆い、囲い等（以下「安全装置等」という。）が有効な状態で使用されるようそれらの点検及び整備を行なわなければならない。

**第29条** 労働者は、安全装置等について、次の事項を守らなければならない。

一 安全装置等を取りはずし、又はその機能を失わせないこと。

二 臨時に安全装置等を取りはずし、又はその機能を失わせる必要があるときは、あらかじめ、事業者の許可を受けること。

三 前号の許可を受けて安全装置等を取りはずし、又はその機能を失わせたときは、その必要がなくなつた後、直ちにこれを原状に復しておくこと。

四 安全装置等が取りはずされ、又はその機能を失つたことを発見したときは、すみやかに、その旨を事業者に申し出ること。

2 事業者は、労働者から前項第四号の規定による申出があつたときは、すみやかに、適当な措置を講じなければならない。

（自主検査指針の公表）

**第29条の2** 第24条の規定は、法第45条第3項の規定による自主検査指針の公表について準用する。

# 第4章　安全衛生教育

（雇入れ時等の教育）

第35条　事業者は、労働者を雇い入れ、又は労働者の作業内容を変更
したときは、当該労働者に対し、遅滞なく、次の事項のうち当該労
働者が従事する業務に関する安全又は衛生のため必要な事項につい
て、教育を行なわなければならない。

一　機械等、原材料等の危険性又は有害性及びこれらの取扱い方法
に関すること。

二　安全装置、有害物抑制装置又は保護具の性能及びこれらの取扱
い方法に関すること。

三　作業手順に関すること。

四　作業開始時の点検に関すること。

五　当該業務に関して発生するおそれのある疾病の原因及び予防に
関すること。

六　整理、整頓及び清潔の保持に関すること。

七　事故時等における応急措置及び退避に関すること。

八　前各号に掲げるもののほか、当該業務に関する安全又は衛生の
ために必要な事項

2　事業者は、前項各号に掲げる事項の全部又は一部に関し十分な知
識及び技能を有していると認められる労働者については、当該事項
についての教育を省略することができる。

解説

・第1項の教育は、当該労働者が従事する業　　　のとすること。
　務に関する安全または衛生を確保するため　　　　（昭和47年9月18日基発第601号の1）
　に必要な内容および時間をもって行なうも

（特別教育を必要とする業務）

第36条　法第59条第3項の厚生労働省令で定める危険又は有害な業務
は、次のとおりとする。

一～三　略

四　高圧（直流にあつては750ボルトを、交流にあつては600ボルト
を超え、7,000ボルト以下である電圧をいう。以下同じ。）若しく

は特別高圧（7,000ボルトを超える電圧をいう。以下同じ。）の充電電路若しくは当該充電電路の支持物の敷設、点検、修理若しくは操作の業務、低圧（直流にあつては750ボルト以下、交流にあつては600ボルト以下である電圧をいう。以下同じ。）の充電電路（対地電圧が50ボルト以下であるもの及び電信用のもの、電話用のもの等で感電による危害を生ずるおそれのないものを除く。）の敷設若しくは修理の業務（次号に掲げる業務を除く。）又は配電盤室、変電室等区画された場所に設置する低圧の電路（対地電圧が50ボルト以下であるもの及び電信用のもの、電話用のもの等で感電による危害の生ずるおそれのないものを除く。）のうち充電部分が露出している開閉器の操作の業務

四の二　対地電圧が50Vを超える低圧の蓄電池を内蔵する自動車の整備の業務

五〜十の四　略

十の五　作業床の高さ（令第10条第四号の作業床の高さをいう。）が10メートル未満の高所作業車（令第10条第四号の高所作業車をいう。以下同じ。）の運転（道路上を走行させる運転を除く。）の業務

十一〜四十　略

四十一　高さが2メートル以上の箇所であって作業床を設けることが困難なところにおいて、墜落制止用器具（令第13条第3項第二十八号の墜落制止用器具をいう。第130条の5第1項において同じ。）のうちフルハーネス型のものを用いて行う作業に係る業務（前号に掲げる業務を除く。）

**（特別教育の科目の省略）**

**第37条**　事業者は、法第59条第3項の特別の教育（以下「特別教育」という。）の科目の全部又は一部について十分な知識及び技能を有していると認められる労働者については、当該科目についての特別教育を省略することができる。

**（特別教育の記録の保存）**

**第38条**　事業者は、特別教育を行なつたときは、当該特別教育の受講者、科目等の記録を作成して、これを3年間保存しておかなければならない。

**（特別教育の細目）**

**第39条**　前2条及び第592条の7に定めるもののほか、第36条第一号から第十三号まで、第二十七号、第三十号から第三十六号まで及び

第三十九号から第四十一号までに掲げる業務に係る特別教育の実施について必要な事項は、厚生労働大臣が定める。

**（職長等の教育）**

**第40条**　法第60条第三号の厚生労働省令で定める事項は、次のとおりとする。

一　法第28条の２第１項又は第57条の３第１項及び第２項の危険性又は有害性等の調査及びその結果に基づき講ずる措置に関すること。

二　異常時等における措置に関すること。

三　その他現場監督者として行うべき労働災害防止活動に関すること。

2　法第60条の安全又は衛生のための教育は、次の表の上欄に掲げる事項について、同表の下欄に掲げる時間以上行わなければならないものとする。

| 事項 | 時間 |
|---|---|
| 法第60条第一号に掲げる事項<br>一　作業手順の定め方<br>二　労働者の適正な配置の方法 | 2 時間 |
| 法第60条第二号に掲げる事項<br>一　指導及び教育の方法<br>二　作業中における監督及び指示の方法 | 2.5時間 |
| 前項第一号に掲げる事項<br>一　危険性又は有害性等の調査の方法<br>二　危険性又は有害性等の調査の結果に基づき講ずる措置<br>三　設備、作業等の具体的な改善の方法 | 4 時間 |
| 前項第二号に掲げる事項<br>一　異常時における措置<br>二　災害発生時における措置 | 1.5時間 |
| 前項第三号に掲げる事項<br>一　作業に係る設備及び作業場所の保守管理の方法<br>二　労働災害防止についての関心の保持及び労働者の創意工夫を引き出す方法 | 2 時間 |

3　事業者は、前項の表の上欄に掲げる事項の全部又は一部について十分な知識及び技能を有していると認められる者については、当該事項に関する教育を省略することができる。

# 第9章　監督等

（計画の届出をすべき機械等）

**第85条**　法第88条第1項の厚生労働省令で定める機械等は、法に基づく他の省令に定めるもののほか、別表第七の上欄に掲げる機械等とする。ただし、別表第七の上欄に掲げる機械等で次の各号のいずれかに該当するものを除く。

一　機械集材装置、運材索道（架線、搬器、支柱及びこれらに附属する物により構成され、原木又は薪炭材を一定の区間空中において運搬する設備をいう。以下同じ。）、架設通路及び足場以外の機械等（法第37条第1項の特定機械等及び令第6条第十四号の型枠支保工（以下「型枠支保工」という。）を除く。）で、6月未満の期間で廃止するもの

二　機械集材装置、運材索道、架設通路又は足場で、組立てから解体までの期間が60日未満のもの

（計画の届出等）

**第86条**　事業者は、別表第七の上欄に掲げる機械等を設置し、若しくは移転し、又はこれらの主要構造部分を変更しようとするときは、法第88条第1項の規定により、様式第二十号による届書に、当該機械等の種類に応じて同表の中欄に掲げる事項を記載した書面及び同表の下欄に掲げる図面等を添えて、所轄労働基準監督署長に提出しなければならない。

2　特定化学物質障害予防規則（昭和47年労働省令第39号。以下「特化則」という。）第49条第1項の規定による申請をした者が行う別表第七の16の項から20の3の項までの上欄に掲げる機械等の設置については、法第88条第1項の規定による届出は要しないものとする。

3　石綿則第47条第一項又は第48条の3第1項の規定による申請をした者が行う別表第七の二十五の項の上欄に掲げる機械等の設置については、法第88条第1項の規定による届出は要しないものとする。

（法第88条第1項ただし書の厚生労働省令で定める措置）

**第87条**　法第88条第1項ただし書の厚生労働省令で定める措置は、次に掲げる措置とする。

一　法第28条の2第1項又は第57条の3第1項及び第2項の危険性

又は有害性等の調査及びその結果に基づき講ずる措置

二　前号に掲げるもののほか、第24条の2の指針に従つて事業者が行う自主的活動

**（認定の単位）**

**第87条の2**　法第88条第1項ただし書の規定による認定（次条から第88条までにおいて「認定」という。）は、事業場ごとに、所轄労働基準監督署長が行う。

**（欠格事項）**

**第87条の3**　次のいずれかに該当する者は、認定を受けることができない。

一　法又は法に基づく命令の規定（認定を受けようとする事業場に係るものに限る。）に違反して、罰金以上の刑に処せられ、その執行を終わり、又は執行を受けることがなくなつた日から起算して2年を経過しない者

二　認定を受けようとする事業場について第87条の9の規定により認定を取り消され、その取消しの日から起算して2年を経過しない者

三　法人で、その業務を行う役員のうちに前二号のいずれかに該当する者があるもの

**（認定の基準）**

**第87条の4**　所轄労働基準監督署長は、認定を受けようとする事業場が次に掲げる要件のすべてに適合しているときは、認定を行わなければならない。

一　第87条の措置を適切に実施していること。※1

二　労働災害の発生率が、当該事業場の属する業種における平均的な労働災害の発生率を下回つていると認められること。※2

三　申請の日前1年間に労働者が死亡する労働災害その他の重大な労働災害が発生していないこと。

---

解説

※1　「第87条の措置を適切に実施していること」とは、第24条の2に基づく指針及び当該指針において引用する法第28条の2第2項に基づく指針に従って当該措置を適切に実施していることをいうものであること。

※2　「労働災害の発生率が、当該事業場の属する業種における平均的な労働災害の発生率を下回つていると認められること」とは、認定を受けようとする事業場に係る申請の日前一年間に通知された労災保険のメリット収支率が75%以下である場合をいうものであること。

# 第2編　安全基準

## 第5章　電気による危険の防止

### 第1節　電気機械器具

---

**（電気機械器具の囲い等）**

**第329条**　事業者は、電気機械器具の充電部分（電熱器の発熱体の部分、抵抗溶接機の電極の部分等電気機械器具の使用の目的により露出することがやむを得ない充電部分を除く。）で、労働者が作業中又は通行の際に、接触（導電体を介する接触を含む。以下この章において同じ。）[※1]し、又は接近することにより感電の危険を生ずる[※2]おそれのあるものについては、感電を防止するための囲い又は絶縁覆[※3]いを設けなければならない。ただし、配電盤室、変電室等区画された場所で、事業者が第36条第四号の業務に就いている者（以下「電気取扱者」という。）以外の者の立入りを禁止したところに設置し、又は電柱上、塔上等隔離された場所で[※4]、電気取扱者以外の者が接近するおそれのないところに設置する電気機械器具については、この限りでない。

---

**解説**

※1　「導電体を介する接触」とは、金属製工具、金属材料等の導電体を取り扱っている際に、これらの導電体が露出充電部分に接触することをいうこと。

※2　「接近することにより感電の危険を生ずる」とは、高圧又は特別高圧の充電電路に接近した場合に、接近アーク又は誘導電流により、感電の危害を生ずることをいうこと。

※3　「絶縁覆いを設け」とは、当該露出充電部分と絶縁されている金属製箱に当該露出充電部分を収めること、ゴム、ビニール、ベークライト等の絶縁材料を用いて当該露出充電部分を被覆すること等をいうこと。

※4　「電柱上、塔上等隔離された場所で、電気取扱者以外の者が接近するおそれのないところに設置する電気機械器具」には、配電用の電柱又は鉄塔の上に施設された低圧側ケッチヒューズ等が含まれること。

（昭和35年11月22日基発第990号）

（手持型電灯等のガード）

**第330条**　事業者は、移動電線に接続する手持型の電灯[※1]、仮設の配線[※2]又は移動電線に接続する架空つり下げ電灯[※3]等[※4]には、口金に接触することによる感電の危険及び電球の破損による危険[※5]を防止するため、ガードを取り付けなければならない。

2　事業者は、前項のガードについては、次に定めるところに適合するものとしなければならない。

一　電球の口金の露出部分に容易に手が触れない構造[※6]のものとすること。

二　材料は、容易に破損又は変形をしない[※7]ものとすること。

---

**解説**

※1　「手持型の電灯」とは、ハンドランプのほか、普通の白熱灯であって手に持って使用するものをいい、電池式又は発電式の携帯電灯は含まないこと。
（昭和35年11月22日基発第990号）

※2　「仮設の配線」とは、第338条の解説に示すものと同じものであること。
（昭和35年11月22日基発第990号）

※3　「架空つり下げ電灯」とは、屋外又は屋内において、コードペンダント等の正規工事によらないつり下げ電灯や電飾方式による電灯（建設工事等において仮設の配線に多数の防水ソケットを連ね電球をつり下げて点灯する方式のもので、通称タコづり、鈴らん灯ちょうちんづり等ともいう。）をいうものであること。

なお、移動させないで使用するもの又は作業箇所から離れて使用するものであって、作業中に接触又は破損のおそれが全くないものについては、この規定は適用されないものであること。

※4　「架空つり下げ電灯等」の「等」には、反射型投光電球を使用した電灯が含まれるものであること。
（昭和44年2月5日基発第59号）

※5　「電球の破損による危険」とは、電球が破損した場合に、そのフィラメント又は導入線に接触することによる感電の危害及び電球のガラスの破片による危害をいうこと。

※6　「電球の口金の露出部分に容易に手が触れない構造」とは、ガードの根元部分が当該露出部分を覆うことができ、かつ、ガードと電球の間から指が電球の口金部分に入り難い構造をいうものであること。

なお、ソケットが、カバー、ホルダ等に覆われているとき又は防水ソケットのように電球の口金の露出しないときは、この規定は、適用されないものであること。

※7　「容易に破損又は変形をしない材料」とは、堅固な金属のほか、耐熱性が良好なプラスティックであって使用中に外力又は熱により破損し又は変形をし難いものを含むものであること。

〔接地側電線の接続措置〕

第1項に規定する措置のほか、ソケットの受金側（電球の口金側）に接続されるソケット内部端子には接地側電線を接続することが望ましいこと。
（昭和44年2月5日基発第59号）

（溶接棒等のホルダー）

**第331条** 　事業者は、アーク溶接等[※1]（自動溶接を除く。）の作業に使用する溶接棒等[※2]のホルダーについては、感電の危険を防止するため必要な絶縁効力及び耐熱性を有するもの[※3]でなければ、使用してはならない。

解説

※1 「自動溶接」とは、溶接棒の送給及び溶接棒の運棒又は被溶接材の運進を自動的に行うものをいい、これらの一部のみを自動的に行うもの又はグラビティ溶接はこれに含まれないものであること。

（昭和44年2月5日基発第59号）

※2 「溶接棒等」の「等」には、溶断に使用する炭素電極棒、被覆電極棒、金属管電極棒が含まれること。

（昭和49年6月25日基発第332号）

※3 「感電の危険を防止するため必要な絶縁効力及び耐熱性を有するもの」とは、日本工業規格 C9300-11（溶接棒ホルダ）に定めるホルダーの規格に適合するもの又はこれと同等以上の絶縁効力及び耐熱性を有するものであること。

（平成20年9月29日基発第0929002号）

［日本工業規格は現在、日本産業規格］

（交流アーク溶接機用自動電撃防止装置）

**第332条** 　事業者は、船舶の二重底若しくはピークタンクの内部、ボイラーの胴若しくはドームの内部等導電体に囲まれた場所で著しく狭あいなところ[※1]又は墜落により労働者に危険を及ぼすおそれのある[※2]高さが2メートル以上の場所で鉄骨等導電性の高い接地物[※3]に労働者が接触するおそれがあるところにおいて、交流アーク溶接等[※4]（自動溶接を除く。）の作業を行うときは、交流アーク溶接機用自動電撃防止装置を使用しなければならない。

解説

※1 「著しく狭あいなところ」とは、動作に際し、身体の部分が通常周囲（足もとの部分を除く。）の導電体に接触するおそれがある程度に狭あいな場所をいうこと。

（昭和35年11月22日基発第990号）

※2 「墜落により労働者に危険を及ぼすおそれのある高さが2m以上の場所」とは、高さが2m以上の箇所で安全に作業する床がなく、第518条、第519条の規定による足場、囲い、手すり、覆い等を設けていない場所をいうものであること。

※3 「導電性の高い接地物」とは、鉄骨、鉄筋、鉄柱、金属製水道管、ガス管、鋼船の鋼材部分等であって、大地に埋設される等電気的に接続された状態にあるものをいうこと。

（昭和44年2月5日基発第59号）

※4 　第331条の解説※1を参照。

**（漏電による感電の防止）**

**第333条**　事業者は、電動機を有する機械又は器具（以下「電動機械器具」という。）で、対地電圧が150ボルトをこえる移動式若しくは可搬式のもの又は水等導電性の高い液体によつて湿潤している場所その他鉄板上、鉄骨上、定盤上等導電性の高い場所において使用する移動式若しくは可搬式のものについては、漏電による感電の危険を防止するため、当該電動機械器具が接続される電路に、当該電路の定格に適合し、感度が良好であり、かつ、確実に作動する感電防止用漏電しや断装置を接続しなければならない。

2　事業者は、前項に規定する措置を講ずることが困難なときは、電動機械器具の金属製外わく、電動機の金属製外被等の金属部分を、次に定めるところにより接地して使用しなければならない。

一　接地極への接続は、次のいずれかの方法によること。

　イ　一心を専用の接地線とする移動電線及び一端子を専用の接地端子とする接続器具を用いて接地極に接続する方法

　ロ　移動電線に添えた接地線及び当該電動機械器具の電源コンセントに近接する箇所に設けられた接地端子を用いて接地極に接続する方法

二　前号イの方法によるときは、接地線と電路に接続する電線との混用及び接地端子と電路に接続する端子との混用を防止するための措置を講ずること。

三　接地極は、十分に地中に埋設する等の方法により、確実に大地と接続すること。

---

**解説**

※1　「電動機械器具」には、非接地式電源に接続して使用する電動機械器具は含まれないこと。

※2　「水その他導電性の高い液体によつて湿潤している場所」とは、常態において、作業床等が水、アルカリ溶液等の導電性の高い液体によってぬれていることにより、漏電の際に感電の危害を生じやすい場所をいい、湧水ずい道内、基礎掘削工事現場、製氷作業場、水洗作業場等はおおむねこれに含まれること。

※3　「移動式のもの」とは、移動式空気圧縮機、移動式ベルトコンベヤ、移動式コンクリートミキサ、移動式クラッシャ等、移動させて使用する電動機付の機械器具をいい、電車、電気自動車等の電気車両は含まないこと。

※4　「可搬式のもの」とは、可搬式電気ドリル、可搬式電気グラインダ、可搬式振動機等手に持って使用する電動機械器具をいうこと。

（昭和35年11月22日基発第990号）

※5　「当該電路の定格に適合し」とは、電動機械器具が接続される電路の相、線式、電圧、電流及び周波数に適合することをいうこと。

※6 「感度が良好」とは、電圧動作形のものにあっては動作感度電圧がおおむね20Vないし30V、電流動作形のもの（電動機器の接地線が切断又は不導通の場合電路をしゃ断する保護機構を有する装置を除く。）にあっては動作感度電流がおおむね30mAであり、かつ、動作時限が、電圧動作形にあっては0.2秒以下、電流動作形にあっては0.1秒以下であるものをいうこと。

※7 「確実に作動する感電防止用漏電しゃ断装置」とは、JIS C 8370（配線しゃ断器）に定める構造のしゃ断器若しくはJIS C 8325（交流電磁開閉器）に定める構造の開閉器又はこれらとおおむね同等程度の性能を有するしゃ断装置を有するものであって、水又は粉じんの侵入により装置の機能に障害を生じない構造であり、かつ、漏電検出しゃ断動作の試験装置を有するものをいうものであること。

※8 「感電防止用漏電しゃ断装置」とは、電路の対地絶縁が低下した場合に電路をじん速にしゃ断して感電による危害を防止するものをいうこと。その動作方式は、電圧動作形と電流動作形に大別され、前者は電気機械器具のケースや電動機のフレームの対地電圧が所定の値に達したときに作動し、後者は漏えい電流が所定の値に達したときに作動するものであること。

　なお、この装置を接続した電動機械器具の接地については、特に規定していないが、電気設備の技術基準（旧電気工作物規程）に定めるところにより本条第2項第1号に定める方法又は電動機械器具の使用場所において接地極に接続する方法により接地することは当然であること。ただし、この場合の接地抵抗値は、昭和35年11月22日付け基発第990号通達の7の（11）〈本条解釈例規の「確実に」※14〉に示すところによらなくてもさしつかえないこと。

（昭和44年2月5日基発第59号）

※9 「接地極」には、地中に埋設された金属

製水道管、鋼船の船体等が含まれること。

※10 「一心を専用の接地線とする移動電線及び一端子を専用の接地端子とする接続器具を用いて接地極に接続する方法」とは、次の図に示すごとき方法をいうこと。

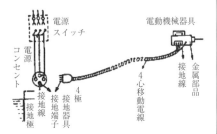

※11 「接地線」とは、電動機械器具の金属部分と接地極とを接続する導線をいうこと。

※12 「移動電線に添えた接地線及び当該電動機械器具の電源コンセントに近接する箇所に設けられた接地端子を用いて接地極に接続する方法」とは、次の図に示すごとき方法をいうこと。

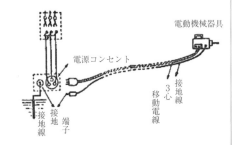

※13 「混用を防止するための措置」とは、色、形状等を異にすること、標示すること等の方法により、接地線と電路に接続する電線との区別及び接地端子と電路に接続する端子との区別を明確にすることをいうこと。

※14 「確実に」とは、十分に低い接地抵抗値を保つように（電動機械器具の金属部分の接地抵抗値がおおむね25Ω以下になるように）の意であること。

（昭和35年11月22日基発第990号）

（適用除外）

**第334条**　前条の規定は、次の各号のいずれかに該当する電動機械器具については、適用しない。

一　非接地方式の電路[※1]（当該電動機械器具の電源側の電路に設けた絶縁変圧器の二次電圧が300ボルト以下であり、かつ、当該絶縁変圧器の負荷側の電路が接地されていないものに限る。）に接続して使用する電動機械器具

二　絶縁台の上で使用する電動機械器具[※2]

三　電気用品安全法（昭和36年法律第234号）第2条第2項の特定電気用品であつて、同法第10条第1項の表示が付された二重絶縁[※3]構造の電動機械器具

---

**解説**

※1　「非接地方式の電路」とは、電源変圧器の低圧側の中性点又は低圧側の一端子を接地しない配電電路のことをいい、人が電圧側の一線に接触しても地気回路が構成され難く、電動機のフレーム等について漏電による対地電位の上昇が少なく、感電の危険が少ないものをいうこと。

※2　「絶縁台」とは、使用する電動機械器具の対地電圧に応じた絶縁性能を有する作業台をいい、低圧の電動機械器具の場合には、リノリウム張りの床、木の床等であっても十分に乾燥したものは含まれるが、コンクリートの床は含まれないものであること。

　　なお、「絶縁台の上で使用する」とは

作業者が常時絶縁台の上にあって使用する意であり、作業者がゴム底靴を着用して使用することは含まれないものであること。

※3　「二重絶縁構造の電動機械器具」とは、電動機械器具の充電部と人の接触するおそれのある非充電金属部の間に、機能絶縁と、それが役に立たなくなったときに感電危険を防ぐ保護絶縁とを施した構造のものをいうが、二重絶縁を行い難い部分に強化絶縁（電気的、熱的及び機械的機能が二重絶縁と同等以上の絶縁物を使用した絶縁をいう。）を施したものも含まれるものであること。

（昭和44年2月5日基発第59号）

---

## （電気機械器具の操作部分の照度）

**第335条**　事業者は、電気機械器具の操作[※1]の際に、感電の危険又は誤操作による危険[※2]を防止するため、当該電気機械器具の操作部分について必要な照度[※3]を保持しなければならない。

---

**解説**

※1　「電気機械器具の操作」とは、開閉器の開閉操作、制御器の制御操作、電圧調整器の操作等電気機械器具の電気について

の操作をいうこと。

※2　「誤操作による危険」とは、電路の系統、操作順序等を誤って操作した場合

に、操作者又は関係労働者が受ける感電
又は電気火傷をいうこと。
※3 「必要な照度」とは、操作部分の位置、
区分等を容易に判別することができる程
度の明るさをいい、照明の方法は、局部
照明、全般照明又は自然採光による照明

のいずれであっても差しつかえないこ
と。なお、本条は、操作の際における照
度の保持について定めたものであって、
操作時以外の場合における照度の保持ま
で規制する趣旨ではないこと。

(昭和35年11月22日基発第990号)

## 第2節　配線及び移動電線

### （配線等の絶縁被覆）

**第336条**　事業者は、労働者が作業中又は通行の際に接触し、又は接[※1]
触するおそれのある配線で、絶縁被覆を有するもの（第36条第四号
の業務において電気取扱者のみが接触し、又は接触するおそれがあ
るものを除く。）又は移動電線については、絶縁被覆が損傷し、又
は老化していることにより、感電の危険が生ずることを防止する措[※2]
置を講じなければならない。

解説

※1 「接触するおそれのある」とは、作業
し、若しくは通行する者の側方おおむね
60cm以内又は作業床若しくは通路面か
らおおむね2m以内の範囲にあること
をいうこと。
※2 「防止する措置」とは、当該配線又は移

動電線を絶縁被覆の完全なものと取り換
えること。絶縁被覆が損傷し、又は老化
している部分を補修すること等の措置を
いうこと。

(昭和35年11月22日基発第990号)

### （移動電線等の被覆又は外装）

**第337条**　事業者は、水その他導電性の高い液体によつて湿潤してい
る場所において使用する移動電線又はこれに附属する接続器具で、
労働者が作業中又は通行の際に接触するおそれのあるものについて
は、当該移動電線又は接続器具の被覆又は外装が当該導電性の高い[※1]
液体に対して絶縁効力を有するものでなければ、使用してはならな
い。

解説

※1 「導電性の高い液体に対して絶縁効力を
有するもの」とは、当該液体が侵入しな
い構造で、かつ、使用する電圧に応じて

絶縁性能を有するもの（腐蝕性の液体に
対しては耐蝕性をも具備するもの）をい
い、移動電線についてはキャブタイヤ

ケーブル、クロロプレン外装ケーブル、防湿2個よりコード等が、また、接続器具については防水型、防滴型、屋外型等

の構造のものがこれに該当すること。

（昭和35年11月22日基発第990号）

## （仮設の配線等）

**第338条**　事業者は、仮設の配線[※1]又は移動電線を通路面において使用してはならない。ただし、当該配線又は移動電線の上を車両[※2]その他の物が通過すること等による絶縁被覆の損傷[※3]のおそれのない状態で使用するときは、この限りでない。

解説

※1　「仮設の配線」とは、短期間臨時的に使用する目的で、工作物等に仮取り付けした配線をいうこと。

※2　「その他の物」とは、通路面をころがして移送するボンベ、ドラム罐等の重量物をいうこと。

※3　「絶縁被覆の損傷のおそれがない状態」とは、当該配線又は移動電線に防護覆を装置すること、当該配線又は移動電線を

金属管内又はダクト内に収めること等の方法により、絶縁被覆について損傷防護の措置を講じてある状態及び当該配線又は移動電線を通路面の側端に、かつ、これに添って配置し、車両等がその上を通過すること等のおそれがない状態をいう。

（昭和35年11月22日基発第990号）

## 第3節　停電作業

## （停電作業を行なう場合の措置）

**第339条**　事業者[※1]は、電路を開路して、当該電路又はその支持物[※2]の敷設、点検、修理、塗装[※3]等の電気工事の作業を行なうときは、当該電路を開路した後に、当該電路について、次に定める措置を講じなければならない。当該電路に近接[※4]する電路若しくはその支持物の敷設、点検、修理、塗装等の電気工事の作業又は当該電路に近接する工作物（電路の支持物を除く。以下この章において同じ。）の建設、解体、点検、修理、塗装等の作業を行なう場合も同様とする。

一　開路に用いた開閉器に、作業中、施錠し、若しくは通電禁止[※5]に関する所要事項を表示し、又は監視人を置くこと。

二　開路した電路が電力ケーブル、電力コンデンサー等を有する電路で、残留電荷による危険を生ずるおそれのあるものについては、安全な方法により当該残留電荷[※6]を確実に放電させること。

三　開路した電路が高圧又は特別高圧であつたものについては、検[※7]

電器具により停電を確認し、かつ、誤通電、他の電路との混触又は他の電路からの誘導による感電の危険を防止するため、短絡接地器具[※9]を用いて確実に短絡接地すること。[※8]

2　事業者は、前項の作業中又は作業を終了した場合において、開路した電路に通電しようとするときは、あらかじめ、当該作業に従事する労働者について感電の危険が生ずるおそれのないこと及び短絡接地器具を取りはずしたことを確認した後でなければ、行なつてはならない。

### 解説

※1　「事業者は、電路を開路して」とは、同項後段についてもかかっているものであること。

※2　「電路の支持物」とは、がいし及びその支持金具、電柱及びその控線、腕木、腕金等の附属物、変圧器、避雷器、コンデンサ等の電力装置の支持台、配線を固定するための金属管、線ぴ等の配線支持具等電路を支持する物をいうこと。

※3　「塗装等」の「等」には、がいし掃除、通信線の配電柱への架設又は配電柱からの撤去等が含まれること。

※4　「近接する」とは、昭和34年2月18日付基発第101号通ちょう記の9の（6）の表〈第570条の解説※2参照〉に示す離隔距離以内にあることをいうこと。
（昭和35年11月22日基発第990号）

※5　「通電禁止に関する所要事項」とは、通電操作責任者の氏名、停電作業箇所、当該開閉器を不意に投入することを防止するため必要な事項をいうこと。なお、上記のほか、通電操作責任者の許可なく通電することを禁止する意を含むものである。
（昭和35年11月22日基発第990号、昭和44年2

月5日基発第59号）

※6　「安全な方法」とは、当該電路に放電線輪等を施設し、開路と同時に自動的に残留電荷を放電させる方法、放電専用の器具を用いて開路後すみやかに残留電荷を放電させる方法等の方法をいうこと。

※7　「検電器具」とは、電路の電圧に応じた絶縁耐力及び検電性能を有する携帯型の検電器をいい、当該電路の電圧に応じた絶縁耐力を有する断路器操作用フック棒であって当該電路に近接させて、コロナ放電により、検電することができるもの、作業箇所に近接し、かつ、作業に際して確認することができる位置に施設された電圧計（各相間の電圧を計測できるものに限る。）等が含まれること。

※8　「混触」には、低圧側電路の故障等に起因するステップ・アップ（高電圧誘起）が含まれること。

※9　「誘導」とは、近接する交流の高圧又は特別高圧の電路の相間の不平衡等により、開路した電路に高電圧が誘起される場合をいうこと。
（昭和35年11月22日基発第990号）

## （断路器等の開路）

第340条　事業者は、高圧又は特別高圧の電路の断路器、線路開閉器[※1]等の開閉器で、負荷電流をしゃ断するためのものでないものを開路[※2]するときは、当該開閉器の誤操作を防止するため、当該電路が無負荷であることを示すためのパイロットランプ[※3]、当該電路の系統を判別するためのタブレット[※4]等[※5]により、当該操作を行なう労働者に当該

電路が無負荷であることを確認させなければならない。ただし、当該開閉器に、当該電路が無負荷でなければ開路することができない緊錠装置[6]を設けるときは、この限りでない。

---

**解説**

※1 「負荷電流」には、変圧器の励磁電流又は短距離の電線路の充電電流は含まれないこと。

※2 「遮断するためのものではないもの」とは、それ自体を遮断の用には供しない構造のものであって、遮断に用いればアークを発して危害を生ずるおそれがあるものをいうこと。

※3 「パイロットランプにより」とは、当該操作の対象となる断路器、線路開閉器等に近接した位置にパイロットランプを取りつけ、操作する者が確認することができるようにすること。

※4 「タブレット等により」とは、電源遮断用の操作盤と当該操作の対象となる断路器、線路開閉器等に近接した位置とにタブレット受を備えつけて、操作する者が確認することができるようにすることをいうこと。

※5 「タブレット等」の「等」には、同期信号方式の操作指示計を当該操作の対象となる断路器、線路開閉器等に近接した位置に備えつけて操作の指示をする方法、インターホンによって操作の指令をする方法等が含まれること。

※6 「緊錠装置」とは、当該電路の遮断器によって負荷を遮断した後でなければ、断路器、線路開閉器等の操作を行なうことができないようにインタロック(電気的インタロック又は機械的インタロック)した装置をいうこと。

(昭和35年11月22日基発第990号)

## 第4節　活線作業及び活線近接作業

---

（高圧活線作業）

**第341条**　事業者は、高圧の充電電路[1]の点検、修理等当該充電電路[2]を取り扱う作業を行なう場合において、当該作業に従事する労働者について感電の危険が生ずるおそれのあるときは、次の各号のいずれかに該当する措置を講じなければならない。

一　労働者に絶縁用保護具[3]を着用させ、かつ、当該充電電路のうち労働者が現に取り扱つている部分以外の部分が、接触し、又は接近することにより感電の危険が生ずるおそれのあるものに絶縁用防具[4]を装着すること。

二　労働者に活線作業用器具[5]を使用させること。

三　労働者に活線作業用装置[6]を使用させること。この場合には、労働者が現に取り扱つている充電電路と電位を異にする物に、労働者の身体又は労働者が現に取り扱つている金属製の工具、材料等の導電体（以下「身体等」という。）が接触し、又は接近することによる感電の危険を生じさせてはならない。

2　労働者は、前項の作業において、絶縁用保護具の着用、絶縁用防具の装着又は活線作業用器具若しくは活線作業用装置の使用を事業者から命じられたときは、これを着用し、装着し、又は使用しなければならない。

---

解説

※1 「高圧の充電電路」とは、高圧の裸電線、電気機械器具の高圧の露出充電部分のほか、高圧電路に用いられている高圧絶縁電線、引下げ用高圧絶縁電線、高圧用ケーブル又は特別高圧用ケーブル、高圧用キャブタイヤケーブル、電気機械器具の絶縁物で覆われた高圧充電部分等であって、絶縁被覆又は絶縁覆いの老化、欠如若しくは損傷している部分が含まれるものであること。

（昭和44年2月5日基発第59号）

※2 「点検、修理等露出充電部分を取り扱う作業」には、電線の分岐、接続、切断、引どめ、バインド等の作業が含まれること。

※3 「絶縁用保護具」とは、電気用ゴム手袋、電気用帽子、電気用ゴム袖、電気用ゴム長靴等作業を行なう者の身体に着用する感電防止の保護具をいうこと。

※4 「絶縁用防具」とは、ゴム絶縁管、ゴムがいしカバ、ゴムシート、ビニールシート等電路に対して取り付ける感電防止用の装具をいうこと。

※5 「活線作業用器具」とは、その使用の際に作業を行なう者の手で持つ部分が絶縁材料で作られた棒状の絶縁工具をいい、いわゆるホットステックのごときものをいうこと。

※6 「活線作業用装置」とは、対地絶縁を施こした活線作業用車又は活線作業用絶縁台をいうこと。

（昭和35年11月22日基発第990号）

---

（高圧活線近接作業）

第342条　事業者は、電路又はその支持物の敷設、点検、修理、塗装等の電気工事の作業を行なう場合において、当該作業に従事する労働者が高圧の充電電路[※1]に接触し、又は当該充電電路に対して頭上距離[※2]が30センチメートル以内又は躯側距離若しくは足下距離[※3]が60センチメートル以内に接近することにより感電の危険が生ずるおそれのあるときは、当該充電電路に絶縁用防具を装着しなければならない。ただし、当該作業に従事する労働者に絶縁用保護具を着用させて作業を行なう場合において、当該絶縁用保護具を着用する身体[※4]の部分以外の部分が当該充電電路に接触し、又は接近することにより感電の危険が生ずるおそれのないときは、この限りでない。

2　労働者は、前項の作業において、絶縁用防具の装着又は絶縁用保護具の着用を事業者から命じられたときは、これを装着し、又は着用しなければならない。

---

**解説**

※1 「高圧の充電電路に接触する」の「接触」には、労働者が現に取り扱っている金属製の工具、材料等の導電体を介しての接触を含むものであること。

（昭和44年2月5日基発第59号）

※2 「頭上距離30センチメートル以内又は軀側距離若しくは足下距離60センチメートル以内」とは、頭上30cmの水平面、軀幹部の表面からの水平距離60cmの鉛直面及び足下60cmの水平面により囲まれた範囲内をいうこと。

（昭和35年11月22日基発第990号）

※3 「軀側距離」には、架空電線の場合であって風による電線の動揺があるときは、その動揺幅を加算した距離を保つ必要があること。

（昭和44年2月5日基発第59号）

※4 「身体の部分以外の部分」とは、身体のうち、保護具によって保護されていない部分をいうこと。

（昭和35年11月22日基発第990号）

---

**（絶縁用防具の装着等）**

**第343条**　事業者は、前2条の場合において、絶縁用防具の装着又は取りはずしの作業を労働者に行なわせるときは、当該作業に従事する労働者に、絶縁用保護具を着用させ、又は活線作業用器具若しくは活線作業用装置を使用させなければならない。

2　労働者は、前項の作業において、絶縁用保護具の着用又は活線作業用器具若しくは活線作業用装置の使用を事業者から命じられたときには、これを着用し、又は使用しなければならない。

**（特別高圧活線作業）**

**第344条**　事業者は、特別高圧の充電電路[※1]又はその支持がいしの点検、修理、清掃[※2]等の電気工事の作業を行なう場合において、当該作業に従事する労働者について感電の危険が生ずるおそれのあるときは、次の各号のいずれかに該当する措置を講じなければならない。

一　労働者に活線作業用器具[※3]を使用させること。この場合には、身体等について、次の表の左欄に掲げる充電電路の使用電圧[※4]に応じ、それぞれ同表の右欄に掲げる充電電路[※5]に対する接近限界距離[※6]を保たせなければならない。

| 充電電路の使用電圧<br>（単位　キロボルト） | 充電電路に対する接近限界距離<br>（単位　センチメートル） |
|---|---|
| 22以下 | 20 |
| 22をこえ33以下 | 30 |
| 33をこえ66以下 | 50 |
| 66をこえ77以下 | 60 |
| 77をこえ110以下 | 90 |

| 110をこえ154以下 | 120 |
|---|---|
| 154をこえ187以下 | 140 |
| 187をこえ220以下 | 160 |
| 220をこえる場合 | 200 |

二　労働者に活線作業用装置[※7]を使用させること。この場合には、労働者が現に取り扱つている充電電路若しくはその支持がいしと電位を異にする物に身体等が接触し、又は接近することによる感電の危険を生じさせてはならない。

2　労働者は、前項の作業において、活線作業用器具又は活線作業用装置の使用を事業者から命じられたときは、これを使用しなければならない。

本条は現段階においては特別高圧用の絶縁用保護具、絶縁用防具がないため、危害防止の措置については活線作業用装置又は活線作業用器具の使用に限ることとしたものであること。

（昭和35年11月22日基発第990号）

※1　「特別高圧の充電電路」とは、特別高圧の裸電線、電気機械器具の特別高圧の露出充電部分のほか、特別高圧電路に用いられている特別高圧用ケーブル、電気機械器具の絶縁物で覆われた特別高圧充電部分等であって、絶縁被覆又は絶縁覆いの老化、欠如若しくは損傷している部分が含まれるものであること。

　なお、特別高圧の充電部に接近している絶縁物に静電誘導により電位を生じたものは含まれないものであること。

※2　「清掃」とは、特別高圧の充電電路の支持がいしの清掃をいうものであること。

　なお、「清掃等」の「等」には、特別高圧の電路又はその支持がいしの移設、取り替え等が含まれるものであること。

※3　「活線作業用器具」とは、使用の際に、手で持つ部分が絶縁材料で作られた棒状の特別高圧用絶縁工具をいい、ホットスティック、開閉器操作用フック棒等のほか不良がいし検出器が含まれるものであること。ただし、注水式の活線がいし洗浄器は、活線作業用器具に含まれないこ

と。

※4　「充電電路の使用電圧」の最上限を「220kVをこえるもの」と規定しその場合に必要な接近限界距離を200cmとしているが、これは、現行の送電電圧の最高値である275kVを予定して定めたものであるから、充電電路の使用電圧が275kVをこえる場合には十分でないので、その場合は、当該使用電圧に応じて安全な接近限界距離を保たせるように指導する必要があること。

※5　「使用電圧」とは、電路の公称電圧（電路を代表する線間電圧をいう。）をいうものであること。

※6　「接近限界距離」は、労働者の身体又は労働者が現に取り扱っている金属製の工具、材料等の導電体のうち、特別高圧の充電電路に最も近接した部分と、当該充電電路との最短直線距離においてアーク閃絡のおそれがある距離として、当該電路の常規電圧だけでなく電路内部に発生する異常電圧（開閉サージ及び持続性異常電圧）をも考慮して定めたものであること。

　なお、架空電線の場合であって、風による電線の動揺があるときはその動揺幅を加算した距離を保つ必要があること。

※7　「活線作業用装置」とは、対地絶縁を施した活線作業車、活線作業用絶縁台等

であって、対象とする特別高圧の電圧に　　　　と。
ついて絶縁効力を有するものをいうこ

（昭和44年 2 月 5 日基発第59号）

（特別高圧活線近接作業）

**第345条**　事業者は、電路又はその支持物（特別高圧の充電電路の支
持がいしを除く。）の点検、修理、塗装、清掃[※1]等の電気工事の作業
を行なう場合において、当該作業に従事する労働者が特別高圧の充[※2]
電電路に接近することにより感電の危険が生ずるおそれのあるとき
は、次の各号のいずれかに該当する措置を講じなければならない。
一　労働者に活線作業用装置を使用させること。
二　身体等について、前条第 1 項第一号に定める充電電路に対する
接近限界距離を保たせなければならないこと。この場合には、当
該充電電路に対する接近限界距離を保つ見やすい箇所に標識等[※3]を
設け、又は監視人を置き作業を監視させること。
2　労働者は、前項の作業において、活線作業用装置の使用を事業者
から命じられたときは、これを使用しなければならない。

---

**解説**

※ 1 「清掃」とは、特別高圧の充電電路以外
の電路の支持がいしの清掃をいうもので
あること。
※ 2 「特別高圧の充電電路に接近することに
より感電の危険を生ずるおそれがあると
き」とは、特別高圧の充電電路の使用電
圧に応じて、当該充電電路に対する接近
限界距離以内に接近することにより感電

の危害を生ずるおそれのあるときをいう
ものであること。
※ 3 「標識等」の「等」には、鉄構、鉄塔等
に設ける区画ロープ、立入禁止棒のほ
か、発変電室等に設ける区画ネット、柵
等が含まれるものであること。

（昭和44年 2 月 5 日基発第59号）

---

（低圧活線作業）

**第346条**　事業者は、低圧[※1]の充電電路の点検、修理等当該充電電路を
取り扱う作業を行なう場合において、当該作業に従事する労働者に
ついて感電[※2]の危険が生ずるおそれのあるときは、当該労働者に絶縁[※3]
用保護具を着用させ、又は活線作業用器具[※4]を使用させなければなら
ない。
2　労働者は、前項の作業において、絶縁用保護具の着用又は活線作
業用器具の使用を事業者から命じられたときは、これを着用し、又
は使用しなければならない。

※1 「低圧の充電電路」とは、低圧の裸電線、電気機械器具の低圧の露出充電部分のほか、低圧用電路に用いられている屋外用ビニル絶縁電線、引込用ビニル絶縁電線、600V ビニル絶縁電線、600V ゴム絶縁電線、電気温床線、ケーブル、高圧用の絶縁電線、電気機械器具の絶縁物で覆われた低圧充電部分等であって絶縁被覆又は絶縁覆いが欠如若しくは損傷している部分が含まれるものであること。

（昭和44年2月5日基発第59号）

※2 「感電の危険を生ずるおそれがあるとき」とは、作業を行なう場所の足もとが湿潤しているとき、導電性の高い物の上であるとき、降雨、発汗等により作業衣が湿潤しているとき等感電しやすい状態となっていることをいうこと。

（昭和35年11月22日基発第990号）

※3 「絶縁用保護具」とは、身体に着用する感電防止用保護具であって、交流で300Vをこえる低圧の充電電路について用いるものは第348条に定めるものでなければならないが、直流で750V 以下又は交流で300V 以下の充電電路について用いるものは、対象とする電路の電圧に応じた絶縁性能を有するものであればよく、ゴム引又はビニル引の作業手袋、皮手袋、ゴム底靴等であって濡れていないものが含まれるものであること。

※4 「活線作業用器具」とは、使用の際に手で持つ部分が絶縁材料で作られた棒状の絶縁工具であって、交流で300Vをこえる低圧の充電電路について用いるものは、第348条に定めるものでなければならないが、直流で750V 以下又は交流で300V 以下の充電電路について用いるものは、対象とする電路の電圧に応じた絶縁性能を有するものであればよく、絶縁棒その他絶縁性のものの先端部に工具部分を取り付けたもの等が含まれるものであること。

（昭和44年2月5日基発第59号）

### （低圧活線近接作業）

第347条　事業者は、低圧の充電電路に近接する場所で電路又はその支持物の敷設、点検、修理、塗装等の電気工事の作業を行なう場合において、当該作業に従事する労働者が当該充電電路に接触することにより感電の危険が生ずるおそれのあるときは、当該充電電路に絶縁用防具を装着しなければならない。ただし、当該作業に従事する労働者に絶縁用保護具を着用させて作業を行なう場合において、当該絶縁用保護具を着用する身体の部分以外の部分が当該充電電路に接触するおそれのないときは、この限りでない。

2　事業者は、前項の場合において、絶縁用防具の装着又は取りはずしの作業を労働者に行なわせるときは、当該作業に従事する労働者に、絶縁用保護具を着用させ、又は活線作業用器具を使用させなければならない。

3　労働者は、前2項の作業において、絶縁用防具の装着、絶縁用保護具の着用又は活線作業用器具の使用を事業者から命じられたときは、これを装着し、着用し、又は使用しなければならない。

---

**解説**

※1　「絶縁用防具」とは、電路に取り付ける感電防止のための装具であって、交流で300Vをこえる低圧の充電電路について用いるものは第348条に定めるものでなければならないが、直流で750V以下又は交流で300V以下の充電電路について用いるものは、対象とする電路の電圧に応じた絶縁性能を有するものであればよく、割竹、当て板等であって乾燥しているものが含まれるものであること。

（昭和44年2月5日基発第59号）

---

**（絶縁用保護具等）**

**第348条**　事業者は、次の各号に掲げる絶縁用保護具等については、それぞれの使用の目的に適応する種別、材質及び寸法のものを使用しなければならない。

一　第341条から第343条までの絶縁用保護具

二　第341条及び第342条の絶縁用防具

三　第341条及び第343条から第345条までの活線作業用装置

四　第341条、第343条及び第344条の活線作業用器具

五　第346条及び第347条の絶縁用保護具及び活線作業用器具並びに第347条の絶縁用防具

2　事業者は、前項第五号に掲げる絶縁用保護具、活線作業用器具及び絶縁用防具で、直流で750ボルト以下又は交流で300ボルト以下の充電電路に対して用いられるものにあつては、当該充電電路の電圧に応じた絶縁効力を有するものを使用しなければならない。

---

**解説**

　第2項は、直流で750V以下又は交流で300V以下の充電電路に対して用いられる絶縁用保護具、活線作業用器具及び絶縁用防具については、法第42条の労働大臣が定める規格を具備すべき機械等とされておらず、したがって絶縁効力についての規格が定められていないが、これらを使用するときは、その使用する充電電路の電圧に応じた絶縁効力を有するものでなければ使用してはならないことを定めたものであること。

（昭和50年7月21日基発第415号）

---

**（工作物の建設等の作業を行なう場合の感電の防止）**

**第349条**　事業者は、架空電線又は電気機械器具の充電電路に近接する場所で、工作物の建設、解体、点検、修理、塗装等の作業若しくはこれらに附帯する作業又はくい打機、くい抜機、移動式クレーン等を使用する作業を行なう場合において、当該作業に従事する労働者が作業中又は通行の際に、当該充電電路に身体等が接触し、又は接近することにより感電の危険が生ずるおそれのあるときは、次の

各号のいずれかに該当する措置を講じなければならない。

一　当該充電電路を移設すること。

二　感電の危険を防止するための囲いを設けること。[※6]

三　当該充電電路に絶縁用防護具を装着すること。[※7]

四　前三号に該当する措置を講ずることが著しく困難なときは、監視人を置き、作業を監視させること。[※8]

---

**解説**

※1　「架空電線」とは、送電線、配電線、引込線、電気鉄道又はクレーンのトロリ線等の架設の配線をいうものであること。

※2　「工作物」（第339条において同じ。）とは、人為的な労作を加えることによって、通常、土地に固定して設備される物をいうものであること。ただし、電路の支持物は除かれること。

※3　「これらに附帯する作業」には、調査、測量、掘削、運搬等が含まれるものであること。

※4　「くい打機、くい抜機、移動式クレーン等」の「等」には、ウインチ、レッカー車、機械集材装置、運材索道等が含まれるものであること。

※5　「くい打機、くい抜機、移動式クレーン等を使用する作業を行なう場合」の「使用する作業を行なう場合」とは、運転及びこれに附帯する作業のほか、組立、移動、点検、調整又は解体を行なう場合が含まれるものであること。

※6　「囲い」とは、乾燥した木材、ビニル板等絶縁効力のあるもので作られたものでなければならないものであること。

※7　「絶縁用防護具」とは、建設工事（電気工事を除く。）等を活線に接近して行なう場合の線カバ、がいしカバ、シート等電路に装着する感電防止用装具であって、第341条、第342条及び第347条に規定する電気工事用の絶縁用防具とは異なるものであるが、これらの絶縁用防具の構造、材質、絶縁性能等が第348条に基づいて労働大臣が告示で定める規格に適合するものは、本条の絶縁用防護具に含まれるものであること。ただし、電気工事用の絶縁用防具のうち天然ゴム製のものは、耐候性の点から本条の絶縁用防護具には含まれない。

※8　「前3号に該当する措置を講ずることが著しく困難な場合」とは、充電電路の電圧の種別を問わず第1号の措置が不可能な場合、特別高圧の電路であって第2号又は第3号の措置が不可能な場合その他電路が高圧又は低圧の架空電線であって、その径間が長く、かつ径間の中央部分に近接して短時間の作業を行なうため第2号又は第3号の措置が困難な場合をいうものであること。

（昭和44年2月5日基発第59号）

〔移動式クレーン等の送配電線類への接触による感電災害の防止対策について〕

1　送配電線類に対して安全な離隔距離を保つこと。

移動式クレーン等の機体、ワイヤーロープ等と送配電線類の充電部分との離隔距離を、次の表の左欄に掲げる電路の電圧に応じ、それぞれ同表の右欄に定める値以上とするよう指導すること。

| 電路の電圧 | | 離隔距離 |
|---|---|---|
| 特　別　高　圧 | | 2m。ただし、60,000V以上は10,000V又はその端数を増すごとに20cm増し。 |
| 高 | 圧 | 1.2m |
| 低 | 圧 | 1m |

なお、移動式クレーン等の機体、ワイヤーロープ等が目測上の誤差等によりこの離隔距離内に入ることを防止するために、移動式クレーン等の行動範囲を規制するための木柵、移動式クレーンのジブ等の行動範囲を制限するためのゲート等を設けることが望ましい。

2　監視責任者を配置すること。

移動式クレーン等を使用する作業について的確な作業指揮をとることができる監視責任

者を当該作業現場に配置し、安全な作業の遂行に努めること。

3　作業計画の事前打合せをすること。

この種作業の作業計画の作成に当たっては、事前に、電力会社等送配電線類の所有者と作業の日程、方法、防護措置、監視の方法、送配電線類の所有者の立会い等について、十分打ち合わせるように努めること。

4　関係作業者に対し、作業標準を周知徹底させること。

関係作業者に対して、感電の危険性を十分周知させるとともに、その作業準備を定め、これにより作業が行われるよう必要な指導を行うこと。

(昭和50年12月17日基発第759号)

## 第5節　管理

### (電気工事の作業を行なう場合の作業指揮等)

**第350条**　事業者は、第339条、第341条第1項、第342条第1項、第344条第1項又は第345条第1項の作業を行なうときは、当該作業に従事する労働者に対し、作業を行なう期間、作業の内容[※1]並びに取り扱う電路[※2]及びこれに近接する電路の系統について周知させ、かつ、作業の指揮者を定めて、その者に次の事項を行なわせなければならない。

一　労働者にあらかじめ作業の方法及び順序を周知させ、かつ、作業を直接指揮すること。

二　第345条第1項の作業を同項第二号の措置を講じて行なうときは、標識等の設置又は監視人の配置の状態を確認した後に作業の着手を指示すること。

三　電路を開路して作業を行なうときは、当該電路の停電の状態及び開路に用いた開閉器の施錠、通電禁止に関する所要事項の表示又は監視人の配置の状態並びに電路を開路した後における短絡接地器具の取付けの状態を確認した後に作業の着手を指示すること。

解説

※1　「作業の内容」とは、実施を予定している作業の内容、活線作業又は活線近接作業の必要の有無のほか、作業上の禁止事項を含むものであること。

※2　「電路の系統」とは、発変電所、開閉所、電気使用場所等の間を連絡する配線、これらの支持物及びこれらに接続される電気機械器具の一連の系統をいうものであること。

(昭和44年2月5日基発第59号)

### (絶縁用保護具等の定期自主検査)

**第351条**　事業者は、第348条第1項各号に掲げる絶縁用保護具等（同

項第五号に掲げるものにあつては、交流で300ボルトを超える低圧の充電電路に対して用いられるものに限る。以下この条において同じ。）については、6月以内ごとに1回、定期に、その絶縁性能について自主検査を行わなければならない。ただし、6月を超える期間使用しない絶縁用保護具等の当該使用しない期間においては、この限りでない。

2　事業者は、前項ただし書の絶縁用保護具等については、その使用を再び開始する際に、その絶縁性能について自主検査を行なわなければならない。

3　事業者は、第1項又は第2項の自主検査の結果、当該絶縁用保護具等に異常を認めたときは、補修その他必要な措置を講じた後でなければ、これらを使用してはならない。

4　事業者は、第1項又は第2項の自主検査を行つたときは、次の事項を記録し、これを3年間保存しなければならない。

一　検査年月日

二　検査方法

三　検査箇所

四　検査の結果

五　検査を実施した者の氏名

六　検査の結果に基づいて補修等の措置を講じたときは、その内容

---

**解説**

　本条の絶縁性能についての定期自主検査を行う場合の耐電圧試験は、絶縁用保護具等の規格（昭和47年労働省告示第144号）に定める方法によること。ただし、絶縁用保護具及び絶縁用防具の耐電圧試験の試験電圧については、次の表の上欄に掲げる種類に応じ、それぞれ同表の下欄に定める電圧以上とすること。

| 絶縁用保護具又は絶縁用防具の種類 | 電圧 |
|---|---|
| 交流の電圧が三〇〇ボルトを超え六〇〇ボルト以下である電路について用いるもの。 | 交流一、五〇〇ボルト |
| 交流の電圧が六〇〇ボルトを超え三、五〇〇ボルト以下である電路又は直流の電圧が七五〇ボルトを超え三、五〇〇ボルト以下である電路について用いるもの。 | 交流六、〇〇〇ボルト |
| 電圧が三、五〇〇ボルトを超える電路について用いるもの。 | 交流一〇、〇〇〇ボルト |

（昭五〇・七・二一　基発第四一五号）

---

**（電気機械器具等の使用前点検等）**

**第352条**　事業者は、次の表の左欄に掲げる電気機械器具等を使用するときは、その日の使用を開始する前に当該電気機械器具等の種別に応じ、それぞれ同表の右欄に掲げる点検事項について点検し、異常を認めたときは、直ちに、補修し、又は取り換えなければならない。

| 電気機械器具等の種別 | 点検事項 |
|---|---|
| 第331条の溶接棒等ホルダー | 絶縁防護部分及びホルダー用ケーブルの接続部の損傷の有無 |
| 第332条の交流アーク溶接機用自動電撃防止装置 | 作動状態 |
| 第333条第1項の感電防止用漏電しや断装置 | |
| 第333条の電動機械器具で、同条第2項に定める方法により接地をしたもの | 接地線の切断、接地極の浮上がり等の異常の有無 |
| 第337条の移動電線及びこれに附属する接続器具 | 被覆又は外装の損傷の有無 |
| 第339条第1項第三号の検電器具 | 検電性能 |
| 第339条第1項第三号の短絡接地器具 | 取付金具及び接地導線の損傷の有無 |
| 第341条から第343条までの絶縁用保護具 | ひび、割れ、破れその他の損傷の有無及び乾燥状態 |
| 第341条及び第342条の絶縁用防具 | |
| 第341条及び第343条から第345条までの活線作業用装置 | |
| 第341条、第343条及び第344条の活線作業用器具 | |
| 第346条及び第347条の絶縁用保護具及び活線作業用器具並びに第347条の絶縁用防具 | |
| 第349条第三号及び第570条第1項第六号の絶縁用防護具 | |

解説

・充電電路に近接した場所で使用する高所作業車は原則として活線作業用装置としての絶縁が施されたものを使用すること。
・高所作業車のうち、活線作業用装置として使用するものにあっては、絶縁部分のひび、割れ、破れその他の損傷の有無及び乾燥状態についても点検を行うこと。
・高所作業車のうち、活線作業用装置として使用するものにあつては、6月以内ごとに一回、定期に、その絶縁性能についても自主検査を行うこと。

（電気機械器具の囲い等の点検等）

**第353条**　事業者は、第329条の囲い及び絶縁覆いについて、毎月1回以上、その損傷の有無を点検[*1]し、異常を認めたときは、直ちに補修しなければならない。

解説

※1 「点検」とは、取付部のゆるみ、はず
　　れ、破損状態等についての点検を指すも
　　のであり、分解検査、絶縁抵抗試験等を

　　含む趣旨ではないこと。
　　　　　　（昭和35年11月22日基発第990号）

## 第6節　雑則

**（適用除外）**
**第354条**　この章の規定は、電気機械器具、配線<sup>※1</sup>又は移動電線<sup>※2</sup>で、対
　　地電圧が50ボルト以下であるものについては、適用しない。

解説

※1 「配線」とは、がいし引工事、線ぴ工
　　事、金属管工事、ケーブル工事等の方法
　　により、固定して施設されている電線を
　　いい、電気使用場所に施設されているも
　　ののほか、送電線、配電線、引込線等を
　　も含むこと。なお、電気機械器具内の電
　　線は含まないこと。

※2 「移動電線」とは、移動型又は可搬型の
　　電気機械器具に接続したコード、ケーブ
　　ル等固定して使用しない電線をいい、つ
　　り下げ電灯のコード、電気機械器具内の
　　電線等は含まないこと。
　　　　　　（昭和35年11月22日基発第990号）

# 第9章　墜落、飛来崩壊等による危険の防止

## 第1節　墜落等による危険の防止

**（作業床の設置等）**
**第518条**　事業者は、高さが2メートル以上の箇所（作業床の端、開
　　口部等を除く。）<sup>※1</sup>で作業を行なう場合において墜落により労働者に
　　危険を及ぼすおそれのあるときは、足場を組み立てる等の方法<sup>※2</sup>によ
　　り作業床を設けなければならない。
　2　事業者は、前項の規定により作業床を設けることが困難なとき
　　は、防網を張り、労働者に要求性能墜落制止用器具を使用させる等<sup>※3</sup>
　　墜落による労働者の危険を防止するための措置を講じなければなら
　　ない。

解説

※1 「作業床の端、開口部等」には、物品揚卸口、ピット、たて坑又はおおむね40度以上の斜坑の坑口及びこれが他の坑道と交わる場所並びに井戸、船舶のハッチ等が含まれること。

（昭和44年 2 月 5 日基発第59号）

※2　本条は、従来の足場設置義務を作業床の設置義務に改めたものであり、「足場を組み立てる等の方法により作業床を設ける」には、配管、機械設備等の上に作業床を設けること等が含まれるものであ

ること。

（昭和47年 9 月18日基発第601号の 1 ）

※3 「労働者に安全帯等を使用させる等」の「等」には、荷の上の作業等であって、労働者に安全帯等を使用させることが著しく困難な場合において、墜落による危害を防止するための保護帽を着用させる等の措置が含まれること。

（昭和43年 6 月14日安発第100号、昭和50年 7 月21日基発第415号）

［安全帯は要求性能墜落制止用器具と改正］

---

**第519条**　事業者は、高さが 2 メートル以上の作業床の端、開口部等で墜落により労働者に危険を及ぼすおそれのある箇所には、囲い、手すり、覆い等（以下この条において「囲い等」という。）を設けなければならない。

2　事業者は、前項の規定により、囲い等を設けることが著しく困難なとき又は作業の必要上臨時に囲い等を取りはずすときは、防網を張り、労働者に要求性能墜落制止用器具を使用させる等墜落による労働者の危険を防止するための措置を講じなければならない。

**第520条**　労働者は、第518条第 2 項及び前条第 2 項の場合において、要求性能墜落制止用器具等の使用を命じられたときは、これを使用しなければならない。

**（要求性能墜落制止用器具等の取付設備等）**

**第521条**　事業者は、高さが 2 メートル以上の箇所で作業を行う場合において、労働者に要求性能墜落制止用器具等を使用させるときは、要求性能墜落制止用器具等を安全に取り付けるための設備等[※1]を設けなければならない。

2　事業者は、労働者に要求性能墜落制止用器具等を使用させるときは、要求性能墜落制止用器具等及びその取付け設備等の異常の有無について、随時点検しなければならない。

---

解説

※1 「安全帯等を安全に取り付けるための設備等」の「等」には、はり、柱等がすでに設けられており、これらに安全帯等を安全に取り付けるための設備として利用

することができる場合が含まれること。

（昭和43年 6 月14日安発第100号、昭和50年 7 月21日基発第415号）

［安全帯は要求性能墜落制止用器具と改正］

（悪天候時の作業禁止）

**第522条** 事業者は、高さが２メートル以上の箇所で作業を行なう場合において、強風、大雨、大雪等の悪天候[※1,2]のため、当該作業の実施について危険が予想されるときは、当該作業に労働者を従事させてはならない。

---

解説

〔悪天候〕

※１ 「強風」とは、10分間の平均風速が毎秒10m 以上の風を、「大雨」とは１回の降雨量が50mm 以上の降雨を、「大雪」とは１回の降雪量が25cm 以上の降雪をいうこと。

※２ 「強風、大雨、大雪等の悪天候のため」には、当該作業地域が実際にこれらの悪天候となった場合のほか、当該地域に強風、大雨、大雪等の気象注意報または気象警報が発せられ悪天候となることが予想される場合を含む趣旨であること。

（昭和46年４月15日基発第309号）

---

（照度の保持）

**第523条** 事業者は、高さが２メートル以上の箇所で作業を行なうときは、当該作業を安全に行なうため必要な照度を保持しなければならない。

（スレート等の屋根上の危険の防止）

**第524条** 事業者は、スレート、木毛板等[※1]の材料でふかれた屋根の上で作業を行なう場合において、踏み抜きにより労働者に危険を及ぼすおそれのあるときは、幅が30センチメートル以上の歩み板を設け、防網を張る等[※2]踏み抜きによる労働者の危険を防止するための措置を講じなければならない。

---

解説

※１ 「木毛板等」の「等」には、塩化ビニール板等であって労働者が踏み抜くおそれがある材料が含まれること。

・スレート、木毛板等ぜい弱な材料でふかれた屋根であっても、当該材料の下に野地板、間隔が30センチメートル以下の母屋等が設けられており、労働者が踏み抜きによる危害を受けるおそれがない場合には、本条を適用しないこと。

※２ 「防網を張る等」の「等」には、労働者に命綱を使用させる等の措置が含まれること。

（昭和43年６月14日安発第100号）

---

（不用のたて坑等における危険の防止）

**第525条** 事業者は、不用のたて坑、坑井又は40度以上の斜坑には、坑口の閉そくその他墜落による労働者の危険を防止するための設備

を設けなければならない。

2　事業者は、不用の坑道又は坑内採掘跡には、さく、囲いその他通行しや断の設備を設けなければならない。

**（昇降するための設備の設置等）**

**第526条**　事業者は、高さ又は深さが1.5メートルをこえる箇所で作業を行なうときは、当該作業に従事する労働者が安全に昇降するための設備等[1]を設けなければならない。ただし、安全に昇降するための設備等を設けることが作業の性質上著しく困難なとき[2]は、この限りでない。

2　前項の作業に従事する労働者は、同項本文の規定により安全に昇降するための設備等が設けられたときは、当該設備等を使用しなければならない。

**解説**

※1「安全に昇降するための設備等」の「等」には、エレベータ、階段等がすでに設けられており労働者が容易にこれらの設備を利用し得る場合が含まれること。

※2「作業の性質上著しく困難な場合」には、立木等を昇降する場合があること。

なお、この場合、労働者に当該立木等を安全に昇降するための用具を使用させなければならないことは、いうまでもないこと。

（昭和43年6月14日安発第100号）

**（移動はしご）**

**第527条**　事業者は、移動はしごについては、次に定めるところに適合したものでなければ使用してはならない。

一　丈夫な構造とすること。

二　材料は、著しい損傷、腐食等がないものとすること。

三　幅は、30センチメートル以上とすること。

四　すべり止め装置の取付けその他転位[1]を防止するために必要な措置を講ずること。

**解説**

※1「転位を防止するために必要な措置」には、はしごの上方を建築物等に取り付けること、他の労働者がはしごの下方を支えること等の措置が含まれること。

・移動はしごは、原則として継いで用いることを禁止し、やむを得ず継いで用いる場合には、次によるよう指導すること。

イ　全体の長さは9m以下とすること。

ロ　継手が重合せ継手のときは、接続部において1.5m以上を重ね合せて2箇所以上において堅固に固定すること。

ハ　継手が突合せ継手のときは1.5m以上の添木を用いて4箇所以上において堅固に固定すること。

・移動はしごの踏み桟は、25cm 以上35cm 以下の間隔で、かつ、等間隔に設けられ ていることが望ましいこと。

（昭和43年 6 月14日安発第100号）

（脚立）

**第528条**　事業者は、脚立については、次に定めるところに適合したものでなければ使用してはならない。

一　丈夫な構造とすること。

二　材料は、著しい損傷、腐食等がないものとすること。

三　脚と水平面との角度を75度以下とし、かつ、折りたたみ式のものにあつては、脚と水平面との角度を確実に保つための金具等を備えること。

四　踏み面は、作業を安全に行なうため必要な面積を有すること。

（建築物等の組立て、解体又は変更の作業）

**第529条**　事業者は、建築物、橋梁、足場等の組立て、解体又は変更の作業（作業主任者を選任しなければならない作業を除く。）を行なう場合において、墜落により労働者に危険を及ぼすおそれのあるときは、次の措置を講じなければならない。

一　作業を指揮する者を指名して、その者に直接作業を指揮させること。

二　あらかじめ、作業の方法及び順序を当該作業に従事する労働者に周知させること。

（立入禁止）

**第530条**　事業者は、墜落により労働者に危険を及ぼすおそれのある箇所に関係労働者以外の労働者を立ち入らせてはならない。

## 第 2 節　飛来崩壊災害による危険の防止

（地山の崩壊等による危険の防止）

**第534条**　事業者は、地山の崩壊又は土石の落下により労働者に危険を及ぼすおそれのあるときは、当該危険を防止するため、次の措置を講じなければならない。

一　地山を安全なこう配とし、落下のおそれのある土石を取り除き、又は擁壁、土止め支保工等を設けること。

二　地山の崩壊又は土石の落下の原因となる雨水、地下水等を排除すること。

**（落盤等による危険の防止）**

**第535条**　事業者は、坑内における落盤、肌落ち又は側壁の崩壊により労働者に危険を及ぼすおそれのあるときは、支保工を設け、浮石を取り除く等当該危険を防止するための措置を講じなければならない。

**（高所からの物体投下による危険の防止）**

**第536条**　事業者は、3メートル以上の高所から物体を投下するときは、適当な投下設備を設け、監視人を置く等労働者の危険を防止するための措置を講じなければならない。

2　労働者は、前項の規定による措置が講じられていないときは、3メートル以上の高所から物体を投下してはならない。

**（物体の落下による危険の防止）**

**第537条**　事業者は、作業のため物体が落下することにより、労働者に危険を及ぼすおそれのあるときは、防網の設備を設け、立入区域を設定する等当該危険を防止するための措置を講じなければならない。

**（物体の飛来による危険の防止）**

**第538条**　事業者は、作業のため物体が飛来することにより労働者に危険を及ぼすおそれのあるときは、飛来防止の設備を設け、労働者に保護具を使用させる等当該危険を防止するための措置を講じなければならない。

> **解説**
>
> ・飛来防止の設備は、物体の飛来自体を防ぐべき措置を設けることを第一とし、この予防措置を設け難い場合、もしくはこの予防措置を設けるもなお危害のおそれのある場合に、保護具を使用せしめること。
> （昭和23年5月11日基発第737号、昭和33年2月13日基発第90号）

**（保護帽の着用）**

**第539条**　事業者は、船台の附近、高層建築場等の場所で、その上方において他の労働者が作業を行なつているところにおいて作業を行なうときは、物体の飛来又は落下による労働者の危険を防止するため、当該作業に従事する労働者に保護帽を着用させなければならない。

2　前項の作業に従事する労働者は、同項の保護帽を着用しなければ

ならない。

解説

・第1項は、物体が飛来し、又は落下して本
項に掲げる作業に従事する労働者に危害を
及ぼすおそれがない場合には適用しない趣

旨であること。

（昭和43年1月13日安発第2号）

# 第10章　通路、足場等

## 第2節　足場

### 第4款　鋼管足場

（鋼管足場）

**第570条**　事業者は、鋼管足場については、次に定めるところに適合
したものでなければ使用してはならない。

一～五　略

六　架空電路に近接して足場を設けるときは、架空電路を移設し、
架空電路に絶縁用防護具を装着する等架空電路との接触を防止す
るための措置を講ずること。

2　前条第3項の規定は、前項第五号の規定の適用について、準用す
る。この場合において、前条第3項中「第1項第六号」とあるの
は、「第570条第1項第五号」と読み替えるものとする。

解説

※1 「架空電路」とは、送電線、配電線等空
中に架設された電線のみでなく、これら
に接続している変圧器、しゃ断器等の電
気機器類の露出充電部をも含めたものを
いうものであること。

※2 「架空電路に近接する」とは、電路と足
場との距離が上下左右いずれの方向にお
いても、電路の電圧に対して、それぞれ
次表の離隔距離以内にある場合をいうも
のであること。従って、同号の「電路を
移設」とは、この離隔距離以上に離すこ
とをいうものであること。

・送電を中止している架空電路、絶縁の完

| 電路の電圧 | 離隔距離 |
|---|---|
| 特別高圧 | 2m。ただし、60,000V以上は10,000V又はその端数を増すごとに20cm増し。 |
| 高　圧 | 1.2m |
| 低　圧 | 1m |

全な電線若しくは電気機器又は電圧の低
い電路は、接触通電のおそれが少ないも
のであるが、万一の場合を考慮して接触
防止の措置を講ずるよう指導すること。

（昭和34年2月18日基発第101号）

※3 「絶縁用防護具」とは、第349条に規定

するものと同じものであること。

※４「装着する等」の「等」には、架空電路と鋼管との接触を防止するための囲いを

設けることのほか、足場側に防護壁を設けること等が含まれるものであること。

（昭和44年２月５日基発第59号）

# 第４編　特別規制

## 第１章　特定元方事業者等に関する特別規制

**（法第29条の２の厚生労働省令で定める場所）**

**第634条の２**　法第29条の２の厚生労働省令で定める場所は、次のとおりとする。

一～二　略

三　架空電線の充電電路に近接する場所であつて、当該充電電路に労働者の身体等が接触し、又は接近することにより感電の危険が生ずるおそれのあるもの（関係請負人の労働者により工作物の建設、解体、点検、修理、塗装等の作業若しくはこれらに附帯する作業又はくい打機、くい抜機、移動式クレーン等を使用する作業が行われる場所に限る。）

四　略

**（交流アーク溶接機についての措置）**

**第648条**　注文者は、法第31条第１項の場合において、請負人の労働者に交流アーク溶接機（自動溶接機を除く。）を使用させるときは、当該交流アーク溶接機に、法第42条の規定に基づき厚生労働大臣が定める規格に適合する交流アーク溶接機用自動電撃防止装置を備えなければならない。ただし、次の場所以外の場所において使用させるときは、この限りでない。

一　船舶の二重底又はピークタンクの内部その他導電体に囲まれた著しく狭あいな場所

二　墜落により労働者に危険を及ぼすおそれのある高さが二メートル以上の場所で、鉄骨等導電性の高い接地物に労働者が接触するおそれのあるところ

**（電動機械器具についての措置）**

**第649条**　注文者は、法第31条第1項の場合において、請負人の労働
　　者に電動機を有する機械又は器具（以下この条において「電動機械
　　器具」という。）で、対地電圧が150ボルトをこえる移動式若しくは
　　可搬式のもの又は水等導電性の高い液体によつて湿潤している場所
　　その他鉄板上、鉄骨上、定盤上等導電性の高い場所において使用す
　　る移動式若しくは可搬式のものを使用させるときは、当該電動機械
　　器具が接続される電路に、当該電路の定格に適合し、感度が良好で
　　あり、かつ、確実に作動する感電防止用漏電しや断装置を接続しな
　　ければならない。

2　　前項の注文者は、同項に規定する措置を講ずることが困難なとき
　　は、電動機械器具の金属性外わく、電動機の金属製外被等の金属部
　　分を、第333条第2項各号に定めるところにより接地できるものと
　　しなければならない。

# 4　安全衛生特別教育規程

昭和47年 9 月30日　　労働省告示第 92 号

最終改正　令和 5 年 3 月28日厚生労働省告示第104号

（電気取扱業務に係る特別教育）

**第 5 条**　安衛則第36条第四号に掲げる業務のうち、高圧若しくは特別高圧の充電電路又は当該充電電路の支持物の敷設、点検、修理又は操作の業務に係る特別教育は、学科教育及び実技教育により行なうものとする。

2　前項の学科教育は、次の表の上欄に掲げる科目に応じ、それぞれ、同表の中欄に掲げる範囲について同表の下欄に掲げる時間以上行なうものとする。

| 科目 | 範囲 | 時間 |
|---|---|---|
| 高圧又は特別高圧の電気に関する基礎知識 | 高圧又は特別高圧の電気の危険性　接近限界距離　短絡　漏電　接地　静電誘導　電気絶縁 | 1.5時間 |
| 高圧又は特別高圧の電気設備に関する基礎知識 | 発電設備　送電設備　配電設備　変電設備　受電設備　電気使用設備　保守及び点検 | 2 時間 |
| 高圧又は特別高圧用の安全作業用具に関する基礎知識 | 絶縁用保護具（高圧に係る業務を行なう者に限る。）　絶縁用防具（高圧に係る業務を行なう者に限る。）　活線作業用器具　活線作業用装置　検電器　短絡接地器具　その他の安全作業用具　管理 | 1.5時間 |
| 高圧又は特別高圧の活線作業及び活線近接作業の方法 | 充電電路の防護　作業者の絶縁保護　活線作業用器具及び活線作業用装置の取扱い　安全距離の確保　停電電路に対する措置　開閉装置の操作　作業管理　救急処置　災害防止 | 5 時間 |
| 関係法令 | 法、令及び安衛則中の関係条項 | 1 時間 |

3　第 1 項の実技教育は、高圧又は特別高圧の活線作業及び活線近接作業の方法について、15時間以上（充電電路の操作の業務のみを行なう者については、 1 時間以上）行なうものとする。

第 6 編　関係法令

347

## 5 電気工事作業指揮者に対する安全教育について

昭和63年12月28日　基発第782号

　安全衛生教育の推進については、昭和59年 2 月16日付け基発第76号「安全衛生教育の推進について」及び同年 3 月26日付け基発第148号「安全衛生教育の推進に当たって留意すべき事項について」等により、その推進を図っているところである。

　今般、これらの通達に基づき行うこととされている作業指揮者に対する安全衛生教育のうち、標記教育について、その実施要領を別添のとおり定めたので、関係事業者に対し本実施要領に基づく実施を勧奨するとともに、事業者に代わって当該教育を行う安全衛生団体に対し指導援助をされたい。


別添

### 電気工事作業指揮者安全教育実施要領

１.目　的

　　我が国における産業活動の発展とともに、電気設備の高電圧化等が進んでいる。電気工事においては、毎年多くの作業者の命が失われており、感電災害は、他の労働災害と比較して重篤度が極めて高く、いったん事故が発生すると死亡災害になりやすいという特徴があるので、さらに安全対策の充実と徹底を図る必要がある。

　　このため、電気工事の作業を指揮する者に対して、本実施要領に基づく電気工事作業指揮者安全教育を実施することにより、作業指揮者としての職務に必要な知識等を付与し、もって当該作業従事労働者の安全衛生の一層の確保に資することとする。

２.対象者

　　電気工事作業指揮者として選任された者又は新たに選任される予定の者とすること。

３.実施者

　　上記 2 の対象者を使用する事業者又は事業者に代って当該教育を行う安全衛生団体とする。

４.実施方法

　⑴　教育カリキュラムは、別紙の「電気工事作業指揮者安全衛生カリキュラム」によること。

(2) 教材としては、「電気工事作業指揮者安全必携」(中央労働災害防止協会発行) 等が適当と認められること。

(3) 1回の教育対象人員は、100人以内とすること。

(4) 講師については、別紙のカリキュラムの科目について十分な学識経験等を有するものを充てること。

5．修了の証明等

(1) 事業者は、当該教育を実施した結果について、その旨記録し、保管すること。

(2) 教育修了者に対し、その修了を証する書面を交付する等の方法により、所定の教育を受けたことを証明するとともに、教育修了者名簿を作成し、保存すること。

別紙

## 電気工事作業指揮者安全教育カリキュラム

| 科　目 | 範　囲 | 時　間 |
|---|---|---|
| 電気工事指揮者の職務 | 1　電気取扱作業における災害発生状況と問題点<br>2　作業指揮者の選任とその職務 | 1.5 |
| 現場作業の安全 | 1　作業時の注意事項<br>2　感電、墜落災害等の防止 | 1.5 |
| 個別作業の管理 | 1　架空送電設備の作業<br>2　架空配電設備の作業<br>3　地中配送電設備の作業<br>4　特別高圧受変電設備の作業<br>5　高圧受変電設備の作業<br>6　工場電気設備の作業 | 2.5 |
| 関係法令 | 労働安全衛生法、同施行令及び労働安全衛生規則の関係条項 | 0.5 |

## 6 交流アーク溶接機用自動電撃防止装置構造規格

昭和47年12月 4 日　　労働省告示第143号
最終改正　平成23年 3 月25日　厚生労働省告示第74号

　労働安全衛生法（昭和47年法律第57号）第42条の規定に基づき、交流アーク溶接機用自動電撃防止装置構造規格を次のように定め、昭和48年 1 月 1 日から適用する。

　自動電撃防止装置構造規格（昭和36年労働省告示第32号）は、廃止する。

# 第 1 章　定格

（定格周波数）

**第 1 条**　交流アーク溶接機用自動電撃防止装置（以下「装置」という。）の定格周波数は、50ヘルツ又は60ヘルツでなければならない。ただし、広範囲の周波数を定格周波数とする装置については、この限りでない。

（定格入力電圧）

**第 2 条**　装置の定格入力電圧は、次の表の上欄に掲げる装置の区分に従い、同表の下欄に定めるものでなければならない。

| 装置の区分 | | 定格入力電圧 |
|---|---|---|
| 入力電源を交流アーク溶接機の入力側からとる装置 | 定格周波数が50ヘルツのもの | 100ボルト又は200ボルト |
| | 定格周波数が60ヘルツのもの | 100ボルト、200ボルト又は220ボルト |
| 入力電源を交流アーク溶接機の出力側からとる装置 | 出力側の定格電流が400アンペア以下である交流アーク溶接機に接続するもの | 上限値が85ボルト以下で、かつ、下限値が60ボルト以上 |
| | 出力側の定格電流が400アンペアを超え、500アンペア以下である交流アーク溶接機に接続するもの | 上限値が95ボルト以下で、かつ、下限値が70ボルト以上 |

（定格電流）

**第3条**　装置の定格電流は、主接点を交流アーク溶接機の入力側に接続する装置にあつては当該交流アーク溶接機の定格出力時の入力側の電流以上、主接点を交流アーク溶接機の出力側に接続する装置にあつては当該交流アーク溶接機の定格出力電流以上でなければならない。

（定格使用率）

**第4条**　装置の定格使用率（定格周波数及び定格入力電圧において定格電流を断続負荷した場合の負荷時間の合計と当該断続負荷に要した全時間との比の百分率をいう。以下同じ。）は、当該装置に係る交流アーク溶接機の定格使用率以上でなければならない。

# 第2章　構造

（構造）

**第5条**　装置の構造は、次の各号に定めるところに適合するものでなければならない。

一　労働者が安全電圧（装置を作動させ、交流アーク溶接機のアークの発生を停止させ、装置の主接点が開路された場合における溶接棒と被溶接物との間の電圧をいう。以下同じ。）、遅動時間（装置を作動させ、交流アーク溶接機のアークの発生を停止させた時から主接点が開路される時までの時間をいう。以下同じ。）及び始動感度（交流アーク溶接機を始動させることができる装置の出力回路の抵抗の最大値をいう。以下同じ。）を容易に変更できないものであること。

二　装置の接点、端子、電磁石、可動鉄片、継電器その他の主要構造部分のボルト又は小ねじは、止めナット、ばね座金、舌付座金又は割ピンを用いる等の方法によりゆるみ止めをしたものであること。

三　外箱より露出している充電部分には絶縁覆おおいが設けられているものであること。

四　次のイからへまでに定めるところに適合する外箱を備えているものであること。ただし、内蔵形の装置（交流アーク溶接機の外箱内に組み込んで使用する装置をいう。以下同じ。）であつて、当該装置を組み込んだ交流アーク溶接機が次のイからホまでに定めるところに適合する外箱を備えているものにあつては、この限りでない。

イ　丈夫な構造のものであること。

ロ　水又は粉じんの浸入により装置の機能に障害が生ずるおそれのないものであること。

ハ　外部から装置の作動状態を判別することができる点検用スイッチ及び表示灯を有するものであること。

ニ　衝撃等により容易に開かない構造のふたを有するものであること。

ホ　金属性のものにあつては、接地端子を有するものであること。

ヘ　外付け形の装置（交流アーク溶接機に外付けして使用する装置をいう。以下同じ。）に用いられるものにあつては、容易に取り付けることができる構造のものであり、かつ、取付方向に指定があるものにあつては、取付方向が表示されているものであること。

（口出線）

第6条　外付け形の装置と交流アーク溶接機を接続するための口出線は、次の各号に定めるところに適合するものでなければならない。

一　十分な強度、耐久性及び絶縁性能を有するものであること。

二　交換可能なものであること。

三　接続端子に外部からの張力が直接かかりにくい構造のものであること。

（強制冷却機能の異常による危険防止措置）

第7条　強制冷却の機能を有する装置は、当該機能の異常による危険を防止する措置が講じられているものでなければならない。

（保護用接点）

第8条　主接点に半導体素子を用いた装置は、保護用接点（主接点の短絡による故障が生じた場合に交流アーク溶接機の主回路を開放する接点をいう。以下同じ。）を有するものでなければならない。

（コンデンサー開閉用接点）

第9条　コンデンサーを有する交流アーク溶接機に使用する装置であつて、当該コンデンサーによつて誤作動し、又は主接点に支障を及ぼす電流が流れるおそれのあるものは、コンデンサー開閉用接点を有するものでなければならない。

# 第3章　性能

（入力電圧の変動）

第10条　装置は、定格入力電圧の85パーセントから110パーセントまで（入力電源を交流アーク溶接機の出力側からとる装置にあつては、定格入力電圧の下限値の85パーセントから定格入力電圧の上限値の110パーセントまで）の範囲で有効に作動するものでなければならない。

（周囲温度）

**第11条**　装置は、周囲の温度が40度から零下10度までの範囲で有効に作動するものでなければならない。

（安全電圧）

**第12条**　装置の安全電圧は、30ボルト以下でなければならない。

（遅動時間）

**第13条**　装置の遅動時間は、1.5秒以内でなければならない。

（始動感度）

**第13条の2**　装置の始動感度は、260オーム以下でなければならない。

（耐衝撃性）

**第14条**　装置は、衝撃についての試験において、その機能に障害を及ぼす変形又は破損を生じないものでなければならない。

2　前項の衝撃についての試験は、装置に通電しない状態で、外付け形の装置にあつては装置単体で突起物のない面を下にして高さ30センチメートルの位置から、内蔵形の装置にあつては交流アーク溶接機に組み込んだ状態での質量が25キログラム以下のものは高さ25センチメートル、25キログラムを超えるものは高さ10センチメートルの位置から、コンクリート上又は鋼板上に三回落下させて行うものとする。

（絶縁抵抗）

**第15条**　装置は、絶縁抵抗についての試験において、その値が2メガオーム以上でなければならない。

2　前項の絶縁抵抗についての試験は、装置の各充電部分と外箱（内蔵形の装置にあつては、交流アーク溶接機の外箱。次条第2項において同じ。）との間の絶縁抵抗を500ボルト絶縁抵抗計により測定するものとする。

（耐電圧）

**第16条**　装置は、耐電圧についての試験において、試験電圧に対して1分間耐える性能を有するものでなければならない。

2　前項の耐電圧についての試験は、装置の各充電部分と外箱との間（入力電源を交流アーク溶接機の入力側からとる装置にあつては、当該装置の各充電部分と外箱との間及び当該装置の入力側と出力側との間。次項において同じ。）に定格周波数の正弦波に近い波形の試験電圧を加えて行うものとする。

3　前二項の試験電圧は、定格入力電圧において装置の各充電部分と外箱との間に加わる電圧の実効値の2倍の電圧に1,000ボルトを加えて得た電圧（当該加えて得た電圧が1,500ボルトに満たない場合にあつては、

1,500ボルトの電圧）とする。

（温度上昇限度）

第17条　装置の接点（半導体素子を用いたものを除く。以下この項において同じ。）及び巻線の温度上昇限度は、温度についての試験において、次の表の上欄に掲げる装置の部分に応じ、それぞれ同表の下欄に掲げる値以下でなければならない。

| 装置の部分 | | 温度上昇限度の値（単位　度） | |
|---|---|---|---|
| | | 温度計法による場合 | 抵抗法による場合 |
| 接点 | 銅又は銅合金によるもの | 45 | ― |
| | 銀又は銀合金によるもの | 75 | ― |
| 巻線 | Ａ種絶縁によるもの | 65 | 85 |
| | Ｅ種絶縁によるも | 80 | 100 |
| | Ｂ種絶縁によるもの | 90 | 110 |
| | Ｆ種絶縁によるもの | 115 | 135 |
| | Ｈ種絶縁によるもの | 140 | 160 |

2　半導体素子を用いた装置の接点の温度上昇限度は、温度についての試験において、当該半導体素子の最高許容温度（当該半導体素子の機能に障害が生じないものとして定められた温度の上限値をいう。）以下でなければならない。

3　前2項の温度についての試験は、外付け形の装置にあつては装置を交流アーク溶接機に取り付けた状態と同一の状態で、内蔵形の装置にあつては装置を組み込んだ交流アーク溶接機にも通電した状態で、当該装置の定格周波数及び定格入力電圧において、接点及び巻線の温度が一定となるまで、10分間を周期として、定格使用率に応じて定格電流を断続負荷して行うものとする。ただし、接点の温度についての試験については、定格入力電圧より抵い電圧において、又は接点を閉路した状態で行うことができる。

（接点の作動性）

第18条　装置の接点（保護用接点を除く。以下この条において同じ。）は、装置を交流アーク溶接機に取り付け、又は組み込んで行う作動についての試験において、溶着その他の損傷又は異常な作動を生じないものでなければならない。

2　前項の作動についての試験は、装置の定格周波数及び定格入力電圧に

おいて、装置を取り付け、又は組み込んだ交流アーク溶接機の出力電流を定格出力電流の値の110パーセント（当該交流アーク溶接機の出力電流の最大値が定格出力電流の値の110パーセント未満である場合にあつては、当該最大値）になるように調整し、かつ、6秒間を周期として当該交流アーク溶接機に断続負荷し、装置を2万回作動させて行うものとする。

**第19条**　保護用接点は、装置を交流アーク溶接機に取り付け、又は組み込んで行う作動についての試験において、1.5秒以内に作動し、かつ、異常な作動を生じないものでなければならない。

2　前項の作動についての試験は、第17条第2項の温度についての試験を行つた後速やかに、装置の定格周波数において、定格入力電圧、定格入力電圧の85パーセントの電圧及び定格入力電圧の110パーセントの電圧（以下この項において「定格入力電圧等」という。）を加えた後主接点を短絡させる方法及び主接点を短絡させた後定格入力電圧等を加える方法により、装置をそれぞれ10回ずつ作動させて行うものとする。

# 第4章　雑則

（表示）

**第20条**　装置は、その外箱（内蔵形の装置にあつては、装置を組み込んだ交流アーク溶接機の外箱）に、次に掲げる事項が表示されているものでなければならない。

一　製造者名

二　製造年月

三　定格周波数

四　定格入力電圧

五　定格電流

六　定格使用率

七　安全電圧

八　標準始動感度（定格入力電圧における始動感度をいう。）

九　外付け形の装置にあつては、次に掲げる事項

　イ　装置を取り付けることができる交流アーク溶接機に係る次に掲げる事項

　　⑴　定格入力電圧

　　⑵　出力側無負荷電圧（交流アーク溶接機のアークの発生を停止させた場合における溶接棒と被溶接物との間の電圧をいう。）の範

囲

(3) 主接点を交流アーク溶接機の入力側に接続する装置にあつては
定格出力時の入力側の電流、主接点を交流アーク溶接機の出力側
に接続する装置にあつては定格出力電流

ロ　コンデンサーを有する交流アーク溶接機に取り付けることができ
る装置にあつては、その旨

ハ　ロに掲げる装置のうち、主接点を交流アーク溶接機の入力側に接
続する装置にあつては、当該交流アーク溶接機のコンデンサーの容
量の範囲及びコンデンサー回路の電圧

（特殊な装置等）

**第21条**　特殊な構造の装置で、厚生労働省労働基準局長が第1条から第19
条までの規定に適合するものと同等以上の性能があると認めたものにつ
いては、この告示の関係規定は、適用しない。


**附　則　（平成23年3月25日厚生労働省告示第74号）**

1　この告示は、平成23年6月1日から適用する。

2　平成23年6月1日において、現に製造している交流アーク溶接機用自
動電撃防止装置（以下「装置」という。）若しくは現に存する装置又は
現に労働安全衛生法第44条の2第1項若しくは第2項又は第44条の3第
2項の検定に合格している型式の装置（当該型式に係る型式検定合格証
の有効期間内に製造し、又は輸入するものに限る。）の規格については、
なお従前の例による。

## 7　絶縁用保護具等の規格

昭和47年12月 4 日　　労働省告示第144号
最終改正　昭和50年 3 月29日　　労働省告示第 33 号

　労働安全衛生法（昭和47年法律第57号）第42条の規定に基づき、絶縁用保護具等の規格を次のように定め、昭和48年 1 月 1 日から適用する。
　絶縁用保護具等の性能に関する規程（昭和36年労働省告示第 8 号）は、廃止する。

（絶縁用保護具の構造）
**第 1 条**　絶縁用保護具は、着用したときに容易にずれ、又は脱落しない構造のものでなければならない。
（絶縁用保護具の強度等）
**第 2 条**　絶縁用保護具は、使用の目的に適合した強度を有し、かつ、品質が均一で、傷、気ほう、巣その他の欠陥のないものでなければならない。
（絶縁用保護具の耐電圧性能等）
**第 3 条**　絶縁用保護具は、常温において試験交流（50ヘルツ又は60ヘルツの周波数の交流で、その波高率が1.34から1.48までのものをいう。以下同じ。）による耐電圧試験を行つたときに、次の表の上欄に掲げる種別に応じ、それぞれ同表の下欄に掲げる電圧に対して 1 分間耐える性能を有するものでなければならない。

| 絶縁用保護具の種別 | 電圧（単位　ボルト） |
|---|---|
| 交流の電圧が300ボルトを超え600ボルト以下である電路について用いるもの | 3,000 |
| 交流の電圧が600ボルトを超え3,500ボルト以下である電路又は直流の電圧が750ボルトを超え3,500ボルト以下である電路について用いるもの | 12,000 |
| 電圧が3,500ボルトを超え7,000ボルト以下である電路について用いるもの | 20,000 |

2　前項の耐電圧試験は、次の各号のいずれかに掲げる方法により行なうものとする。
　一　当該試験を行おうとする絶縁用保護具（以下この条において「試験

物」という。）を、コロナ放電又は沿面放電により試験物に損傷が生じない限度まで水槽そうに浸し、試験物の内外の水位が同一となるようにし、その内外の水中に電極を設け、当該電極に試験交流の電圧を加える方法

二　表面が平滑な金属板の上に試験物を置き、その上に金属板、水を十分に浸潤させた綿布等導電性の物をコロナ放電又は沿面放電により試験物に損傷が生じない限度に置き、試験物の下部の金属板及び上部の導電性の物を電極として試験交流の電圧を加える方法

三　試験物と同一の形状の電極、水を十分に浸潤させた綿布等導電性の物を、コロナ放電又は沿面放電により試験物に損傷が生じない限度に試験物の内面及び外面に接触させ、内面に接触させた導電性の物と外面に接触させた導電性の物とを電極として試験交流の電圧を加える方法

（絶縁用防具の構造）

第4条　絶縁用防具の構造は、次の各号に定めるところに適合するものでなければならない。

一　防護部分に露出箇所が生じないものであること。

二　防護部分からずれ、又は離脱しないものであること。

三　相互に連結して使用するものにあつては、容易に連絡することができ、かつ、振動、衝撃等により連結部分から容易にずれ、又は離脱しないものであること。

（絶縁用防具の強度等及び耐電圧性能等）

第5条　第2条及び第3条の規定は、絶縁用防具について準用する。

（活線作業用装置の絶縁かご等）

第6条　活線作業用装置に用いられる絶縁かご及び絶縁台は、次の各号に定めるところに適合するものでなければならない。

一　最大積載荷重をかけた場合において、安定した構造を有するものであること。

二　高さが2メートル以上の箇所で用いられるものにあつては、囲い、手すりその他の墜落による労働者の危険を防止するための設備を有するものであること。

（活線作業用装置の耐電圧性能等）

第7条　活線作業用装置は、常温において試験交流による耐電圧試験を行なつたときに、当該装置の使用の対象となる電路の電圧の2倍に相当する試験交流の電圧に対して5分間耐える性能を有するものでなければならない。

2　前項の耐電圧試験は、当該試験を行なおうとする活線作業用装置（以下この条において「試験物」という。）が活線作業用の保守車又は作業台である場合には活線作業に従事する者が乗る部分と大地との間を絶縁する絶縁物の両端に、試験物が活線作業用のはしごである場合にはその両端の踏さんに、金属箔その他導電性の物を密着させ、当該導電性の物を電極とし、当該電極に試験交流の電圧を加える方法により行なうものとする。

3　第1項の活線作業用装置のうち、特別高圧の電路について使用する活線作業用の保守車又は作業台については、同項に規定するもののほか、次の式により計算したその漏えい電流の実効値が0.5ミリアンペアをこえないものでなければならない。

$$I=50 \cdot (Ix/Fx)$$

（この式において、I、Ix 及び Fx は、それぞれ第1項の試験交流の電圧に至つた場合における次の数値を表わすものとする。

I　計算した漏えい電流の実効値（単位　ミリアンペア）

Ix　実測した漏えい電流の実効値（単位　ミリアンペア）

Fx　試験交流の周波数（単位　ヘルツ）

（活線作業用器具の絶縁棒）

第8条　活線作業用器具は、次の各号に定めるところに適合する絶縁棒（絶縁材料で作られた棒状の部分をいう。）を有するものでなければならない。

一　使用の目的に適応した強度を有するものであること。

二　品質が均一で、傷、気ほう、ひび、割れその他の欠陥がないものであること。

三　容易に変質し、又は耐電圧性能が低下しないものであること。

四　握り部（活線作業に従事する者が作業の際に手でつかむ部分をいう。以下同じ。）と握り部以外の部分との区別が明らかであるものであること。

（活線作業用器具の耐電圧性能等）

第9条　活線作業用器具は、常温において試験交流による耐電圧試験を行つたときに、当該器具の頭部の金物と握り部のうち頭部寄りの部分との間の絶縁部分が、当該器具の使用の対象となる電路の電圧の2倍に相当する試験交流の電圧に対して5分間（活線作業用器具のうち、不良がいし検出器その他電路の支持物の絶縁状態を点検するための器具については、1分間）耐える性能を有するものでなければならない。

2　前項の耐電圧試験は、当該試験を行おうとする活線作業用器具について、握り部のうち頭部寄りの部分に金属箔その他の導電性の物を密着させ、当該導電性の物と頭部の金物とを電極として試験交流の電圧を加える方法により行うものとする。

（表示）

第10条　絶縁用保護具、絶縁用防具、活線作業用装置及び活線作業用器具は、見やすい箇所に、次の事項が表示されているものでなければならない。

　　一　製造者名
　　二　製造年月
　　三　使用の対象となる電路の電圧


附　則（昭和50年３月29日労働省告示第33号）

1　この告示は、昭和50年４月１日から適用する。
2　昭和50年４月１日前に製造され、又は輸入された絶縁用保護具、絶縁用防具、活線作業用装置及び活線作業用器具については、改正後の絶縁用保護具等の規格の規定にかかわらず、なお従前の例による。

## 8　絶縁用防護具の規格

昭和47年12月4日　労働省告示第145号

　労働安全衛生法（昭和47年法律第57号）第42条の規定に基づき、絶縁用防護具の規格を次のように定め、昭和48年1月1日から適用する。

　絶縁用防護具に関する規程（昭和44年労働省告示第15号）は、廃止する。

（構造）

**第1条**　絶縁用防護具の構造は、次に定めるところに適合するものでなければならない。

　一　装着したときに、防護部分に露出箇所が生じないものであること。

　二　防護部分から移動し、又は離脱しないものであること。

　三　線カバー状のものにあつては、相互に容易に連結することができ、かつ、振動、衝撃等により連結部分から容易に離脱しないものであること。

　四　がいしカバー状のものにあつては、線カバー状のものと容易に連結することができるものであること。

（材質）

**第2条**　絶縁用防護具の材質は、次に定めるところに適合するものでなければならない。

　一　厚さが2ミリメートル以上であること。

　二　品質が均一であり、かつ、容易に変質し、又は燃焼しないものであること。

（耐電圧性能）

**第3条**　絶縁用防護具は、常温において試験交流（周波数が50ヘルツ又は60ヘルツの交流で、その波高率が1.34から1.48までのものをいう。以下同じ。）による耐電圧試験を行なつたときに、次の表の上欄に掲げる種別に応じ、それぞれ同表の下欄に掲げる電圧に対して1分間耐える性能を有するものでなければならない。

| 絶縁用防護具の種別 | 試験交流の電圧（単位　ボルト） |
| --- | --- |
| 低圧の電路について用いるもの | 1,500 |
| 高圧の電路について用いるもの | 15,000 |

2　高圧の電路について用いる絶縁用防護具のうち線カバー状のものにあつては、前項に定めるもののほか、日本工業規格 C 0920（電気機械器具および配線材料の防水試験通則）に定める防雨形の散水試験の例により散水した直後の状態で、試験交流による耐電圧試験を行なつたときに、10,000ボルトの試験交流の電圧に対して、常温において一分間耐える性能を有するものでなければならない。

（耐電圧試験）

第4条　前条の耐電圧試験は、次に定める方法により行なうものとする。

一　線カバー状又はがいしカバー状の絶縁用防護具にあつては、当該絶縁用防護具と同一の形状の電極、水を十分に浸潤させた綿布等導電性の物を、コロナ放電又は沿面放電が生じない限度に当該絶縁用防護具の内面及び外面に接触させ、内面及び外面に接触させた導電性の物を電極として試験交流の電圧を加える方法

二　シート状の絶縁用防護具にあつては、表面が平滑な金属板の上に当該絶縁用防護具を置き、当該絶縁用防護具に金属板、水を十分に浸潤させた綿布等導電性の物をコロナ放電又は沿面放電が生じない限度に重ね、当該絶縁用防護具の下部の金属板及び上部の導電性の物を電極として試験交流の電圧を加える方法

2　線カバー状の絶縁用防護具にあつては、前項第一号に定める方法による耐電圧試験は、管の全長にわたり行ない、かつ、管の連結部分については、管を連結した状態で行なうものとする。

（表示）

第5条　絶縁用防護具は、見やすい箇所に、対象とする電路の使用電圧の種別を表示したものでなければならない。

## 9　墜落制止用器具の規格

平成31年 1 月25日　厚生労働省告示第11号

最終改正　令和元年 6 月28日　厚生労働省告示第48号

　労働安全衛生法（昭和47年法律第57号）第42条の規定に基づき、安全帯の規格（平成14年厚生労働省告示第38号）の全部を次のように改正する。

（定義）

**第 1 条**　この告示において、次の各号に掲げる用語の意義は、それぞれ当該各号に定めるところによる。

　一　フルハーネス　墜落を制止する際に墜落制止用器具を着用した者（以下「着用者」という。）の身体にかかる荷重を肩、腰部及び腿等において支持する構造の器具をいう。

　二　胴ベルト　身体の腰部に着用する帯状の器具をいう。

　三　ランヤード　フルハーネス又は胴ベルトと親綱その他の取付設備等（墜落制止用器具を安全に取り付けるための設備等をいう。以下この条及び次条第 3 項において同じ。）とを接続するためのロープ又はストラップ（以下「ランヤードのロープ等」という。）、コネクタ等（ショックアブソーバ又は巻取り器を接続する場合は、当該ショックアブソーバ又は巻取り器を含む。）からなる器具をいう。

　四　コネクタ　フルハーネス、胴ベルト、ランヤード又は取付設備等を相互に接続するための器具をいう。

　五　ショックアブソーバ　墜落を制止するときに生ずる衝撃を緩和するための器具をいう。

　六　巻取り器　ランヤードのロープ等を巻き取るための器具をいう。

　七　自由落下距離　労働者がフルハーネス又は胴ベルトを着用する場合における当該フルハーネス又は胴ベルトにランヤードを接続する部分の高さからコネクタの取付設備等の高さを減じたものにランヤードの長さを加えたものをいう。

　八　落下距離　墜落制止用器具が着用者の墜落を制止するときに生ずるランヤード及びフルハーネス又は胴ベルトの伸び等に自由落下距離を加えたものをいう。

（使用制限）

**第 2 条**　6.75メートルを超える高さの箇所で使用する墜落制止用器具は、フルハーネス型のものでなければならない。

2　墜落制止用器具は、当該墜落制止用器具の着用者の体重及びその装備
　品の質量の合計に耐えるものでなければならない。

3　ランヤードは、作業箇所の高さ及び取付設備等の状況に応じ、適切な
　ものでなければならない。

（構造）

**第3条**　フルハーネス型の墜落制止用器具（以下「フルハーネス型墜落制
　止用器具」という。）は、次に掲げる基準に適合するものでなければな
　らない。

　一　墜落を制止するときに、着用者の身体にかかる荷重を肩、腰部及び
　　腿等においてフルハーネスにより適切に支持する構造であること。

　二　フルハーネスは、着用者に適切に適合させることができること。

　三　ランヤード（ショックアブソーバを含む。）を適切に接続したもの
　　であること。

　四　バックルは、適切に結合でき、接続部が容易に外れないものである
　　こと。

2　胴ベルト型の墜落制止用器具（以下「胴ベルト型墜落制止用器具」と
　いう。）は、次に掲げる基準に適合するものでなければならない。

　一　墜落を制止するときに、着用者の身体にかかる荷重を胴部において
　　胴ベルトにより適切に支持する構造であること。

　二　胴ベルトは、着用者に適切に適合させることができること。

　三　ランヤードを適切に接続したものであること。

（部品の強度）

**第4条**　墜落制止用器具の部品は、次の表の左欄に掲げる区分に応じ、そ

| 区　分 | 強　度 |
|---|---|
| フルハーネス | 日本産業規格 T8165（墜落制止用器具）に定める引張試験の方法又はこれと同等の方法によってトルソーの頭部方向に15.0キロニュートンの引張荷重を掛けた場合及びトルソーの足部方向に10.0キロニュートンの引張荷重を掛けた場合において、破断しないこと。 |
| 胴ベルト | 日本産業規格 T8165（墜落制止用器具）に定める引張試験の方法又はこれと同等の方法によって15.0キロニュートンの引張荷重を掛けた場合において、破断しないこと。 |
| ランヤードのロープ等 | 日本産業規格 T8165（墜落制止用器具）に定める引張試験の方法又はこれと同等の方法によって織ベルト又は繊維ロープについては22.0キロニュートン、ワイヤロープ又はチェーンについては15.0キロ |

| | |
|---|---|
| | ニュートンの引張荷重を掛けた場合において、破断しないこと。ただし、第8条第3項の表の第一種の項に定める基準を満たすショックアブソーバと組み合わせて使用する織ベルト又は繊維ロープについては、引張荷重を15.0キロニュートンとすることができる。 |
| コネクタ | 一　日本産業規格 T8165（墜落制止用器具）に定める引張試験の方法又はこれと同等の方法によって11.5キロニュートンの引張荷重を掛けた場合において、破断し、その機能を失う程度に変形し、又は外れ止め装置の機能を失わないこと。<br><br>二　日本産業規格 T8165（墜落制止用器具）に定める耐力試験の方法又はこれと同等の方法による試験を行った場合において、破断し、その機能を失う程度に変形し、又は外れ止め装置の機能を失わないこと。 |
| ショックアブソーバ | 日本産業規格 T8165（墜落制止用器具）に定める引張試験の方法又はこれと同等の方法によって15.0キロニュートンの引張荷重を掛けた場合において、破断等によりその機能を失わないこと。 |
| 巻取り器 | 一　日本産業規格 T8165（墜落制止用器具）に定める引張試験の方法又はこれと同等の方法によって11.5キロニュートンの引張荷重を掛けた場合において、破断しないこと。<br><br>二　ロック装置を有する巻取り器にあっては、日本産業規格 T8165（墜落制止用器具）に定める引張試験の方法又はこれと同等の方法によって6.0キロニュートンの引張荷重を掛けた場合において、ロック装置の機能を失わないこと。 |

れぞれ同表の右欄に定める強度を有するものでなければならない。

（材料）

第5条　前条の表の左欄に掲げる墜落制止用器具の部品の材料は、当該部品が通常の使用状態において想定される機械的、熱的及び化学的作用を受けた場合において同表の右欄の強度を有するように選定されたものでなければならない。

（部品の形状等）

第6条　墜落制止用器具の部品は、次の表の左欄に掲げる区分に応じ、それぞれ同表の右欄に定める形状等のものでなければならない。

| 区　分 | 形状等 |
|---|---|
| フルハーネス | 一　墜落を制止するときに着用者の身体にかかる荷重を支持する主たる部分の幅が40ミリメートル以上であること。<br>二　前号の部分以外の部分の幅が20ミリメートル以上であること。<br>三　縫製及び形状が安全上適切なものであること。 |
| 胴ベルト | 一　幅が50ミリメートル（補助ベルトと組み合わせる場合は、40ミリメートル）以上であること。<br>二　縫製及び形状が安全上適切なものであること。 |
| 補助ベルト | 一　幅が75ミリメートル以上であること。<br>二　厚さが2ミリメートル以上であること。<br>三　縫製及び形状が安全上適切なものであること。 |
| バックル | 日本産業規格 T8165（墜落制止用器具）に定める振動試験の方法又はこれと同等の方法による試験を行った場合において、確実にベルトを保持することができること。 |
| ランヤード | 一　胴ベルト型墜落制止用器具に使用するランヤードは、長さが1,700ミリメートル以下であること。<br>二　フルハーネス型墜落制止用器具に使用するランヤードは、当該ランヤードを使用する場合の標準的な自由落下距離が、当該ランヤードに使用されるショックアブソーバに係る第8条第3項の表に定める基準を満たす自由落下距離のうち最大のものを上回らないものであること。<br>三　縫製及び形状が安全上適切なものであること。 |
| コネクタ | 一　適切な外れ止め装置を備えていること。<br>二　形状が安全上適切なものであること。 |

（部品の接続）

**第7条**　墜落制止用器具の部品は、的確に、かつ、容易に緩まないように接続できるものでなければならない。

2　接続部品は、これを用いて接続したために墜落を制止する機能に異常を生じないものでなければならない。

（耐衝撃性等）

**第8条**　フルハーネスは、トルソーを使用し、日本産業規格 T8165（墜落制止用器具）に定める落下試験の方法又はこれと同等の方法による試験を行った場合において、当該トルソーを保持できるものでなければならない。

2　前項の試験を行った場合に、トルソーの中心線とランヤードとのなす角度がトルソーの頸部を上方として45度を超えないものでなければならない。ただし、フルハーネスとランヤードのロープ等を接続するコネクタを身体の前面に備え付ける場合等は、50度を超えないものとすること

ができる。

3　ショックアブソーバは、重りを使用し、日本産業規格 T8165（墜落制止用器具）に定める落下試験の方法又はこれと同等の方法による試験を行った場合において、衝撃荷重、ショックアブソーバの伸びが次の表に定める種別に応じた自由落下距離の区分に応じ、それぞれ同表に定める基準を満たさなければならない。

| 種　別 | 自由落下距離 | 基　準 | |
| --- | --- | --- | --- |
| | | 衝　撃　荷　重 | ショックアブソーバの伸び |
| 第一種 | 1.8メートル | 4.0キロニュートン以下 | 1.2メートル以下 |
| 第二種 | 4.0メートル | 6.0キロニュートン以下 | 1.75メートル以下 |

4　巻取り器は、重りを使用し、日本産業規格 T8165（墜落制止用器具）に定める落下試験の方法又はこれと同等の方法による試験を行った場合において、損傷等によりストラップを保持する機能を失わないものでなければならず、かつ、ロック装置を有するものにあっては、当該ロック装置の損傷等によりロック装置の機能を失わないものでなければならない。

5　胴ベルト型墜落制止用器具は、トルソー又は砂のうを使用し、日本産業規格 T8165（墜落制止用器具）に定める落下試験の方法又はこれと同等の方法による試験を行った場合において、トルソー又は砂のうを保持することができるものであり、かつ、当該試験を行った場合にコネクタにかかる衝撃荷重が4.0キロニュートン以下のものでなければならない。

6　第1項及び前項のトルソー、第3項及び第4項の重り並びに前項の砂のうは、次に掲げる基準に適合するものでなければならない。

　一　トルソーは、日本産業規格 T8165（墜落制止用器具）に定める形状、寸法及び材質に適合するもの又はこれと同等と認められるものであること。

　二　質量は、100キログラム又は85キログラムであること。ただし、特殊の用途に使用する墜落制止用器具にあっては、この限りではない。

（表示）

**第9条**　墜落制止用器具は、見やすい箇所に当該墜落制止用器具の種類、製造者名及び製造年月が表示されているものでなければならない。

2　ショックアブソーバは、見やすい箇所に、当該ショックアブソーバの種別、当該ショックアブソーバを使用する場合に前条第3項の表に定める基準を満たす自由落下距離のうち最大のもの、使用可能な着用者の体

重と装備品の質量の合計の最大値、標準的な使用条件の下で使用した場合の落下距離が表示されているものでなければならない。

（特殊な構造の墜落制止用器具等）

第10条　特殊な構造の墜落制止用器具又は国際規格等に基づき製造された墜落制止用器具であって、厚生労働省労働基準局長が第3条から前条までの規定に適合するものと同等以上の性能又は効力を有すると認めたものについては、この告示の関係規定は、適用しない。

附　　則

第1条　この告示は平成31年2月1日から適用する。

第2条　平成31年2月1日において、現に製造している安全帯又は現に存する安全帯の規格については、平成34年1月1日までの間は、なお従前の例による。

第3条　前条に規定する安全帯以外の安全帯で、平成31年8月1日前に製造された安全帯又は同日において現に製造している安全帯の規格については、平成34年1月1日までの間は、なお従前の例によることができる。

第4条　前2条の規定は、これらの条に規定する安全帯又はその部分がこの告示による改正後の墜落制止用器具構造規格に適合するに至った後における当該墜落制止用器具又はその部分については、適用しない。

附　　則（令和元年6月28日厚生労働省告示第48号）抄

（適用期日）

1　この告示は、不正競争防止法等の一部を改正する法律の施行の日（令和元年7月1日）から適用する。

□ ■ □ ■　付　録　■ □ ■ □

## 電気の特性と電気現象の基礎

## 電気の特性と電気現象の基礎

　ここでは、電気の基礎的な知識に自信のない方のために、電気の基礎的な特性と電気特有の現象について解説します。

### 1. 電気の特性
### (1) 電気とは

　電気は私たちの生活に深く関わっており、なくてはならない存在ですが電気そのものが目に見えないため、その本質を理解することは、容易ではありません。

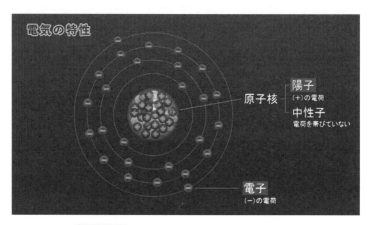

付図-1　電気の特性「陽子と電子」

　物質を極限まで分解すると陽子と電子に分解でき、電子には移動しやすい性質をもった自由電子といわれる電子が存在します。この自由電子は導体といわれる物質の中では特に多く存在し、自由に移動することができる性質をもっています。そして電気が流れている状態では、この自由電子がマイナスからプラスの方向に移動しています。これに対して「電流はプラスからマイナスの方向に流れている」と定義されています。自由電子の存在は歴史的に19世紀末になってその存在が発見され、結果として電子の流れと電流の流れは全く逆方向であることがわかりましたが、電気現象を説明するためには、特段の支障がないため、そのままになっています。

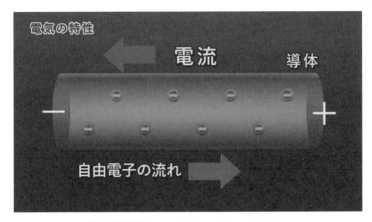

**付図-2** 電気とは電子の流れ

## ⑵　電気の種類

　電気には電子の流れが一方向に移動する「直流」と電子の流れが1秒間に何回も方向が変わる「交流」とがあります。

　1秒間に繰り返される周期を周波数と呼び、Hz（ヘルツ）で表します。

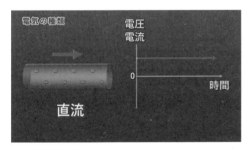

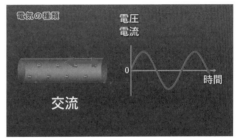

※1秒間に50回変われば周波数50ヘルツ〔Hz〕の交流
　1秒間に60回変われば周波数60ヘルツ〔Hz〕の交流

**付図-3** 直流と交流

　日本では、富士川以西の地域では1秒間に60回電子の方向が変わる60Hzの電気が、富士川以東の地域では1秒間に50回電子の方向が変わる50Hzの電気が電気事業者の発電所で発電されて需要家の設備に送電されています。（長野県の一部に50Hz と60Hz の混在地区があります。）

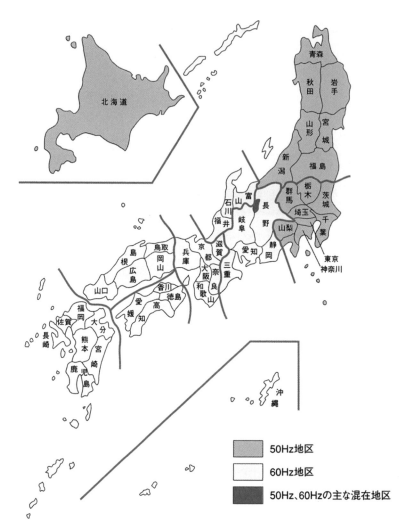

北海道

青森
秋田　岩手
山形　宮城
新潟　福島
　　　栃木　茨城
群馬　埼玉　千葉
山梨　東京
静岡　神奈川

富山　長野
石川　岐阜
福井　滋賀　愛知
鳥取　京都　三重
島根　岡山　兵庫
広島　大阪　奈良
　　　　　和歌山
山口　香川
愛媛　徳島
　　　高知
福岡
佐賀　大分
長崎　熊本　宮崎
　　　鹿児島

沖縄

| | 50Hz地区 |
| | 60Hz地区 |
| | 50Hz、60Hzの主な混在地区 |

付図－4　電気事業者別電力供給区域と周波数分布

372

## (3) 電気の大きさ

　電気の大きさは、一般的には電流、電圧、電力で表されます。このうち電流は電子の流れる量で表され、川の流れに例えることができます。

電子の流れが少ない⇒電流が小さい

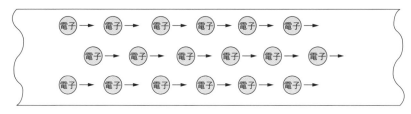

電子の流れが多い⇒電流が大きい

**付図 − 5**　電流の大きさ

　小さな川に流れる電子はその量が少ないため電流が「小さい」と、大きな川に流れる電子はその量が多いため、電流が「大きい」と言うことができます。電流が大きいほど電灯を明るくしたり、電動機であれば、より大きなものを回すことができます。電流の単位はアンペア〔A〕で表されます。

　電圧は電気を流す力のことで、水に例えれば、付図 − 6のようなタンクに水を入れて穴をあけると水圧が高いほど水は遠くに飛ぶのと同様に、電圧が高いほど、電灯であれば明るく、電動機であれば回転力を速くすることができます。電圧の単位はボルト〔V〕で表されます。

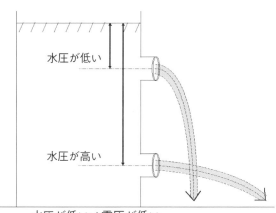

水圧が低い⇒電圧が低い
水圧が高い⇒電圧が高い

**付図 − 6**　電流の大きさ

電力は、単位時間に電気がする仕事量のことです。

直流では電圧と電流の積で表されます。電力の単位はワット〔W〕で表されます。

電力を $P$〔W〕、電圧 $E$〔V〕、電流 $I$〔A〕とすると、電力 $P$ は

$P = E \times I$〔W〕

交流の場合、負荷によっては電圧と電流間で位相差が発生する場合があるので、直流電力のように電圧と電流の単純な積で求めることができません。電圧と電流の位相差を $\theta$ とすると、有効に電力を使える割合である力率は $\cos\theta$ で表すことができ、電力 $P$ は

$P = E \times I \times \cos\theta$〔W〕

電力量も私たちの生活になじみのある言葉です。電力量はある経過時間に電流がする仕事の量のことです。電力と時間の積で求められます。単位は〔W・h〕や〔kW・h〕が用いられています。電力量を測定するには、電力量計が使用され、事業所や一般家庭などには、電気事業者が電力量計を備え付けて、定期的に電力使用量として記録しています。

## 2. 電気の発生から消費
### (1) 電気はどこで発電するの？

電気は、電気事業者の水力発電所、火力発電所、原子力発電所などで発電されます。また、最近は太陽光発電、風力発電、燃料電池発電など自然エネルギーを利用した発電設備も普及し始めています。発電された電気は電圧を高くして送電線で送られます。電気が大量に使用される都市部まで送電されると、電圧を下げて工場や一般家庭に配電されます。

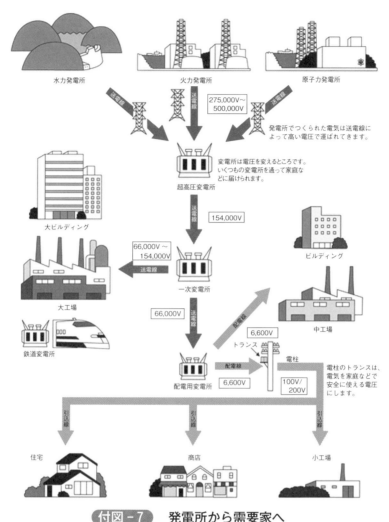

水力発電所　　　火力発電所　　　原子力発電所

275,000V～
500,000V

発電所でつくられた電気は送電線によって高い電圧で運ばれてきます。

変電所は電圧を変えるところです。いくつもの変電所を通って家庭などに届けられます。

超高圧変電所

大ビルディング

154,000V

ビルディング

66,000V～
154,000V

一次変電所

大工場

66,000V

6,600V

中工場

トランス

鉄道変電所

電柱

電柱のトランスは、電気を家庭などで安全に使える電圧にします。

配電用変電所　6,600V　100V/200V

引込線　　引込線　　引込線

住宅　　　商店　　　小工場

**付図-7　発電所から需要家へ**

出典：東京電力ホールディングス株式会社の HP より作成

## (2)　どこで低圧になるの？

　電気事業者からは高い電圧で送電されていますが、一般家庭や工場・ビルで電気を使用される前に変圧器によって低圧の電気に変圧されます。一般家庭では電気事業者の柱上変圧器によって高圧の電気から低圧の電気に変圧され、取引用のメータを介して家庭内に引き込まれます。（高圧及び低圧の定義については P.4 を参照してください）

　工場や事務所ビルの建物では高い電圧のままで受変電設備に入り、受変電設備の中の変圧器によって高圧の電気から低圧の電気に変圧されて、建物内の電灯や電気設備に電気が供給されます。

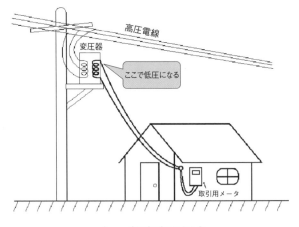

a) 一般家庭の場合

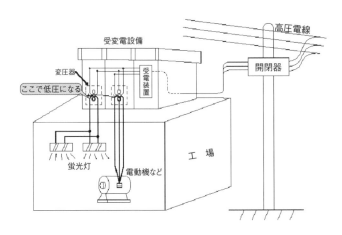

b) 工場や事務所ビルの場合

付図 - 8　どこで低圧になるの？

## 3. 電気現象

　電気にはその特性上いろいろな電気現象があります。電気取扱者はその電気現象をよく理解した上で作業を安全に行うことが重要です。ここでは電気を安全に利用するために理解しておきたい電気現象について説明します。

## (1) 絶　縁

　電気回路の電流は決められた場所以外に流れることのないようにしなければなりません。電流を一定の通路に流すために通路の周りを絶縁物で被覆することを**絶縁**するといいます。しかし、絶縁物は時間の経過とともに劣化するため、古い電気設備や環境が悪い場所での電気配線は絶縁状態を定期的に確認することが重要です。

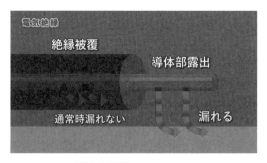

付図 -9　絶　縁

(2) 漏　電

　電流は決められた通路（電気回路）を通るようになっていますが、その通路以外に漏えい電流が発生する状態を**漏電**といいます。電路や電気機器で漏電が起こると熱が発生し、火災の危険があるため、定期的に点検を行い、漏電をチェックすることが重要です。

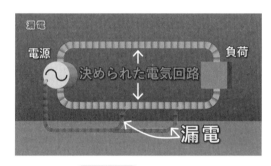

付図 -10　漏　電

(3) 感　電

　漏電している部分に人が触れると人体に電流が流れます。体内に電流が流れるとショックを受け、筋肉がけいれんを起こし、電流が大きい場合にはひどい電気火傷や心停止状態に陥ることがあります。このような現象を**感電**といいます。感電に対する人体が受ける影響は電流の種類や電流の大きさによって異なります。詳しくは P.11 ～ P.12を参照してください。

付図 -11　感　電

⑷ **接　地**

　電気機器の金属製の外箱などに漏電し、そこに人が触れると感電する危険があります。感電を防ぐため電気機器の金属製の外箱を電線（アース線）で大地へ結び、大地との間に電流の通路を作っておく（**接地**する）と、漏電時に漏れた電流はほとんどこのアース線に流れるので、感電を防ぐことが出来ます。ただし、アース線を施しても人体にもわずかな電流は流れるため、必ずしも安全ではありません。そのため、アース線と合わせて感電防止用の漏電遮断器を回路に取り付けましょう。

付図 -12　接　地

　変圧器において高電圧を低電圧に変圧する際に、電気安全のために低圧側の１線を接地極に配線するように電技解釈で定められております。付図 -13のように接地された側の電線を**接地側電線**、接地されていない電線を**非接地側電線**と呼んでいます。接地側の電線に人間が触れても大地と電位が同じであるため感電はしませんが、非接地側電線に触れると感電してしまいます。

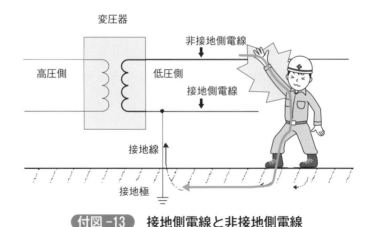

付図 -13　接地側電線と非接地側電線

　したがって、電気配線では接地側電線と非接地側電線が区別できるように次のように色分けされています。

接地線：緑色又は緑／黄のしま（縞）色
接地側電線：白色
非接地側電線：黒色又は赤色

　また、配線器具でも接地側と非接地側が分かるようその形状が決められております。

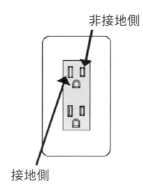

非接地側

接地側

付図-14　コンセントの接地側と非接地側

## (5)　許容電流

　電気の通路には抵抗があり電流が流れると熱が発生して通路の温度は上昇します。電線や電気機器の絶縁物は一般に高温になると酸化などにより変質し、例えば、軟化や溶融するとその機能が減少し、あるいは炭化すると機能しなくなります。したがって、電線や電気機器の寿命は使用する絶縁物の耐熱性によって左右され、その絶縁物に許容される使用温度を超える温度で使うと寿命が短くなります。この絶縁物の使用温度の限界を許容最高温度といい、その温度を超えないための電流の限界を**許容電流**と呼んでいます。

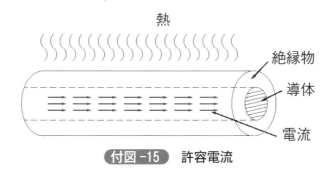

熱

絶縁物

導体

電流

付図-15　許容電流

## (6)　過負荷電流

　電気機器において電圧、周波数や規格に定められた周囲条件（気温、気

圧）を考慮して、製造者が保証した使用限度の出力を定格出力（通常 kW あるいは kVA で表す）といい、その時流れる電流を定格電流又は全負荷電流と呼んでいます。

電動機では負荷の大小によって電流が変わり、負荷が過大になると定格電流より大きな電流（**過負荷電流**）が流れます。大きな電流が流れると電動機の温度が使用する絶縁物の許容温度以上になって寿命を縮めることになります。

過負荷電流が流れ続けると電動機やその配線が過熱し、焼損して火災を起こすおそれがあるため、過負荷電流を速やかに自動的に遮断する過電流遮断機を取り付ける必要があります。

## (7) 短絡（ショート）

第1編第3章 1 短絡（P.18）を参照してください。

## (8) 接触不良とトラッキング現象

電線を相互に接続したり、コンセントにプラグを差し込んだ状態では絶縁していない部分（導体）がお互いに接触しています。この接触が不充分であると接触抵抗と呼ばれる抵抗が大きくなり、接触部が過熱する現象が起きます。このような状態を**接触不良**といいます。

また、家庭では冷蔵庫やテレビ、洗濯機など、プラグをコンセントに差し込んだまま長年放置していると、**トラッキング現象**により火災になる危険性があります。トラッキング現象とはコンセントやテーブルタップに長期間プラグを差し込んでいると、コンセントとプラグとの隙間に徐々にほこりが溜まり、このほこりが湿気を帯びることによってプラグ両極間で火花放電が繰り返されます。そして絶縁状態が悪くなり、プラグ両極間に電気が流れる道（トラック）が出来て、発熱、発火する現象をいいます。

このような現象を防ぐためには定期的に清掃するか、プラグにトラッキング現象を防止するための部品（埃の侵入を防ぎ、接点部を密閉する）を取り付けることも有効です。特に大型家電製品の裏側などふだん目につきにくい場所などに発生しやすいです。

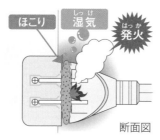

出典：電気安全パンフレットの電気のまめちしき「トラッキング現象」［(一社) 日本電気協会]

**付図 -16** トラッキング現象

## 4. 電気による災害を防ぐために（まとめ）

　電気災害の大きなものとして感電災害、電気火災が挙げられます。感電災害は特に電圧が高くなるほど感電した人の火傷や心停止による死亡率が上昇します。わが国では、毎年数百人の感電死傷報告がありますが、そのうち3分の1程度が死亡しています。もう一つの電気災害である電気火災は毎年数百件程度起こっていますが、これは全火災件数の1割程度にあたります。電気による出火源としては、家庭では電気こたつ、アイロンなど高温になる電熱器類、工場ではアーク溶接時のスパッタやモータの過熱などが多く、また、電熱器の過熱なども原因に数えられます。

　電気の通路は漏電や感電を防止するために十分に絶縁されており、また、過電流や短絡事故によって電気機器やその配線が焼損して火災が起こるのを防ぐために電気回路に必ず漏電遮断器等の安全装置を設け、電気の安全性を高くします。しかし、電気の安全を守る主役の絶縁物は高温と高湿度が続くとその絶縁性能が次第に悪くなり、漏電や絶縁破壊が起りやすくなります。また、電気工事の不手際や取扱者の不注意によって絶縁不良が起こることもあります。さらに地震、台風、落雷、腐食など自然現象によって電気回路に異常が起こることもあります。

　これらの状況を十分に把握して、電気による災害を未然に防ぐようにしましょう。

高圧・特別高圧電気取扱特別教育テキスト
第5版

―講習用テキスト―

2016年 3 月 1 日　初 版 発 行
2024年 3 月25日　第 5 版発行

発 行 所　一般社団法人 日本電気協会
〒100-0006　東京都千代田区有楽町1-7-1
TEL（03）3216-0555　FAX（03）3216-3997
https：//store.denki.or.jp

発 売 元　株式会社 オ ー ム 社
〒101-8460　東京都千代田区神田錦町3-1
TEL（03）3233-0641　FAX（03）3233-3440

印刷　藤原印刷株式会社

日本電気協会ならびに各支部では特別教育講習会のほか各種技術講習会・セミナーを開催しております。詳しくは各支部ウェブサイトをご覧ください。

| 一般社団法人　日本電気協会 | |
|---|---|
| 〒100-0006　東京都千代田区有楽町1-7-1（有楽町電気ビル北館4F）<br>事業推進部　TEL（03）3216-0556　FAX（03）3216-3997<br>https://store.denki.or.jp | |
| 北海道支部<br>www.jea-hokkaido.com | 〒060-0041　札幌市中央区大通東3-2（北海道電気会館4F）<br>TEL（011）221-2759　FAX（011）222-6060 |
| 東北支部<br>www.jea-tohoku.jp | 〒980-0021　仙台市青葉区中央2-9-10（セントレ東北8F）<br>TEL（022）222-5577　FAX（022）222-6006 |
| 関東支部<br>www.kandenkyo.jp | 〒100-0006　東京都千代田区有楽町1-7-1（有楽町電気ビル北館4F）<br>TEL（03）3213-1757　FAX（03）3213-1747 |
| 中部支部<br>www.chubudenkikyokai.com | 〒461-8570　名古屋市東区東桜2-13-30（NTP プラザ東新町9F）<br>TEL（052）934-7215　FAX（052）934-7391 |
| 北陸支部<br>www.hokuriku-denkikyokai.jp | 〒930-0858　富山市牛島町13-15（百川ビル5F）<br>TEL（076）442-1733　FAX（076）442-1740 |
| 関西支部<br>www.jea-kansai.jp | 〒530-0004　大阪市北区堂島浜2-1-25（中央電気倶楽部4F）<br>TEL（06）6341-5096　FAX（06）6341-7639 |
| 中国支部<br>www.jea-chugoku.jp | 〒730-0041　広島市中区小町4-33（中電ビル2号館4F）<br>TEL（082）243-4237　FAX（082）246-3338 |
| 四国支部<br>www.s-ea.jp | 〒760-0033　高松市丸の内2-5（ヨンデンビル4F）<br>TEL（087）822-6161　FAX（087）822-6183 |
| 九州支部<br>www.kea.gr.jp | 〒810-0004　福岡市中央区渡辺通2-1-82（電気ビル北館10F）<br>TEL（092）741-3606　FAX（092）781-5774 |
| 沖縄支部<br>www.denki-oki.com | 〒900-0029　沖縄県那覇市旭町114-4（おきでん那覇ビル6F）<br>TEL（098）862-0654　FAX（098）862-0687 |